核电厂技术岗位必读丛书

设备工程师岗位必读

主　编　尚宪和
副主编　吴志刚　姜向平
诸海川　陈嘉文

哈尔滨工程大学出版社
Harbin Engineering University Press

内 容 简 介

本书通过梳理秦山核电设备管理体系，指导设备工程师规范开展设备管理工作，达到提高设备可靠性以及确保核电站安全、稳定和经济运行的目的；通过建立并不断完善设备管理程序体系，逐步形成以设备可靠性为核心的设备安全文化；通过确定设备工程师在设备上的各种维修、变更、无损检测、防腐、焊接、老化管理等活动的管理责任，提供专业咨询、编写专业技术方案、监督实施、评价反馈结果等方法，指导并协助设备工程师开展相关工作。

图书在版编目(CIP)数据

设备工程师岗位必读/尚宪和主编. —哈尔滨：哈尔滨工程大学出版社，2023.1

ISBN 978-7-5661-3760-9

Ⅰ.①设… Ⅱ.①尚… Ⅲ.①核电站-设备管理-岗位培训-教材 Ⅳ.①TM623.4

中国版本图书馆 CIP 数据核字(2022)第 208457 号

设备工程师岗位必读

SHEBEI GONGCHENGSHI GANGWEI BIDU

选题策划 石 岭

责任编辑 丁 伟

封面设计 李海波

出版发行 哈尔滨工程大学出版社

社　　址 哈尔滨市南岗区南通大街 145 号

邮政编码 150001

发行电话 0451-82519328

传　　真 0451-82519699

经　　销 新华书店

印　　刷 黑龙江天宇印务有限公司

开　　本 787 mm×1 092 mm 1/16

印　　张 14

字　　数 354 千字

版　　次 2023 年 1 月第 1 版

印　　次 2023 年 1 月第 1 次印刷

定　　价 68.00 元

http://www.hrbeupress.com

E-mail:heupress@hrbeu.edu.cn

核电厂技术岗位必读丛书
编 委 会

本书编委会

序

秦山核电是中国大陆核电的发源地,9 台机组总装机容量 666 万千瓦,年发电量约 520 亿千瓦时,是我国目前核电机组数量最多、堆型最丰富的核电基地。秦山核电并网发电三十多年来,披荆斩棘、攻坚克难、追求卓越,实现了从原型堆到百万级商用堆的跨越,完成了从商业进口到机组自主化的突破,做到了在“一带一路”上的输出引领;三十多年的建设发展,全面反映了我国核电发展的历程,也充分展现了我国核电自主发展的成果;三十多年的积累,形成了具有深厚底蕴的核安全文化,练就了一支能驾驭多堆型运行和管理的专业人才队伍,形成了一套成熟完整的安全生产运行管理体系和支持保障体系。

秦山核电“十四五”规划高质量推进“四个基地”建设,打造清洁能源示范基地、同位素生产基地、核工业大数据基地及核电人才培养基地,拓展秦山核电新的发展空间。在技术领域深入学习贯彻公司“十四五”规划要求,充分挖掘各专业技术人才,组织编写了“核电厂技术岗位必读丛书”。该丛书以“规范化”“系统化”“实践化”为目标,以“人才培养”为核心,构建“隐性知识显性化,显性知识系统化”的体系框架,旨在将三十多年的宝贵经验固化传承,使人员达到运行技术支持所需的知识技能水平,同时培养人员的软实力,让员工能更快更好地适应“四个基地”建设的新要求,用集体的智慧,为实现中核集团“三位一体”奋斗目标、中国核电“两个十五年”发展目标、秦山核电“一体两翼”发展战略和“1 +1 +2 +4”发展思路贡献力量,勇做新时代核电领跑者,奋力谱写“国之光荣”崭新篇章。

秦山核电 副总经理:

前　言

核电厂技术岗位必读丛书由秦山核电副总经理尚宪和总体策划，技术领域管理组组织落实。

《设备工程师岗位必读》由吴志刚、诸海川、陈嘉文组织编写，其中第1章由诸海川编写，姜向平校核；第2章由李加成编写，姜向平校核；第3至6章由沈艳编写，姜向平校核；第7章由许涛编写，秦博杰校核；第8章由吴奇太编写，姜向平校核；第9章由曹凌霄编写，姜向平校核；第10章由郑立军编写，姜向平校核；第11章由陈晓华编写，苏鲁明校核；第12章由张健编写，曾博文校核；第13章由张宏伟编写，陈坚刚校核；第14章由苏国权编写，姜向平校核；第15章由陈嘉文编写，姜向平校核；第16章由汪植、龚代涛、赵传礼和姜赫编写，张维校核；第17章由邹胜佳编写，汪林校核；第18章由王垒编写，汪林校核；第19章由刘一谦、吕晓栋编写，汪林校核；第20章由谢秀娟、朱昌荣编写，章鹏华校核；第21章由姚广云编写，曾博文校核；第22章由俞嘉成编写，苏鲁明校核。在此感谢他们的辛勤付出，没有他们，本书不会如此全面和出彩！

由于编者经验和水平有限，本书尚有许多不足之处，如在使用过程中有任何意见或建议，请直接反馈给编写组，以便进一步改进与提高。

编　者

2022年9月

目　录

第1章　设备管理总体介绍

1.1　设备管理简介

设备管理要建立公司设备管理体系，指导规范开展设备管理工作，以达到提高设备可靠性，以及确保核电站安全、稳定和经济运行的目的。

设备管理的组织应配置足够数量的具有专业技术能力的人员，以建立并不断完善设备管理程序体系，逐步形成以设备可靠性为核心的设备安全文化。

设备工程师是设备的技术负责人，对设备上的各种维修、变更、无损检测、防腐、焊接、老化管理等活动承担最终责任。其他各专业的工程师在各相关专业上，通过提供专业咨询、编写专业技术方案、监督实施、评价反馈结果等方法，协助设备工程师开展相关工作。设备工程师主要相关工作如下：

1. 焊接

设备工程师具体负责明确材质和焊接环境是否满足要求、设备状态是否可以焊接，决定是否采用焊接等。焊接工程师在焊接工作上提供技术支持，包括材料的可焊性、焊接环境条件要求、制订焊接技术要求（工艺评定和施焊单）、指导和监督焊接过程。

2. 设备防腐

设备工程师必须采取合适的措施防止或缓解腐蚀对设备的危害，具体负责提出防腐要求、明确材质和设备运行状态、决定采用的防腐策略等。防腐工程师在防腐工作上提供技术支持，负责设备防腐的技术工作，包括制订系统/设备的防腐大纲、制订防腐技术方案、对防腐实施进行技术指导和监督。

3. 无损检测

设备工程师依据设备管理的需要提出无损检测要求，必须了解所有无损检测的结果，处理检测发现的缺陷。无损检测工程师具体负责无损检测工作，并对设备工程师提供技术支持，包括根据法规提前制订在役检查大纲、自主检查大纲、金属监督大纲，各类预防性无损检查计划等，对无损检测实施进行技术指导和监督。

4. 老化和寿期管理

设备工程师负责设备的老化和寿期管理，参与识别老化机理、老化数据筛选和定期分析评价，制订应对老化的措施等。老化管理工程师则牵头寿期管理工作，制定规范，协调外部资源，为设备工程师在寿期管理工作上提供技术支持。

1.2 设备管理的政策内容

设备管理旨在建立一套国际先进的设备可靠性管理体系和设备安全文化，通过设备可靠性管理、设备预防性维修管理和设备性能监测管理，使设备的可靠性、可用率和性能处于最优状态。设备管理的政策主要包括以下内容：

(1)确保在电站的整个寿期内设备能可靠地执行其设计功能；

(2)确保设备在设计规范范围内运行和试验；

(3)确保设备性能状态能得到持续的监测和分析，以及时发现设备性能降级；

(4)确保采用合适的维修策略，包括预测性维修、预防性维修和纠正性维修等，在提高设备可靠性的同时提高设备的可用率；

(5)新增和变更后的设备，其可靠性应高于原设备，并便于性能监测和人员操作；

(6)编制设备管理大纲和管理程序，以提高和保持系统及设备的性能；

(7)开发和使用设备管理、运行和维护规程，确保设备在设计和监管要求的范围内运行和试验；

(8)开展设备老化分析和寿期管理，确保重要设备寿期内的可靠性；

(9)关键设备的劣化趋势或非预期故障都要进行原因分析并制订纠正行动方案；

(10)持续优化设备管理大纲，合理安排设备的停役检修，在提高设备可靠性的同时提高设备可用率。

1.3 设备管理的目标

(1)对设备进行分级管理，通过对关键设备(包括核安全设备)的识别和重点管理，防止出现关键设备的非预期故障，系统设备能实现核安全功能，提高电力生产的经济性；

(2)建立系统设备性能准则，通过在役检查和试验、设备监督和分析，掌握系统设备的实际状态和性能趋势，以及系统设备的薄弱环节；

(3)建立动态的预防性维修大纲，合理安排设备的预防性/预测性维修，并持续优化维修策略，提高和保持设备可靠性，合理平衡可靠性和可用性；

(4)及时对现场设备故障进行技术分析和故障处理，对设备非预期失效进行原因分析，制订纠正行动方案；

(5)通过设备可靠性管理、长期计划和寿期管理，确保系统、设备始终在设计功能范围内运行；

(6)提升设备管理人员的知识技能水平，增强其设备安全意识。

1.4 设备管理的要素网络

设备管理的要素网络如图 1－1 所示。

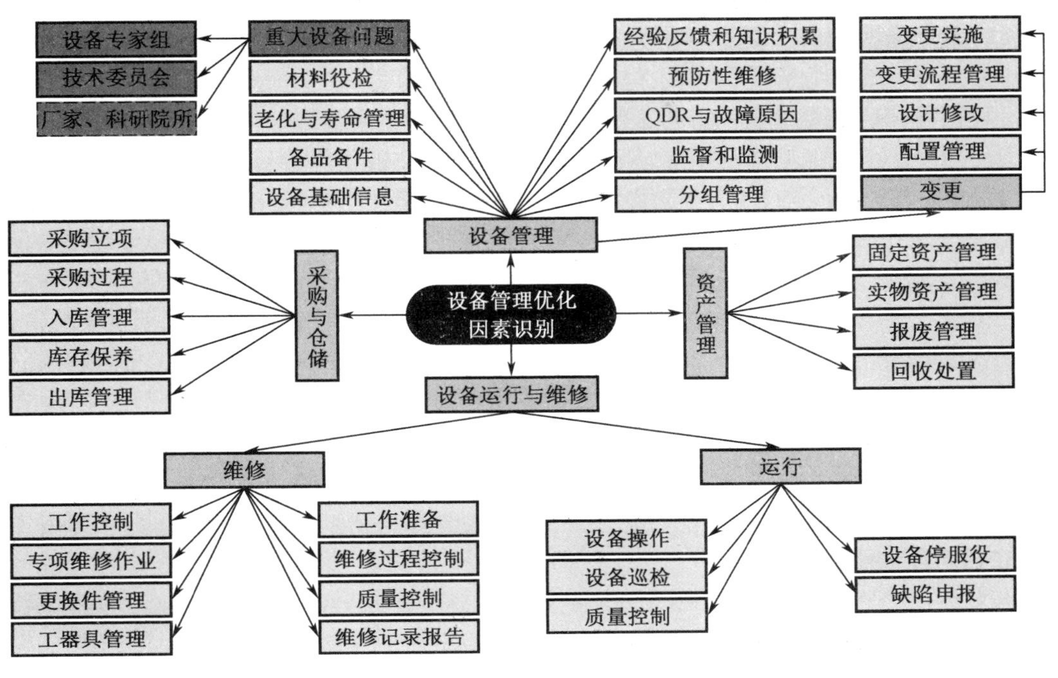

图1-1 设备管理的要素网络

1.5 设备管理的手段

设备可靠性管理是按照《设备可靠性管理流程描述》(INPO AP-913)的要求,通过设备分级、系统设备监督、纠正行动、设备可靠性持续改进、长期计划与寿期管理、预防性维修实施六个功能块进行一体化管理,重点加强对关键设备管理、设备状态监督、设备长期健康状况管理、基于实践的预维修优化四个方面的工作管理,实现设备可靠性、可用率、安全性和性能目标。

实施上,通过对标业界良好实践,开展设备可靠性管理现状的评估,查找设备可靠性管理工作存在的差距,制订设备可靠性提升计划,组织实施设备可靠性提升计划,通过设备可靠性提升计划的实施,建立设备可靠性管理的技术基础、管理流程和方法,实现设备状态监测、动态预防性维修大纲管理、设备寿期管理等工作的日常化管理。

1.6 设备管理的工作内容

1. 关键设备的识别和管理

为了合理分配电站的管理、检修资源,确保对电站安全稳定经济运行有重要影响的系统和设备得到充分重视,必须对电站的设备进行分级管理。设备分级是设备可靠性提升和建立系统设备性能准则的条件。

根据对电站的核安全、稳定发电、放射性控制等影响的大小,将设备分为关键设备[包括关键1级设备(CC1)和关键2级设备(CC2)]、重要设备(NC)和一般设备(RTM)三个等级。设备分级的主要步骤如下：

(1)确定系统设备功能；

(2)对照分级准则确定设备的关键度；

(3)对照相应准则确定设备的工作频度和运行环境等级。

关键1级设备(CC1,即关键敏感设备SPV)和关键2级设备,由于其对电站安全稳定运行的重要性,在设备状态监测、预防性维修、文件控制、质量控制、备件管理、设备变更管理、设备监造等环节,应予以重点管理。

在实施设备分级管理的过程中,可以设备关键度为顺序,逐步加强和规范各级设备的管理工作。

2. 性能监测

性能监测是对生产系统和设备的运行状态进行定期检查和指标分析,并结合设备的运行历史、试验、在役检查、维修和变更等情况,对其进行状态评估和综合判断,以及早发现设备隐患,并指导预防性维修、备件准备、设备更换等设备管理工作,是重要的设备管理方法,同时通过设备可靠性指标(equipment reliability index,ERI)指示设备可靠性状态和趋势。

3. 预防性维修管理

预防性维修管理是指针对SSCs开展的防止和缓解性能劣化或故障,或对设备的性能与状态进行监测、检查及跟踪,以保持或延长设备使用寿命的维修活动。

(1)预防性维修策略

电站的维修策略是指针对某一具体的设备,确定适当的预防性维修方式,包括针对该设备的所有预防性维修任务。预防性维修又细分为周期性维修、预测性维修及策略性维修三种。

①周期性维修

周期性维修,也称为基于时间的维修(time based maintenance,TBM),即需要定期对设备进行全面维修。此种方式多用于传统的预防性维修,相对来说比较保守,发生过度维修的可能性较大,但是方便预防性维修计划控制,设备失修的风险较小。

②预测性维修

预测性维修(predictive maintenance,PdM),也称为基于状态的维修(condition based maintenance,CBM),即不安排设备定期进行全面维修,而是对设备的状态进行监测、定期评估,从而合理安排设备的维修时机。相对来说,采用预测性维修更科学合理,但是存在设备失修的风险,因此确定采用预测性维修方式时,必须仔细分析设备的故障模式和监测手段,确认不会有周期性的故障模式导致必须定期全面维修,以及有足够多的手段来监测设备的状态和发现故障征兆;并且必须严格执行设备性能监测、趋势分析和监督工作。

③策略性维修

策略性维修(planed maintenance),是指依据预测性维修的结论,在设备故障发生之前,有计划地进行设备翻新或更换,从而防止设备失效。如以监测到的压差为依据对过滤器滤芯进行更换、清洗、反冲洗等工作,即属于这种策略性维修,而不是为消除设备故障的纠正性维修。

在国际、国内的实践上,一般来说,电站投产初期,因为缺乏设备运行经验,对设备状态了解不足。建议设备预防性维修策略以周期性维修为主,随着设备可靠性工作的开展和基础数据的积累,再逐步将预防性维修策略过渡到以预测性维修为主。

秦山核电目前采用周期性维修的策略开展预防性维修工作，未来将开展预测性维修的研究，待时机成熟时，逐步过渡到以预测性维修为主的方式。

(2)预防性维修模板

预防性维修模板是一种以可靠性为中心的维修(RCM)理论，符合 INPO AP－913 流程，为简化预防性维修大纲开发或优化难度而编制的，针对设备类型和设备分级的设备预防性维修参考项目，以便于开发优化预防性维修大纲，是预防性维修编撰导则的一种。

预防性维修模板的开发，可参考美国电科院(EPRI)的预防性维修数据库(PMBD)中的"预防性维修模板参考"，但必须根据现场设备规格型号、制造厂家说明书，以及设备的维修历史、相关法规、标准要求，结合开发人员的实践经验，做适应性调整。

(3)预防性维修大纲管理

预防性维修大纲是指以各机组的生产系统或设备类型为单位而开发的设备维修任务和频度要求的技术文件。

现有的预防性维修大纲是基于周期性维修策略的。在预防性维修模板开发完成后，应根据本程序的预防性维修大纲优化流程，对原大纲逐步进行优化升版，并最终完成大纲的整体更换。

在编写预防性维修大纲前，应该首先编写预防性维修大纲的技术指导文件作为预防性维修大纲的编撰导则。预防性维修大纲编撰导则可以是预防性维修模板(PMT)、编写指南、RCM 导则等文件。

在开发预防性维修任务和确定其执行周期时，必须认真考虑"度"的问题，并不是越多的预防性维修任务和越短的执行周期就是越好的。过多和过于频繁的预防性维修工作首先在经济上是不划算的，同时也降低了设备的可用性，并且维修过程中的不确定性也大大增加了设备降级和故障的风险。

合适的预防性维修工作安排是指通过经验或对设备性能的监测(包括针对设备状态而开展的试验、诊断、标定、检查、取样化验、无损探伤等主动安排的状态监测任务和故障检测任务)而预测一个设备可能出现故障的时间点，在这个时间点前安排合适的预防性维修工作以使设备消除故障隐患。

预防性维修大纲由设备工程师或系统工程师(承担管理责任的)负责编写，其主管科长、处长负责审查，涉及关键设备的大纲由分管各生产单元技术管理的领导负责批准。

系统/设备预防性维修大纲无固定升版周期要求，根据电站生产需要动态修订升版；但如果连续 5 年未进行过升版，则需要进行适用性评估。

(4)预防性维修实施管理

①预防性维修的计划安排

依据批准的预防性维修大纲，建立预防性维修数据库，制订预防性维修计划，安排开展预防性维修工作。

预防性维修计划必须科学安排和严格控制，预防性维修项目超过宽限期的延期执行必须经过设备工程师和设备管理责任处室的评价和审批。

在预防性维修周期内，若设备已进行过纠正性维修且维修内容可以等效替代相应的预防性维修内容，或者进行过设备更换的，为避免重复维修，应考虑预防性维修项目的等效。

②标准工作包的准备

预防性维修项目属于周期性工作，其技术准备适宜采用标准工作包的方式。需要开发一套预防性维修标准工单（标准 PM 工单）。工单应包括执行 PM 工作及维修后试验的主要操作指令。这种标准工单可以减少执行特定 PM 任务时编写工作指令的工作量。

③预防性维修过程的质量控制

预防性维修过程中需进行质量控制。若在预防性维修过程中发现设备存在非预期缺陷，需进行跟踪报告和处理。

④维修质量验证

为了验证设备的功能及维修的有效性，需要开展维修后试验，开发一套标准的维修后试验规程，包括用于验证性能的检测手段。

⑤设备修前/修后状态记录

将预防性维修实施过程中观察到和测量到的结果作为预防性维修大纲修订的依据，这是预防性维修优化的核心流程。工作人员在执行 PM 工作时要将设备修前的实际状态记录下来，用以判断当前的维修策略是否合适。系统/设备工程师要根据修前状态记录审查或调整已有的维修任务和频度。

4. 纠正行动

对于在设备管理和设备可靠性管理过程中发现的问题，都需要采取纠正行动。发现设备缺陷需要采取纠正性维修进行处理，其他方面问题则通过状态报告等其他形式制订纠正行动计划进行纠正。考虑到对核电厂安全运行及对设备实现其特定设计功能影响程度的不同，将设备缺陷划分为故障（CM）和小缺陷（DM）两种等级。缺陷分级管理的目的是制订出设备纠正性维修工作的优先级。因此，在设备的缺陷管理和维修计划安排上，应在设备关键度的分级结果以及对缺陷状态和变化趋势分析的基础上，对可能导致核电厂核安全降级或触发停机停堆的直接或潜在因素进行风险评估和控制，以便选择合适的维修时机，确保核电厂核安全降级或停堆停机的潜在风险降至最低并可接受。倡导关键设备故障零容忍，为了降低设备故障（非预期失效）的发生，必须对关键设备非预期失效进行分析，制订和实施纠正行动计划。

5. 设备可靠性持续改进

设备可靠性持续改进，是指基于行业或电站运行经验，对设备可靠性管理上的弱项进行改进，比如对已有预防性维修任务和频度的持续调整。这些经验主要来源于电站的系统设备性能监督结果、外部经验反馈、业界的 PM 模板、厂家建议、设备可靠性数据库和老化研究成果等。

维修任务/频度调整的准则：

（1）更有效的维修方式可以替代现有预防性维修，如策略性更换或更新；

（2）新的检测技术使得进行预测性维修更有效；

（3）若设备的实际失效概率与预期的存在偏差较大，需要调整预防性维修；

（4）听取来自维修工作人员对预防性维修任务/频度的调整建议；

（5）若设备修前状态趋势显示当前预防性维修执行周期内，设备状态非常好或者非常差，需要降低或增加预防性维修频度。

设备可靠性持续改进的主要步骤：

（1）审查现有预防性维修模板和预防性维修依据文件，如果现有的预防性维修模板和预防性维修依据文件能覆盖要求的任务和频度，则根据现有的模板和依据文件编制预防性维修任务和频度，否则，执行步骤②。

(2)评估是否可以通过状态监测或预测，周期性或计划性维修手段，以防止失效，且这种手段的成本是可接受的，则针对主要失效模式开发相应的预防性维修模板，否则，执行步骤③。

(3)评估这种失效的后果是否可接受，如果不可接受，则提出设计变更的申请。

6. 长期计划与寿期管理

需要对系统设备健康状况和薄弱点进行定期评价，包括薄弱点识别、变更效果评价、设备老化或淘汰系统设备评价等。

需要制订系统设备长期维修策略并进行升版，包括同类设备的维修策略(如定期维修、状态维修、计划更换或更新)、不同任务的窗口整合(如振动测量、油分析、预防性维修、在役检查等)、按系统系列安排工作任务、工作频度较低的预维任务在每次大修中的安排、设计变更的计划安排等。

专项设备的老化管理是寿期管理的一部分。

制订老化和淘汰设备的应对策略，并将这种策略落实到电站经营计划中。

7. 技术和设备专项管理

借鉴国内外同行的良好实践和经验反馈，针对一些专业设备和专业技术制订技术大纲来进行规范化管理。这些工作现在基本上都在开展，制订大纲这种规范化的工作可以根据情况逐步开展。

8. 备品备件管理

鉴于核电站的行业特殊性，为确保核安全和电站安全、稳定、经济运行，必须根据设备的运行维修情况及经验反馈、经济方面等因素，适当储存一定数量的备品备件。

备品备件是指所有正式用在保证核电站安全生产用的构筑物、系统、设备上的物项。需要注意，管道、密封件、紧固件、润滑剂等经常被认作材料的物项，也属于备品备件。

备品备件管理是核电站运行期间的一项重要工作，它包括备品备件数据库建立和维护、申报、采购、运输、验收、仓储、保养、发放、使用、替代、修复、退库、报废等一系列活动。

备品备件的采购和仓储必须保证核电站安全稳定运行和开展检修、技术改造等活动，并减少库存，降低采购费用和压库资金。

第2章　设备工程师岗位职责

设备工程师岗位职责包括设备信息管理、维修策略管理、设备监督、备件管理、维修过程管理、变更和科研。

1. 设备信息管理

(1)设备台账信息

完善的设备基础数据是高效开展设备管理、维修工作的基础。设备工程师负责收集或组织收集设备的基本数据，具体工作如下：

①建立和维护生产管理系统中的设备信息；

②建立设备、部件(备件)、文件(包括但不限于设计文件，如设计、制造的图纸、手册，工作文件等)的关联关系。

(2)设备历史数据

设备工程师需注重设备的各种历史数据和资料收集，将各种参数、记录按照工作需要进行加工，有足够的资源支持设备管理、维修等工作的开展。要求相关的数据、资料找得到，发现未存档的资料要归档。资料种类包括但不限于：

①试验、检验报告；

②建造、调试的记录、试验数据；

③运行的参数，定期试验数据、维修记录、役检记录、变更记录、设备评估报告等。

2. 维修策略管理

有效的维修是保证设备可靠性的主要工作，设备工程师要制订合适的设备维修策略并持续优化，具体工作如下：

(1)制订设备维修策略，编制设备预防性维修模板；

(2)开发预防性维修大纲；

(3)确定预防性维修项目规划，确定日常及大修预防性维修项目；

(4)预防性维修等效分析；

(5)预防性维修执行偏差风险评估与控制；

(6)预防性维修大纲应用评价，持续优化预防性维修大纲。

3. 设备监督

设备工程师通过对关键重要设备进行监督，确保其可靠性，具体工作如下：

(1)在 ERDB 中对 SPV 设备和大中型设备进行监督和评价；

(2)负责设备性能趋势分析；

(3)对系统监督提供支持。

4. 备件管理

备件管理一方面要为现场维修工作提供备件保障，确保设备得到有效的维修；另一方面还要储备合理，避免过高的财务成本，具体工作如下：

(1)建立和维护备品备件技术信息;

(2)制订备件储备定额;

(3)确定备件存储期限;

(4)编制备件存储、保养要求;

(5)编制战略备件清单和储备计划;

(6)处理采购、制造、验收、仓储(存放、维护和有效期)、领用、报废过程中的技术问题;

(7)备件到货和退库的检验;

(8)编制备品备件需求采购申请。

5. 维修过程管理

(1)技术支持

①针对重大缺陷提供技术方案,协助制订紧急抢修方案,并在维修过程中提供技术支持;

②编制质量缺陷报告处理方案;

③编制维修后试验规程;

④审查并会签维修规程,提出设备维修后验收标准,提出修前、修后数据记录要求;

⑤技术项目管理。

(2)质量控制(QC)

①SPV 设备维修 QC 选点和见证;

②SPV 设备修后试验的见证;

③编制设备不符合项报告(NCR)处理技术方案。

修后:

①对设备维修记录、报告进行分析和评价;

②在 ERDB 中录入 SPV 设备的修前、修后记录;

③开发设备缺陷类状态报告,分析缺陷产生的根本原因,制订改进措施。

6. 变更和科研

设备工程师负责设备变更(包括永久变更、临时变更、物项替代)设计,参与系统变更审查,具体包括:

(1)承担各自技术责任范围内变更项目的技术责任,负责变更项目的设计和技术支持;

(2)负责审查相关系统变更申请、技术方案确定;

(3)负责技术责任范围内的变更申请审查和详细技术方案准备;

(4)设备固定资产技术鉴定,负责生产用固定资产报废的技术鉴定,在收到固定资产管理部门的要求时,提供技术支持。

设备工程师负责设备类科研如下:

(1)负责编制、审核、批准科技项目申请书;

(2)负责组织成立项目组,编制科技项目实施方案;

(3)负责申报预算,按公司科技项目管理规定实施科技项目研发;

(4)负责对科技项目技术、进度、质量和经费总体控制,每月定期反馈项目执行情况;

(5)科技项目完成后,负责提出验收申请,编制项目技术报告,接受项目第一阶段验收审查；

(6)科技项目第一阶段验收完成后，负责对研发成果的现场应用进行申请和组织实施；通过最终验收后，提交无形资产项目交付使用单；

(7)承担上级(外部)下达的科技专项任务的项目组应根据外部科技专项管理要求执行项目研发任务；

(8)项目经理应负责填写公司科研抵税项目和对外申报科技项目的申报文件，配合项目评审活动。

第3章　设备分级

为了便于核电厂生产管理及维修资源的合理分配和优化利用，确保对机组的安全稳定、经济运行产生重要影响的系统、设备得到充分重视，应对核电厂设备实行分级管理。

3.1　定　　义

（1）设备（equipment）：指能够在系统中独立地完成某一特定功能的一种实体。

（2）关键设备（critical component，CC）：指对电站的核安全和机组发电具有关键作用的设备。

（3）关键敏感设备（single point vulnerability，SPV）：具有单点敏感性的设备，是指单个设备故障即可导致核电厂停堆、停机、降功率、功率大幅度波动的设备。关键敏感设备作为关键1级（CC1）设备管理。

（4）关键2级设备（CC2）：指关键1级设备以外的设备，即单个设备故障即可导致支持电站核安全或机组发电的重要功能丧失或降级的设备。

（5）重要设备（non-critical component，NC）：指对电站的核安全和机组发电具有重要作用，或通过维修可以避免重大设备损失、降低成本的设备。

（6）一般设备（run-to-maintenance，RTM、RTF）：指除关键和重要设备之外的其他设备。

（7）预防性维修（preventive maintenance，PM）：指针对系统、设备和构筑物开展的防止和缓解性能劣化或故障，或对设备的性能与状态进行监测、检查及跟踪，以保持或延长设备使用寿命的维修活动。

（8）纠正性维修（corrective maintenance）：指针对发生缺陷、故障的系统、设备和构筑物，开展将其性能恢复到可接受标准的维修活动。

（9）预防性维修大纲（preventive maintenance program，PMP）：指核电站预防性维修的指导和要求，规定了核电站关键和重要的构筑物、系统和设备的预防性维修项目、内容和周期，同时阐明编写的依据和理由。

（10）预防性维修模板（preventive maintenance template，PMT）：是对某一类型设备，按照关键度分级和工作环境、工作频度，分别提供预防性维修工作的项目（包括监督监测、定期任务、故障排查）、时间等建议，是开发预防性维修大纲的基础文件。

（11）工作频度（duty cycle）：设备工作循环或加载的数量。工作频度分为两种类型：高（H），设备启停频繁；低（L），设备启停不频繁。

（12）工作环境（service condition）：设备运行时内部和外部环境的恶劣程度。工作环境分两种类型：严酷（S），设备工作在高温或脏乱的环境；良好（M），设备工作在干燥和清洁的环境。

（13）设备管理工程师：是直接承担设备管理工作的基本单元，由设备工程师（包括构筑物工程师）和系统工程师组成，是构筑物、系统、设备的技术主人。

3.2 设备分级流程/规定

1. 设备分级管理总体原则

设备关键度的分级是基于设备功能,即以单一设备故障发生时产生后果的严重程度为基准,而不是基于是否有 PM 的存在。设备分级包括以下内容:

(1)设备关键度分级(关键、重要、一般);

(2)设备工作环境分级(严酷、良好);

(3)设备工作频度分级(高、低);

(4)其他在设计阶段即已确定的设备等级,如质保等级、核安全等级、抗震等级(SQ)、环境等级(EQ)等继续沿用。

原则上,设备关键度的分级是在综合考虑了对核电厂核安全、机组可用率、放射性控制以及风险重要程度等因素后进行的识别分类,其同时兼顾设备的采购价值以及设备失效后导致的维修、运行成本增加。

在设备关键度的识别过程中,必须考虑设备失效可能性的高低,原则上不考虑可能性很低的失效情况。

设备关键度分级、工作环境分级和工作频度分级的结果可以直接应用于以可靠性为中心维修(RCM)的方法开发和优化预防性维修大纲的过程中,配合预防性维修模板(PMT),选择合适的预防性维修任务。

(5)由于核电厂设备的分级原则、方法是基于核安全监管要求和核电厂的管理要求加以制订的,因此,按照不同的发展时期,分级结果应按相应的周期或规则进行修正,确保其始终充分考虑了核电厂的工程改造实践、内外部经验反馈、新监管政策和管理要求、专项研究成果等要素。

(6)在设备分级的基础上,对不同级别设备实施不同的管理方式。管理的优先级按照以下次序排列:CC1—CC2—NC—RTM;严酷—良好;频度高—频度低。针对 CC1(SPV)设备,需要制定专门的管理制度进行重点管理,将管理资源投入 SPV 设备的可靠性上。在设备可靠性基础文件开发工作中,首先进行 SPV 设备的文件开发,在 SPV 设备文件开发完成或基本完成后,再进行 CC2 设备及 NC 设备的开发。

2. 设备分级流程

设备分级流程主要有以下四步:

(1)设备关键度分级;

(2)设备工作环境分级;

(3)设备工作频度;

(4)设备分级清单审批发布。

3. 设备关键度分级和管理

设备关键度的分级,应以单一设备故障发生时导致后果的严重程度为依据。需要特别注意,环境因素导致的多个设备同时出现相同故障也需要进行故障后果分析,其分析结论作为关键度分级的依据。有在役检查要求的设备不能作为一般设备。分级是基于提供设备的功能的重要性,而非是否有 PM 的存在。

以 INPOAP 913 中的设备分级原则为参考,根据设备对核电厂的核安全、稳定发电、放射性控制等影响的大小，将设备分为关键设备、重要设备和一般设备三个等级。

（1）关键设备识别条件和管理要求

①识别条件

a. 关键 1 级设备（CC1），即关键敏感设备（SPV）。

发生单一设备故障，将产生下列任意一项后果的，即为关键 1 级设备：

- 引起自动或手动停堆、停机；
- 引起大的功率扰动，幅度≥10% FP；
- 非计划进入 LCO 要求的降模式，无法在线检修或不能在限期内完成修复；
- 无法在线对其进行检修，且该设备的故障使得机组无法保持长期稳定运行。

b. 关键 2 级设备（CC2）。

发生单一设备故障，将产生下列任意一项后果的，并除关键 1 级设备（CC1）以外的设备：

- 引起大的功率扰动，幅度 < 10% FP；
- 非计划进入 LCO 要求的降模式，可以在线检修且可以在限期内完成修复的设备；
- 导致停堆、停机或降功率的冗余设备减少，包括逻辑单通道脱扣；
- 失去安全系统冗余功能；
- 安全系统启动；
- 不能控制反应堆重要安全功能；
- 停堆或维持停堆状态，余热排出的能力下降；
- EOP 程序无法执行；
- 不能防止或缓解放射性向厂外释放；
- 属于风险（高风险）重要设备（CC1 级设备除外）。

②管理要求

a. 必须进行设备工作环境的分级识别。

b. 必须进行设备工作频度的分级识别。

c. 建立“关键设备故障零容忍”的理念。遵守保守决策，集中技术和维修资源，采取预防性的维修策略，制订并应用有效维修措施来预防非预期故障的发生。

d. 针对机组功率运行期间出现的设备故障处理，应建立必要的紧急响应机制。故障处理必须遵循以下原则：

一是开展维修实施前的风险分析，填写运行风险评估单，召开工前会，确定各专业人员分工，制订详细的维修方案、工艺措施和注意事项，明确标识出工作中的关键步骤，以加强风险控制；

二是不轻易放过已经发生的非计划故障，要开展设备故障或失效的根本原因分析，以便采取必要的纠正行动，彻底消除故障隐患。

e. 对于 CC1（SPV）级设备发生的故障，通过 B 类及以上状态报告进行跟踪和根本原因分析；对于 CC2 级设备发生的故障，通过 C 类及以上状态报告进行跟踪。

f. 应全面开展设备性能监督工作。

g. 维修工作必须进行充分的准备。

h. SPV 设备需要编制专用维修规程，编写人员应为 SPV 设备维修负责人，且具备 5 年及以上本专业工作经验，并跟踪和确认发布的 SPV 专用维修规程打印时能显示 SPV 水印。如规程中需要使用 SPV 设备备件，应在规程步骤中增加备件完好性作为检查内容，必要时可以增加功能验证步骤。

i. 必须确保充足的备品备件储备，按照备品备件管理要求建立必要的储备定额。

j. 维修活动必须按照质量管理要求进行质量控制。

k. 需要通过维修后试验来验证维修质量的，必须进行维修后试验。

l. 各核电厂设备管理部门应定期进行设备分级的对标活动，定期修订完善各自的设备分级。

SPV 的管理要求：SPV 设备在关键度分级上属于关键 1 级设备，其管理除按照上述要求外，还需要制定专门的管理制度。其主要内容包括敏感部件识别和标识、缓解策略分析、日常管理要求等。

（2）重要设备识别条件和管理要求

重要设备虽不满足关键设备的分级标准，但其故障会使人员安全、工业安全、环境安全或辐射安全危害的增加变得不可接受，也包括有必要进行预防性维修的设备。

①识别条件

发生单一设备故障，将产生下列任意一项后果的，并除关键 1 级、2 级设备以外的设备，即为重要设备：

a. 设备失效导致重要系统冗余减少或纵深防御深度减小；

b. 设备失效导致不可接受的化学、放射性或环境危害；

c. 导致非计划进入 LCO，没有降模式要求，或通过替代手段可以免除降模式要求；

d. 促进其他关键设备失效或不利于其运行，但不会引起关键设备关键功能的立即失效；

e. 设备失效导致妨碍或阻止关键设备的及时维修；

f. 设备失效导致不可接受的维修、更换或运行费用增加；

g. 属于工业安全等法规监管的设备；

h. 备件稀少、购买周期长或价格高昂的设备；

i. 导致失去重要报警或运行参数无法监视，增加运行人员负担；

j. 装换料设备或影响大修关键路径的设备；

k. 应急准备和应急响应设备（包括用于应对超设计基准的外部事件而增加的设备，也就是 EPRI 的预防性维修参考模板为 FLEX 类的设备）。

②管理要求

a. 必须进行设备工作环境的分级识别；

b. 必须进行设备工作频度的分级识别；

c. 应开展设备的可靠性管理，采取预防为主的维修策略，避免非预期故障的发生；

d. 针对机组功率运行期间出现的设备故障，应视现场的紧急情况加以处理，必要时列入紧急缺陷进行即时处理；

e. 对于重要设备发生的故障，通过 C 类状态报告进行跟踪分析；

f. 应根据需要开展设备性能监督工作；

g. 维修工作应进行充分的准备；

h. 必须有充足的备品备件储备，按照备品备件管理要求建立必要的储备定额；

i. 维修活动必须按照质量管理要求进行质量控制；

j. 需要通过维修后试验来验证维修质量的，必须进行维修后试验。

(3)一般设备识别条件和管理要求

一般设备是除关键和重要设备之外的其他设备，通常情况下设备故障的后果和风险可以接受，不采用预防性维修的方式，待设备一直运行到出现故障，进行纠正性维修。

①识别条件

所有不满足关键1级、关键2级和重要设备识别条件的设备均为一般设备。特别注意，有在役检查要求的设备不能作为一般设备。

②管理要求

a. 无须开展设备可靠性管理；除以下活动外，无须开展设备预防性维修工作：

一是设备必要的维护工作，如润滑、更换过滤器、清洁等；

二是用于设备状态调查的检查、试验性工作，如支吊架目视检查、应急灯试验等。

b. 为了便于维修资源的合理分配以及加强现场风险控制，机组功率运行期间出现的设备故障允许在维修资源和维修时机成熟后安排处理。

c. 一般设备发生的缺陷和故障，通常不需要C类及以上状态报告跟踪。

d. 不需要开展设备性能监督工作。

4. 设备工作环境分级

如设备的工作环境满足下列任何一项，则视为工作环境“严酷(S)”，其他的视为工作环境“良好(M)”。工作环境分级不针对一般设备。

(1)内部介质或外部环境温度≥50 ℃(120 ℉)；

(2)内部介质压力≥7 MPa(1 000 Psig)；

(3)高振动环境；

(4)高湿度环境(相对湿度≥65%)；

(5)高辐照环境(连续剂量率≥10 mGy/h)；

(6)腐蚀环境(包括内外部)；

(7)喷淋、蒸汽和水冲刷、冲蚀、灰尘环境。

说明：以上为一般通用性的判断条件，针对特定设备可以有专门的判断条件。

5. 设备工作频度分级

如设备的工作状态满足下列任何一项，视为工作频度高(H)，其他的视为工作频度低(L)。工作频度分级不针对一般设备。

(1)连续运行；

(2)频繁切换(如：切换频率≥2次/周)；

(3)频繁手动节流状态(如：切换频率≥2次/周)；

(4)处于连续得电或频繁得电状态(如：频率≥2次/周)。

说明：以上为一般通用性的判断条件，针对特定设备可以有专门的判断条件。

第4章　设备基础信息管理

设备基础信息是体现设备设计功能、设计要求、重要度及相应备品备件内容的信息。

核电厂生产管理系统中逻辑设备基础信息修改的管理,确保了设备基础信息数据库的正确性及有效性。

1. 设备基础信息的范围

设备基础信息包括设备名称、设备分级、核安全等级、抗震等级、质保等级、环境等级、安装位置、型号/物料编码、物料清单(bill of material,BOM,也指备件清单、备件包)。除设备分级外,这些信息的修改必须通过设备信息修改流程。

2. 定义

(1)设备编码:表征现场设备功能位置的唯一标识代码。

(2)设备基础信息:体现设备设计功能、设计要求、重要度及相应备品备件内容的信息。

(3)设备信息管理员:负责核电厂生产管理系统中设备编码及相关基础信息归口管理和修改的人员。

(4)设备信息修改流程:为规范核电厂生产管理系统中设备基础信息修改而设立的控制流程。

3. 设备基础信息管理原则及流程

(1)管理原则

①设备基础信息是生产管理的重要信息,由设备管理归口部门组织收集,纳入生产管理系统进行管理。

②核电厂建立设备信息修改流程,对设备基础信息采取归口管理,对生产管理系统中的设备基础信息修改进行控制。

③设备基础信息具有唯一性和权威性,核电厂相关技术文件(图纸、规程、手册等)标识标牌、软件程序等中的设备基础信息应与生产管理系统中的信息保持一致。当生产管理系统中的设备基础信息发生修改后,需及时将修改反馈到所影响的技术文件(图纸、规程、手册等)、工单工作票、标牌标识、软件程序等中去。

④设备基础信息的修改必须通过设备信息修改流程。

⑤设备管理责任部门、设备管理责任人、设备维修责任部门、设备维修责任人、设备运行责任部门等为核电厂管理分工信息,不属于设备基础信息。这类信息可以通过设备信息修改流程修改。

⑥设备信息修改申请提出人需提供充分的修改依据,设备信息修改流程不能替代修改论证。修改设备分级信息须以批准的设备分级报告、设备分级清单等文件为依据。

⑦设备基础信息建立的前提是生产管理系统中已有对应设备编码,设备编码新增和设备初次命名按照中国核电《设备编码管理导则》及核电厂相应设备编码管理程序的要求执行。

(2)管理流程

设备基础信息管理流程主要有以下八步:

①提出修改申请单（申请人）；
②校对修改申请单（申请部门）；
③审核修改申请单（设备信息管理员）；
④审核修改申请单（设备、运行、维修责任部门）；
⑤批准修改申请（设备管理归口部门）；
⑥启动修改（申请人）；
⑦修改申请（设备信息管理员）；
⑧确认修改（申请人）。

第5章　设备编码管理

设备编码原则的细化和有效管理可以满足核电厂运行、检修的管理要求，满足核电厂设备管理的需要，满足核电厂信息化管理的需要。

1. 设备编码的适用范围

设备编码适用于中核运行生产管理系统（EAM）逻辑设备编码管理。

2. 定义

设备编码修改流程：指为规范生产管理系统中设备编码新增、设备编码状态修改而建立的管理流程。

3. 设备编码管理原则及流程

（1）管理原则

①设备编码是生产管理的关键信息，由设备管理归口部门组织收集，纳入生产管理系统进行管理。

②核电厂应建立设备编码修改管理流程，对设备编码采取归口管理，由归口管理部门对生产管理系统中的设备编码新增和设备编码状态修改进行控制。

③设备编码具有唯一性和权威性，核电厂相关技术文件（图纸、规程、手册等）标牌标识、软件程序等中的设备编码应与生产管理系统中的设备编码保持一致。

④核电厂应明确设备编码规则，作为设备编码的依据。设备编码规则依据核电厂设计规定的编码规则，如根据设计文件提供的设备功能标识直接转换而成。

⑤设备编码一般由核电厂码、机组码、系统码、设备编码、部件编码、设备类型码、部件类型码七个编码段组成。对于子设备编码，宜采用"主设备编码 + 部件编码"的规则。

⑥新增设备编码时，需明确设备名称。设备名称描述应简明，并能反映设备的功能位置信息。

⑦生产管理系统中已存在的设备编码本身不能修改，若需修改，则应作废原设备编码，创建新建设备编码。

⑧根据设备实际所处状态，确定设备编码状态，例如：

生效：正常在役运行的设备；

未生效：一般为变更增加的、尚未投运的设备；

退役：已退役，不在运行状态，但现场未拆除的设备；

拆除：变更拆除的设备；

删除：数据错误、现场不存在的设备。

⑨设备编码状态改为拆除/删除前，应确保该设备已无有效的预防性维修项目、无未结工单/工作票，并确认涉及该设备编码的技术文件已发起修订流程。

⑩对于构筑物、管道、电缆等，可根据需要决定是否纳入生产管理系统作为设备管理，如果需要，则应按照核电厂设备编码规则进行编码，并纳入设备编码修改管理流程。

（2）管理流程

设备编码管理流程主要有以下八步：

①提出修改申请单(申请人);
②校对修改申请单(申请部门);
③审核修改申请单(设备信息管理员);
④审核修改申请单(设备、运行、维修责任部门);
⑤批准修改申请(设备管理归口部门);
⑥启动修改(申请人);
⑦修改申请(设备信息管理员);
⑧确认修改(申请人)。

第6章　定值管理

1. 定义

(1)定值:指在机组运行过程中,报警、连锁及保护定值,控制参数和函数等参数定值。

(2)定值变更:指对生产工艺系统设备的运行控制参数、仪表量程、报警及跳机定值等做的改动。

2. 定值管理规则

(1)核电厂建立定值手册或定值数据库,对定值进行管理,确保定值与核电厂配置保持一致。

(2)定值计算和校核过程中必须综合标准要求、设计数据、现场实际状态,从保守决策上考虑机组核安全和性能、系统安全和性能、设备安全和性能的要求。

(3)除了已有文件规定需要进行周期性调整的定值外,任何涉及现场定值的修改都必须通过变更流程实施。

(4)定值管理人员应掌握或具备以下知识和能力:

①核电厂定值的整体结构、范围、基准和管理要求;

②了解技术规格书、运行限值和监督的要求;

③了解应急运行规程及其定值的要求;

④了解定值的算法;

⑤熟悉和了解应用行业经验反馈不断优化定值管理的方法;

⑥具备与定值管理相关的外部经验反馈信息的评价能力;

⑦具备定值管理相关活动的监管能力;

⑧具备识别不足、提出改进措施、监督纠正行动实施的能力。

3. 定值管理范围

核电厂定值管理应包括以下两类定值:

(1)与核电厂安全、可靠运行相关的警告或报警整定值、联锁或允许整定值、延时整定值、保护功能整定值;

(2)释放阀或安全阀起跳或回座压力整定值。

定值管理还可以包括以下几类定值,由核电厂具体认定:

(1)工艺系统参数设定值;

(2)现场机械设备设定值,如安全阀、减压阀、转动机械等的设定值;

(3)现场电气设备的设定值,如断路器、接触器、变频器、继电保护、变压器、微机控制设备等的设定值;

(4)现场仪控设备的设定值,如控制器、仪控开关、表计、卡件、继电器、计数器、放大器、软件、沾污仪等的设定值;

(5)数字化控制和保护系统软件的组态参数。

4. 定值管理文件

根据实际情况,核电厂可以系统、机组、双机组或核电厂为单位建立和维护定值手册或定值数据库。

(1)定值手册

建立定值手册主要依据技术规格书、设计文件、定值计算书、分析报告、厂家技术文件、国家或行业技术标准等,也可参考工程调试报告、事故分析和安全分析文件[基于对假设(事故)分析或安全分析的安全限值或保护限值]、设计基准文件、验证报告(设备的性能试验或抗震试验报告,可用于分析和计算定值的不确定度)、监管当局的分析报告、行业监管部门的其他要求等。

(2)定值数据库

为便于管理,核电厂可以建立受控的定值管理数据库。

如果建立了定值手册,则应将定值手册作为定值管理的基准文件。定值数据库必须与定值手册保持一致。

(3)管理要求

必须保持现场实际定值、定值手册(或定值数据库)、工作文件三者一致。在核电厂生产活动中发现定值手册(或定值数据库)中的定值、现场实际定值、工作文件中的定值之间任意两者不一致时,应填写质量缺陷报告(QDR)、状态报告或者直接提出变更申请,并由设备管理部门进行分析和评价。

如果现场定值需要修改,则走变更流程或临时变更流程;如果现场定值不需要修改,而是定值手册(或定值数据库)、工作文件中定值项目缺少或多余、存在定值错误等,则走定值手册(或定值数据库)修订流程或工作文件修改流程。

5. 定值的变更

核电厂现场定值的变更,包括现场定值的增加、减少和主要内容修改,主要有以下两种:

①由系统设备变更所导致的定值变更。定值变更作为系统设备变更的一部分,随变更施工完成现场定值修改以及定值文件和数据库修改。

②单纯的现场定值错误。必须提出变更申请,走变更流程实施修改。

无论是哪种定值变更,均需经过严格的评价和审查。

(1)定值的永久变更

因安全分析报告或事故分析报告的修订、新增/移除/更新系统或设备、行业经验反馈、新颁布或升版的安全标准、新颁布或升版的监管要求、核电厂设计变更、核电厂运行方式变更、电网要求等产生的定值变更需求,应走变更流程。

定值变更如果涉及现场设备的修改和调整(如设备重新标定、软件修改等),应按照变更管理流程申请工单。

通过变更流程完成定值变更修改后,需要尽快按变更管理要求对定值手册、定值数据库进行修改。运行规程、维修规程、试验规程、图纸等相关文件修改应与变更流程同步实施。

(2)定值的临时变更

因定期试验、临时试验、维修、特殊运行方式、电网调度需要而产生的定值临时调整需求,应走临时变更流程。

因现场定值需要修改,而变更流程又无法满足现场生产要求时,可以走临时变更流程。

定值的临时变更不触发定值手册或定值数据库的修订。

第7章　备品备件管理

7.1　备品备件管理概述

1. 备品备件管理的目的

本章节用于明确设备工程师在备品备件管理方面的工作要求，规范设备工程师在备品备件业务中的职能。通过规范管理，最终实现正确的物资在正确的时间、正确的地点交给正确的工单，满足设备检修需求的同时，实现最小的资金占用。

2. 备品备件管理的工作内容

备品备件管理的工作内容主要包括备品备件质量管理与数量管理，以及供应链管理和库存控制管理等活动。质量管理主要包括编码数据管理、仓储验收与保养、出库使用与回收等业务；数量管理包括可预知备品备件需求与随机备品备件需求的管理等。

3. 备品备件的相关定义

备品备件的相关定义见表7－1。

表7－1　备品备件的相关定义

名称	定义
备品备件	也称为备件，即为了满足设备维修需要，保持和恢复设备原始结构和设计功能，用来更换的整机或零部件。其不包括维修材料以及专门为变更采购的物项
战略备件	是指在电站的设计寿期内，对机组可用率或核安全有直接的重大影响，且采购、制造周期长，价格高，维修更换时间较长的关键重要设备或部件
修复备件	是指维修活动中更换下，经修复并验证已恢复其原有功能的备件
报废备件	是指经确认完全丧失设计功能技术要求的，或者丧失主要设计功能技术要求且无条件修复或无修复价值的备件
备件清单	是指实体设备的备件清单
备件定额	是指作为非预期或者非预防性维修的保障，用以解决日常运行产生的缺陷和预防性维护发现的非预期的缺陷，而确定的备品备件库存数量限值。包括安全库存、再订购点、最大库存水平等字段
备件分级	是指根据所属设备的分级而制订的备件分级，包括SPV备件(S)、关键备件(A)、重要备件(B)、一般备件(C)
备件分类	是指根据所属模板工单备件清单而制订的备件分类，包括易损耗备件和非易损耗备件
随机备件	需求数量和时间不确定的备件，主要指现场设备发生缺陷或非计划更换时所使用的备件，包括预防性维修工单QDR备件及缺陷工单备件

表 7-1(续)

名称	定义
可预知备件	是指可以预知使用数量及时间的备件,主要指预防性维修工单的必换件
冗余备件	是指总可用数量超最大库存水平数量的备件和不启用储备定额且总可用数量大于0的备件。不包括战略备件
在途冗余备件	是指超出工单总缺口的数量或定额采购超最大库存水平的在途数量的备件
可预知备件库	是指为可预知备件预留和发放的系统逻辑库
随机备件库	是指为随机备件预留和发放的系统逻辑库,指在最大库存水平(包括最大库存水平)以下的数量
冗余备件库	是指存放冗余备件库存数量的系统逻辑库,指在最大库存水平以上的库存数量
模板工单	即标准工作包,是在EAM系统预先评估好的工作包,用于触发定期PM工单、试验工单和快速准备相同、相类似的工单任务和工单
模板工单备件需求单	是指模板工单下所挂的必换备件清单,用于触发相应的预防性维修工单的工单领料单
备件存储寿期	是指备件按指定存储要求存放在指定存储环境下的允许存放时间
备件使用寿期	是指在存储寿期内备件领出后用于现场工况的使用时间
备件技术责任部门/备件技术责任人	备件技术责任部门指承担备件技术管理工作的处室,通常为核电厂设备管理责任处室。相应地承担备件技术管理工作的人员称为备件技术责任人
备件使用部门/备件使用人	备件使用部门指承担备件的领用、使用、退库等工作的处室,通常为核电厂维修责任处室。相应地承担备件使用工作的人员称为备件使用人
物项替代	用以评估当前备选替代物项(与原设计物项或评估过的物项不同),满足特定系统功能要求,作为正常备件使用的等效评估流程

7.2 备品备件质量管理

1. 备品备件的主数据管理

备品备件的数据管理应包含两部分:第一部分为部件编码数据库,第二部分为物资编码数据库。通过部件编码与不同物资编码的关联关系管理,可以实现不同的物资编码在同一个部件上等效。这种关联关系的管理保证了业务的稳定性,而且通过等效关系的管理,也能进一步提高采购灵活性。

(1)部件主数据

部件编码是设备部件在制造厂内部管理的标识码,通常由厂家代码和厂家订货号,或者图纸号+图像号等信息组成,其信息来自制造厂的技术文件。通过该编码,制造厂可以精准定位零部件的制造信息及技术要求等。部件编码主要用于技术管理,是面向维修、设备管理人员服务的。部件需要提出采购需求,产生库存时,必须关联上物资编码。设备技术文件中的部件主数据合集形成了厂家的部件清单（part list，PL），部件清单中的部件主数据需要进入供应链的部分关联了物资编码，物资编码基于部件清单产生的清单叫作物料清单。

（2）物料主数据

物资编码是用于在采购流程中流转的代码，是按照一定规则由信息系统赋予的用字符串或数字表征物资的唯一代码。以物资编码为主体的物料主数据，是以物资编码为索引对物资进行管理的信息集成。物资编码为备件采购、备件包和备件出入库管理、备件定额管理、库存管理等数据工作奠定基础。

一物一码是物资编码管理的基本原则。物资编码中的技术参数应该是稳定的。对于专用备件，其技术参数来源于部件编码；对于标准件，其技术参数来源于规格型号对应制造标准的技术要求。

物资编码是基于服务供应链侧活动产生的，仅有技术参数只能确定商品的唯一性，其相关的管理要求无法体现，因此，物资编码的信息还应包括管理要求。从质量管理的角度出发，主要应关注验收准则、验收文件要求等，其次是库存管理信息、采购过程管理信息等。

（3）采购技术规范书

采购技术规范书包括物料主数据技术信息、管理信息、其他技术文件及支持性资料等。每项备件都应该有采购技术规范书作为采购支撑。采购技术规范书是质量管理的重要部分，主要包括物资主数据技术参数、质量管理要素、实物等支持性资料及图纸等技术资料。

验收准则是备件采购的质量管理的核心，应明确备件合格入库检验的技术检测内容及技术合格的标准。它应区别于验收文件要求。验收文件要求是明确厂家供货时应提供的文件清单，主要包括产品合格证、检验证书、检验记录、质量文件、质量计划、鉴定报告、原产地证明、核级证明、相关图纸、检测报告、检查记录等。

采购技术规范书中还可以关联相关设计院编制的采购技术规格书、库存实物图片、铭牌照片信息、组装图纸等文件信息。

（4）物资的等效管理

针对同一部件，如果不同的商品经过核电厂技术人员评估论证，均能满足设备的技术要求，且都可以用在该部件上，那么此时，这两项物资编码在该部件上是等效的。部件的等效产生的主要原因有物项停产升级、原厂备件断供、降低成本、统一备件、新的供货渠道等。等效关系主要通过物项替代流程管理。

2. 备件仓储管理

（1）入库检验

仓储部门在备件收货时必须经过入库验收及合格确认。验收工作应确认备件的完整性和准确性，并对备件质量进行检查。针对备件质量技术验收要求，应依据技术规范书中的验收准则开展入库检验。对电站安全稳定运行有重大影响的设备备件，在签订合同时，应考虑进行视频验收、源地验收或驻厂监造。这部分备件的质量检查也是根据验收准则开展的，但入库的质量检查确认已经前置，在入库环节做好记录即可。

入库验收合格后，应同步上传该物资的外观信息、关键技术特征信息等，做好备件的实物质量管理记录；也应同步完善备件寿期信息、到期日信息、存储保养信息等，为仓储在库保养做好数据基础。

备件入库验收时，如发现存在任何差异，如物资编码信息与实物信息不一致等，应由仓储人员在澄清模块中发起到货差异澄清，由设备工程师或采购工程师开展管理跟踪，确保实物、物资编码等一致。

（2）在库保养

经入库验收合格后，备件必须根据其储存要求进入相应级别的仓库存放。库存备件必须按规定进行维护和保养，定期对储存情况进行检查。对超过存储期限或状态异常的备件，应进行技术评价，根据评价结果进行处理。

①专项保养，主要是针对库存整机备件、关键重要设备备件及部分其他库存物资所做的维护保养。这类库存物资维护保养的实施，需要具备较强专业知识和维修技能的人员负责。常用的维护保养内容有功能性检查、绝缘检查、无损探伤检查、通电、充放电等。需要专项维护保养的物项主要有以下几类：电动机、电动阀门执行机构、电子板卡、电源箱、泵、空压机、柴油机、变压器、蓄电池等。

②普通保养，主要是针对专项维护保养之外的部分库存物资所做的维护保养。这类库存物资维护保养的实施，只需经过培训的仓库人员负责，常用的维护保养内容有非工作面轻微锈蚀清除并涂防锈油、防锈包装、防静电包装、物资存储状态检查等。需要普通维护保养的物项主要有以下几类：橡胶塑料类制品、石墨制品、碳钢类设备备件、碳钢类紧固件、电子元器件、压力表类，以及没有纳入专项维护保养的电机类等。

在库存备件管理过程中，仓储人员巡检时如发现存在差异，由仓储人员在澄清模块中发起库存差异澄清，由设备工程师及时进行反馈。

库存备件到期后，由仓储人员在指定的到期评估模块发起到期评估，由设备工程师进行反馈，一般包括报废、延期使用等。需要特别注意的是，对于有预留的物资，应及时通知维修负责人，评估工单状态，必要时应回退，避免发生现场开工后无料可用的情况。

（3）出库及回收

维修人员在备件用于现场前必须进行检查确认，以保证合格的备件用在设备上。在检查确认时，应通过照片记录备件的状态，对于关键技术点应重点拍摄记录。

对于通过工单领用的每一项备件，应开展全面的评估与回收。不完成回收评估流程的，不允许关闭工单任务。对于具备修复价值的备件，经评估后会将其转成修复任务单，用于跟踪更换件的管理与质量控制；对于经评估不具备修复价值的备件及易损耗备件，由于其价值低、备件结构损伤较大，不需要返给仓库报废点集中处置；对于非易损耗备件，原则上应送至仓库集中报废点，经清点后统一报废。

3. 备件全寿命周期管理

针对每一项备件，均在其立项阶段会建立一个物联二维码，其在生产制造、入库检验、在库保养、出库领用与安装、更换与评估等业务环节产生的工作记录、文档信息均通过该二维码进行关联。

在任意环节，通过扫描该二维码，均可读取相关的业务信息，如需求发起信息、合同信息、完工文件、入库检验及入库备件状态（照片）、出库领用人员及出库备件状态（照片）等。物联二维码的使用，强化了物资的实体质量管理，实现了全寿命周期跟踪与管控。

7.3 备品备件数量管理

备件的数量管理根据需求的不同,分为可预知备件需求管理与随机备件需求管理。两种需求特点不同,其管理方法也不同。随机备件需求的主要来源是缺陷工单需求及预防性维修性项目中的非必换件,其备件的需求带有很大的不确定性。叠加上核电行业的设备特点,加大了其评估需求的难度。可预知备件需求的主要来源是预防性维修大纲项目的必换件,有明确的需求数量和时间,管理的难点在于预防性维修项目的变动要联动备件需求计划,进一步调整采购计划。可预知备件需求管理重点在于计划的管控。

1. 随机备件需求管理

(1)随机备件需求类型

针对随机备件需求的不确定性,必须找到合适的储备数量,以满足计划外的备件使用需求。但过多的储备会影响经济性,意味着必须针对不同的物资有不同的储备策略。实现最小的储备,最大限度地满足机组的安全稳定运行。随机备件需求的主要类型如下:

①按照工单需求控制(不启用定额管理)

对于按照工单需求控制的,工单缺口多少采购多少,这部分与工单直接锁定并关联。该 MRP 类型适用于缺货后对系统设备无影响的物资类型。

②按照经济订货量控制(再订购点设置为 0,只设置最大库存)

该 MRP 类型适用于一般备件,这些备件不会进行库存储备,一旦现场产生了工单需求,则一次性触发采购。采购数量按照工单缺口数量 + 经济订货量进行管理。

③按照定额进行控制(根据备件缺货对机组的影响,分别设定安全库存、再订购点、最大库存水平)

该 MRP 类型适用于重要及以上备件,这些备件会产生库存,一旦总可用数量低于再订购点水平,则补充采购至最大库存水平数量;定额管理中,按照安全库存、再订购点、最大库存水平进行管理控制。

安全库存,是指为了保证机组安全稳定运行而必须设置的库存数量。此数量一般小于或等于再订购点。通常 S 级和 A 级备件设置该库存值,为一个采购周期内的消耗数量并向上取整。

再订购点,是指作为非预期或者非预防性维修的保障,用以解决日常运行产生的缺陷和预防性维护发现的非预期的缺陷,而确定的备品备件库存数量限值。当备件随机库存的总可用数量低于此定额时,需要报警并发出采购申请。再订购点是安全库存叠加一个采购周期内的消耗数量并向上取整。

最大库存水平,是指随机备件的最大库存数量。它是在再订购点水平上,综合考虑采购及仓储成本,单次采购最经济的数量。

经济采购批量,是指综合采购、仓储、经济占用等成本计算得到的一次性采购的最优数量。

安全库存及再订购点的确定目标是满足一个采购周期内的随机性需求。最大库存是超出再订购点一个经济批量的数量。总库存水平不应超过最大库存水平,当其低于再订购点时,一次性采购数量原则上应等于经济采购批量。

(2)随机备件需求计划设定原则

针对已产生过随机性备件需求的物资,可通过历史数据进行预估并以此作为参考,再根据设备工程师自身工作经验进行修正。如果是新申请的物资编码,则设备工程师可根据设备运行状态及可靠性进行初步识别和判断。

原则上来说,不同的备件分级应使用不同的备件需求类型,对于SPV(单点敏感)备件、关键备件(A级),原则上安全库存、再订购点均至少设定1台套装机数量,保证设备出现故障时,能够及时恢复至正常状态;对于重要备件,应设定再订购点数值,确保机组稳定运行的经济性;对于一般备件,根据情况可不启用MRP,按需采购,或者一旦缺货,一次性补充采购经济批量,以实现最优成本。

2. 可预知备件需求管理

(1)可预知备件需求的来源

可预知备件的需求来源于预防性维修项目,各预防性维修项目在生产管理系统中通过模板工单落实。模板工单的备件需求单会随着项目触发而自动创建物资需求单并批准,批准后占用库存预留并触发备件采购。因此模板工单备件需求单的准确性决定了预维工单计划更换备件的有效性及采购的准确性,模板工单备件不合理会带来库存成本的增加,也会影响机组设备检修工作的计划性。

模板工单的备件属于该模板工单所在设备的物料清单,同时通过该模板工单产生的实际工单所发生的计划和非计划更换的反馈,不断修正模板工单备件数据。模板工单中的备件物资编码为有效的,即非冻结的物资编码,模板工单中的备件为必换件。

为了规范检修,提高可预知备件的准确性,工单备件需求分为模板工单领料、补充领料、QDR领料和一般领料。不属于现场需求的备件领用按照零星领料流程管理。应根据工单的领料业务情况,选择领料类型。

现场的设备检修产生的备件需求不允许非工单领料,也不允许跨工单领料。为了保证现场生产需要,维修班组长可以批准紧急抢修工单的领料单。

(2)可预知备件优化管理

为确保预维工单和缺陷工单的预留备件准备及时,后续的备件预留、备件采购、技术澄清等的可跟踪管理,设立了工单设备责任人,对工单的备件进行全流程跟踪管理。预维工单的工单设备责任人为PM责任人,也就是该PM项目对应的设备工程师。缺陷工单的工单设备责任人一般为该缺陷所在设备的设备工程师。

同时,为规范工单领料,制订了工单领料单类别,包括模板工单备件、PM补充备件、QDR备件和一般备件等。

模板工单备件:触发正式工单时从模板工单领料单复制的备件需求。

PM补充备件:基于模板工单领料单不完善而产生的补充备件需求。

QDR备件:基于QDR而产生的备件需求。

一般备件:非PM工单的其他备件需求。

为确保模板工单备件需求单和备件包备件的有效性和完整性,系统会根据工单完工后的实际备件使用情况触发物资对比,由设备工程师及时进行反馈,包括备件包对比工单实际使用备件和模板工单备件清单对比PM工单增补使用备件。

3. 备件需求计划管理

备件需求来源于现场设备检修工作中的备件更换,主要包括计划更换(可预知备件)、非计划更换(随机备件)等;设备工程师根据不同的备件需求来源通过备件管理平台,走不同的备件申报入口提出备件申报,以便跟踪备件入库后的使用情况。对于已经产生的备件采购需求,应及时发起备件需求审批。

备件需求模块中,会对申报的备件数量进行在途冗余的强制校验,如果有在途冗余采购的备件,系统计算总可用数量大于最大库存水平的,会提示处理完冗余在途后才能继续采购。

设备工程师需要严格执行“三不买”原则——没有备件包的备件不买、没有技术规范书的备件不买、没有定额的库补备件不买,从根源上杜绝超库存水平、无明确用途、技术要求不清晰等备件采购。

(1)备件需求计划产生

备件需求计划是由系统自动生成的,主要分为工单备件需求计划和定额需求计划。工单备件需求计划又分为预维工单备件需求计划和消缺工单需求计划。预维工单备件需求计划通过预防性维修项目触发。消缺工单需求计划是现场出现了消缺任务后触发物资需求单,根据物资需求单的情况触发备件需求计划。

批准后的工单物资需求单会自动进行预留判断,并形成如下几个状态。

预留成功:预留成功的工单领料行会锁定预留数量,确保开工时有备件可用。

预留不成功:预留不成功的工单备件,会进入工单备件待采购池。

数字化备件系统会根据在途物资的采购情况,给出建议采购数量,设备工程师经确认后提出申报。

对于有在途冗余的备件数量,可以在工单备件申报时选择,分配到该工单备件中,减少冗余备件。

对于不需要采购的工单备件,应选择不采购,同时应该及时修改领料单和模板工单备件需求单。

特别需要注意的是,可预知备件需求只能使用最大库存以上的备件,以优先保证现场的消缺需求,避免工单物资需求频繁调剂。

缺陷工单的备件需求可以预留定额储备范围内的库存备件,即最大库存水平以下的备件。定额备件使用后,触发定额报警,完成定额备件采购。

定额的需求计划是根据 MRP 评估类型,系统自动检查数据,经物资编码责任人评估后,触发相应的采购流程。

对于未触发定额报警但确有采购需求的,可以走零星采购途径进行提交备件需求计划。

(2)备件调剂

各工单由于触发备件需求的时间不同,现场必然存在一些工单需求触发较晚但实际需求时间较早的情况,此时应通过工单备件需求调剂流程,对两个工单的备件进行调剂,并触发释放预留工单的备件需求计划流程。

对于现场工期较紧张,现场缺陷经评估短期内不会使用的随机库存的备件,可以通过跨库调拨功能,经评估审核后,将随机库存的备件提供给预防性维修工单使用。

7.4 备品备件供应链管理

1. 采购需求的分类

(1) 紧急采购

紧急采购是指由于突发事件或其他原因,按常规流程无法满足需求且可能影响机组安全、对外经营目标和总体经济性,所采取的一种以保障物项和服务的质量与进度为首要目标,在确保质量和安全的前提下,不将采购成本作为控制重点的非常规的合法采购活动。

设备工程师负责对相关的物资和服务项目,在指定的紧急采购平台上,根据紧急采购入口条件提出紧急采购申报。需要注意的是,紧急采购是有相关考核指标的,紧急采购的备件需要在到货指定期限内及时领用。

(2) 年度采购

根据精细化的备件需求管理,年度备件需求应包括年度 PM 工单预留不成功的备件和定额报警的备件;设备工程师根据未来 3 年内 PM 工单预留不成功的备件及当年定额报警的备件,在备件需求申报平台提出备件申报,完成申报审批。

备件需求申请经过审批后,由备件管理工程师提出专项立项。年度采购的备件属于年度计划内备件采购,原则上应覆盖未来三年和一个采购周期内的定额需求。

(3) 季度采购

季度备件需求提出的范围:补充的 PM 工单预留未成功的备件、其他工单(CM/DM 等)预留未成功的备件、定额报警备件、预断供备件、其他专项等备件。

设备工程师根据上述范围在备件需求申报平台提出备件申报,完成申报审批。工单、定额相关的备件需求提出后,设备工程师需要评估是否修改相应的模板工单备件清单或定额数据;没有定额或没有预维项目的,评估考虑需要转 NC(建立预防性维修)或启用定额管理。

备件需求申请经过审批后,由备件管理工程师提出专项立项。季度采购当年到货的备件属于年度计划外备件采购。

2. 备件预算管理

备件管理工程师根据下一年的备件到货情况申请备件预算。下一年的到货备件包括已签订合同预计到货的、未签订合同要求下一年到货的,以及可能的消缺备件。

设备工程师随时根据工单备件和定额备件情况申报备件需求,经过科处室审批,由备件管理工程师汇总,按季度和年度要求进行立项。

设备工程师提交的备件立项价格是根据最近一次合同价、移动平均价、估价的顺序提供的。如果与本次的采购合同价有偏差,且在程序要求内需要补充立项的,由设备工程师按相关流程发起调整立项价格。

3. 采购过程信息管理

(1) 备件需求计划变更管理

备件采购过程中,若前端需求发生变化,则需要及时调整采购内容,否则会产生冗余在途,并进一步产生冗余库存,影响库存成本管控。

设备工程师根据系统产生的采购计划变更待办。系统待办产生的原因主要有以下几个方面:

①工单取消,相关的备件领料行取消;

②工单内容调整,相关的备件领料行数量进行了修改;

③工单开工时间调整,相关的备件需求时间进行了调整;

④定额数据修改,相关的备件需求数量进行了修改。

(2)采购技术澄清

备件采购过程中,发生下述相关问题,应及时通过采购澄清模块发起澄清,设备工程师及时反馈,完善技术描述或调整前端需求,避免出现采购偏差。采购技术澄清发起的主要原因有:

①采购无法按现场需求及时到货,需要调整现场开工时间;

②技术描述、规格型号、厂家、质保等技术问题需要澄清;

③备件已停产断供,需要发起替代编码重新采购;

④采购数量调整;

⑤采购项目调整。

7.5 库存控制

1. 虚拟库

为降低备件库存成本,减少冗余备件,秦山地区上线虚拟库功能,通过虚拟库,可以实现秦山地区相同物资在不同核电厂内部的流通。

在本核电厂产生了工单需求,且预留不成功时,系统自动检查其他核电厂是否有符合使用条件的备件。如果有,由设备工程师确认后,系统自动预留,完成相应工单物资准备。

秦山地区内部各核电厂间物资的使用视同于本核电厂的库存,即预防性维修工单只能使用最大库存水平以上的物资;随机备件需求可以使用随机库存的物资,不受限制。

各核电厂间物资的调拨后续财务及实物结算按照相关责任落实。

2. 待处置库管理

为了保证库存评估有序开展,应及时跟踪并锁定评估成果,建立待处置库。完成技术评估的备件,应根据公司年度经营情况及时处理冗余物资,降低库存成本。

(1)冗余物资评估

超出最大库存水平的物资即为冗余物资。因此,评估冗余物资首先应确保设置的最大库存水平是合理的。

①合理的最大库存水平应至少包括一个采购周期(国内 18 个月,国外 30 个月)的随机性消耗量(如 CM/DM/QDR 领料等)。

②针对国外备件,还应包括一定时间内的全部消耗量(“五眼联盟”备件为 3C[①] 或 5 年;其他进口备件为 2C)。

③针对国产备件,可用库存数量如果超出一个采购周期内的随机性消耗量,允许将最大库存水平调高,最多允许调高至:一个采购周期的随机性消耗量 +2 年时间内的全部消耗量。

④同时,考虑到现场随机性消缺需求,对于库存有装机量的物资,应保留至少 1 台套的

① C 表示运行周期。

数量。

冗余物资的评估：

“性能完好”主要为该物资的自有功能未丧失，从以下几个方面进行判断。

①物资过量储备，功能未丧失。

②技改后现场不再使用的，功能未丧失；历史原因导致无法找到所属主设备，不再使用的，但其功能仍未丧失。

③根据行业标准，不满足单元现场使用，但其功能仍未丧失。

④建设安装期间的剩余物资，功能未丧失。

⑤其他原因现场不再使用的物资，功能未丧失。

“性能不完整”主要为该物资的自有功能已丧失，从以下几个方面进行判断。

①寿期管理物资已到期。

②实物出现锈蚀、老化、性能下降等现象，不满足现场使用要求。

③根据该物项行业标准，不满足现场使用要求，其功能已部分或全部丧失。

④经过取样检验，不满足使用要求。

⑤内有橡胶部件，且维护成本较高。

⑥内置电子元件老化，更换质量无法保证。

⑦经评估，其他原因导致的备件功能失效。

(2)冗余物资的处置

冗余物资清单识别和评估完成后，每项冗余物资已有“可用”或“不可用”鉴定意见，还应给出明确的处置意见。处置意见包括报废或待统一处置。这些物资全部纳入“1098”库管理，由采购管理处根据外部情况，统一考虑报废或出售处置。

7.6　战略备件管理

设备工程师根据中国核电的战略备件定义，识别本厂的战略备件，制定战略备件5年采购规划，编制战略备件报告，按计划提出战略备件采购。该战略备件报告每年进行升版。

设备工程师对机组可用率或核安全有直接的重大影响，且采购、制造周期长，价格高，维修更换时间较长的关键重要设备或部件，进行适当的储备，确保机组安全稳定运行。

1. 战略备件识别准则

战略备件应同时满足如下几个要求：

(1)不常换。发生重大故障的可能性很低，在核电厂设计寿期内，无定期更换要求或者预计不会更换的备件。

(2)价格高。首次出现时单价大于5万美元的进口备件或50万元人民币的国内采购备件。

(3)采购、制造周期长，大于6个月。

(4)在线维修时间长于更换备件时间。

(5)对机组可用率影响大，可能导致机组负荷因子降低；或对核安全影响大，设备出现缺陷会导致专用核安全设施不可用，或使反应堆后撤至热备用的备件。

(6)不符合固定资产定义，不在核电厂固定资产目录内。

2. 战略备件采购规划和存储

(1)设备工程师为战略备件的采购制定采购规划,结合核电厂各年度预算费用的具体情况,逐步安排,制定 5 年采购规划分批采购。

(2)设备工程师采用单独立项的形式进行战略备件采购。

(3)设备工程师必须严格控制战略备件的制造质量。应为战略备件的采购制订必要的技术管理和质量控制措施,通过制订专门的质量计划,采取质量控制点的见证、性能试验甚至全程监造等方式,开展采购制造的过程质量控制。

(4)设备工程师为战略备件提供良好的储存环境,编制专项维护保养方案。

第8章 关键敏感设备识别与管理

8.1 关键敏感设备定义与管理目的

1. 定义

(1)敏感部件:是指关键敏感设备中可更换的最小单元。该单元通常是设备的部件、元器件及辅助支持回路的环节。该单元的故障即可导致其所在设备故障,进而导致停堆、停机、降功率、功率大幅度波动。

(2)关键敏感设备缓解策略(SPV mitigation strategy):是指根据本程序的要求,制订相应行动计划,以降低或消除已识别出的SPV的停堆、停机风险。

(3)临时SPV设备(situational SPV):是指在某些特定条件(如冗余设备因缺陷或计划工作退出运行/热备用)下,非SPV设备因故障会引起自动或手动停堆、停机时而成为临时SPV设备。

2. 管理目的

关键敏感设备管理的目的是规范关键敏感设备的识别和管理,提高关键敏感设备的可靠性,保证各核电机组安全、稳定和经济运行。

8.2 关键敏感设备管理内容

1. SPV识别

(1)SPV识别条件

发生单一设备故障,将产生下列任意一项后果的,即为SPV设备:

①引起自动或手动停堆、停机;

②引起大的功率扰动,幅度≥10% FP;

③非计划进入LCO要求的降模式,无法在线检修或不能在限期内完成修复;

④无法在线对其进行检修,且该设备的故障使得机组无法保持长期稳定运行。

(2)SPV设备清单

为了便于核电厂SPV设备管理,需编制SPV设备清单。如果核电厂已有设备分级报告,则SPV设备清单应根据设备分级报告编制,并与设备分级报告保持一致。如果核电厂的设备分级尚未最终完成,则应由设备管理部门根据SPV设备识别条件确定SPV设备,由设备管理部门汇编成SPV设备清单。

(3)SPV设备敏感部件识别

需要对SPV设备进行薄弱点分析,即查找导致该设备故障的敏感部件。机械设备及大型设备一般采用FMEA方法进行敏感部件分析,逻辑控制系统一般采用故障树分析方法进行敏感部件分析。

(4)临时 SPV 识别

根据临时 SPV 定义,由计划部门和运行部门进行识别。

计划性临时 SPV 设备由计划部门负责识别,非计划性临时 SPV 设备由运行部门负责识别。维修部门、技术部门为临时 SPV 设备识别工作提供必要的技术支持。

设备管理部门编制可能产生临时 SPV 设备的潜在临时 SPV 设备清单,供运行部门、计划部门识别时参考。

(5)SPV 设备缓解策略分析

对于识别出的 SPV 设备和部件,需要进行缓解策略分析,以减少或消除 SPV 设备故障的风险。

针对识别出所有敏感部件的故障模式进行缓解策略分析;类型相同、运行条件相近的设备可以进行批量分析。

2. 技术管理要求

(1)建立健全维修策略。确保设备所有的失效模式均有相应的预防性维修活动预案。通过对设备修前状态的跟踪评价和趋势分析,持续改进维修策略。

(2)确保设备的关键文件完整、及时更新和容易获得。通过将文件保存在 ERDB 系统中或与其他文件管理系统建立链接等手段,确保能够方便地查询到相关文件,如供应商提供的设备手册、经验反馈文件、维修记录等。

(3)确保 SPV 设备的备件包正确。

(4)按要求制订 SPV 设备的储存条件、保存期限和保养计划要求。

(5)确保老化和过时的问题能够被识别并纠正。

(6)在可靠性相关的日常工作中对 SPV 设备进行巡检和性能评价。制订设备巡检和监督计划,重点关注 SPV 设备。根据设备巡检和监督计划,对设备进行现场巡检与参数监视、趋势分析与故障分析,并在设备参数监督系统中开展 SPV 设备性能监督,监督周期建议为 6 个月。

(7)核电厂变更项目应进行严格审查,尽可能避免产生新的 SPV 设备。在永久变更和临时变更流程中明确要求各专业和部门严格审查是否增加了新的 SPV 点。对 SPV 的变更申请、审批及实施环节进行严格的管控。

(8)应采取合理可行的措施,如通过设计变更增加了冗余设备,减少核电厂的 SPV 设备。

(9)SPV 设备的预防性维修超期要经过严格的技术审查和批准。

(10)设备管理部门对 SPV 设备的预防性维修项目的超期必须进行严格的审查,分析预防性维修项目超期产生的影响,提出缓解措施以减轻或消除这种影响。

(11)SPV 设备预防性维修项目超期 12.5% 需要进行评估。

(12)SPV 设备的故障应进行严格的原因分析以防止类似事件重复发生。

(13)SPV 设备的故障要经过严格调查以采取有效措施防止非预期故障重发。对于 SPV 设备故障,需要进行跟踪和根本原因分析。

(14)状态报告的纠正行动不仅针对已发生故障的设备,还应包括尚未发生故障的同类设备。

(15)在出现异常缺陷后需要及时安排全面的检查和分析,确保不留隐患。

(16)SPV 设备发生故障或出现明显的性能降级,需要重新审查 SPV 设备缓解策略分析。

3.运行管理要求

(1)在生产早会上通报有运行风险的SPV设备工作。

(2)在操作SPV设备(试验、隔离、切换、投运、停运等)时,应进行充分的风险分析、事故预想,谨慎操作,做好风险管控。

(3)在运行日常巡检中,可达区的SPV设备都必须列入巡检计划中,巡检表中SPV设备要有标记,对SPV设备性能状态进行详细检查和记录。

(4)对SPV设备的任何异常,应在值班日志中记录并做好交接。

(5)运行部门对性能降级的SPV设备应重点关注,必要时增加运行监视和巡检频度。

(6)当SPV设备出现性能降级的不利趋势时,要制订运行风险缓解措施。严重降级时应通过运行决策流程进行评估。

4.维修管理要求

(1)维修负责人制度

维修责任部门应指定SPV维修负责人对SPV设备的维修过程进行管控,其主要职责有:

①担任SPV设备的工单准备人,负责SPV设备PM项目模板工单的准备,负责SPV设备维修规程的编制。

②担任SPV设备的工单责任人,负责SPV设备维修过程中的现场跟踪、协调和监督;参加日常SPV设备维修分级为M1、M2的工作及重大试验的工前会,以及大修期间SPV设备维修分级为M1的工作、重大试验的工前会。

(2)维修工作准备

应针对SPV设备编制SPV设备专用规程,同类型SPV设备可用同一份规程。工单准备人对SPV设备的维修规程进行逐条审核,识别其中的关键步骤并进行标识、风险提示或通过细化工单操作步骤进行风险缓解。

SPV设备维修质量计划中,针对关键控制点,应制定严格、具体的判断标准。

SPV设备的维修工作必须进行风险分析。涉及停堆、停机、降负荷等风险的,则必须填写运行风险分析单。编制SPV敏感区域内维修工作时的运行风险分析单,提醒工作人员不要误碰附近的SPV设备。

(3)工前会

工前会上要针对SPV设备和区域进行提醒,特别关注风险分析是否全面详细,应对措施是否可行。

工单准备人、设备工程师、运行人员等根据工作负责人要求参加工前会。工作负责人如果对SPV工作的理解和掌握不够,可以提出具体的需求,请下列人员参加工前会:

①工单准备人:确认工作负责人完全了解工作的各项要求,如有不足进行补充。

②设备工程师:确认工作负责人完全了解工作的技术要求、风险分析、质量要求,如有不足进行补充。

③运行人员:确认工作负责人完全了解工作的隔离边界和运行注意事项,如有不足进行补充。

(4)维修工作实施

SPV设备维修工作负责人要求见表8-1。如不满足要求,则应由领域主管领导特批且明确授权时间要求。

表 8－1　SPV 设备维修工作负责人要求

SPV 设备维修分级要求	同类岗位工作年限	工作负责人年限
关键维修(M1)	≥5	≥2
重要维修(M2)	≥4	≥1
一般维修(M3)	≥3	≥0

SPV 设备备件在使用前必须进行备件完好性检查,必要时进行功能验证。

严格质量控制,SPV 设备质量见证点原则上不能放弃,如要放弃必须进行严格审批。

SPV 设备维修工作,必须安排合适的修后试验验证维修质量达到要求。维修后试验规程验收标准的要求为至少不低于上一循环的标准,如果低于这个要求需要设备管理责任部门评价。

(5)经验反馈

①SPV 设备维修必须记录设备修前状态以支持维修策略改进。

②SPV 设备维修必须填写详细的工作反馈单。

③SPV 设备维修返工必须填写状态报告。

(6)巡检

在维修日常巡检中,可达区的 SPV 设备都必须列入巡检计划中,巡检表中 SPV 设备要有标记,对 SPV 设备性能状态进行详细检查和记录。

(7)观察指导

将 SPV 设备维修分级为 M1、M2 的工作纳入工作观察指导范围。

5. 工作控制领域的管理要求

(1)确保 SPV 设备在工作管理系统中能够识别

①在工作准备阶段,通过设备分级标识,能够在工作管理系统中识别出 SPV 设备的工作。

②在日常计划项目清单中对 SPV 设备的工作进行清晰标识。

(2)对 SPV 设备的缺陷维修和预防性维修工作进行优先安排

①在维修工作的计划安排时,优先考虑 SPV 设备的维修活动。

②SPV 设备工作计划的变动要得到生产计划领导的批准。

(3)对 SPV 设备的工作进行风险控制

将 SPV 设备维修分级为 M1、M2 的工作纳入计划风险工作进行控制,在工作准备、计划排程、工作实施各环节对风险进行识别和控制;应严格审核以保证工作包准备的质量。

6. 采购与仓储管理要求

(1)SPV 备件采购时,采购部门必须向供货商明确告知 SPV 的管理和质量要求。

(2)对 SPV 备件的质量进行严格的验收检查。对于 SPV 备件的采购验收,设备管理责任处室按需要进行源地验收或驻厂监造;对于到库验收的,采购申请人员及设备工程师应验证这些备件的功能性,必要时,可送到第三方厂家进行验证。

(3)严格制订和执行 SPV 备件的储存条件、保存期限和保养计划要求。

(4)确保有足够的库存量以满足预防性维修和消缺的需要。

设备工程师应优先建立 SPV 备件的储备定额,包括最低储备量和正常采购量,并确保在采购周期内仍有库存量满足现场需求。

对于不在定额管理范围内的 SPV 备件,在 SPV 设备检修后,应及时评估库存备件是否能够满足下次大修和应急消缺的需要。

(5)优先解决 SPV 设备的过时问题

采购部门应加强与 SPV 备件厂家的沟通联系,及时向设备工程师反馈断供停产信息,以便及早采取后续措施。

对于可以长期存放的 SPV 设备备件,为避免断供风险,设备工程师可以一次采购核电厂寿期内需要的数量。

对于不能长期存放的 SPV 设备备件,应关注断供风险,并及时采取应对措施。

7. 大修管理要求

(1)在大修准备工作计划中,突出显示 SPV 设备相关的工作。

(2)在大修计划项目清单中对 SPV 设备的工作进行清晰标识。

(3)在小修准备工作计划中,应优先列入所有 SPV 设备缺陷的处理。

(4)SPV 设备工作计划的调整应慎重。

8. SPV 标识管理要求

SPV 设备必须在生产、采购等各种流程中进行标识,体现 SPV 设备的"可见性",以便在相应环节中得到更严格的控制。

SPV 标识有以下三类:

(1)软件标识,即在信息系统中设备、备件相关的页面和报表中体现 SPV 标识。

(2)文件标识,即在工单、工作文件、采购文件中体现 SPV 标识。

(3)实物标识,即在现场设备、仓库备件张贴或悬挂 SPV 标识。

9. SPV 设备人员管理要求

为了将 SPV 设备管理责任落实到人,编制 SPV 设备工程师清单和 SPV 维修负责人清单,明确 SPV 设备的设备工程师和维修负责人。

(1)SPV 设备工程师

每个 SPV 设备的设备工程师设置 A、B 角,原则上 A、B 角每专业各一人。SPV 设备的设备工程师要求有 5 年及以上本专业工作经验。针对大小修等特定时间段,设备管理责任处室可以临时授权一些设备工程师来协助 SPV 设备工程师完成现场见证和验证工作。

核电厂设备管理归口部门负责组织编制和升版 SPV 设备工程师清单,SPV 设备工程师清单按核电厂编制。SPV 设备工程师清单由设备管理归口处室编制、校核、审核,设备管理责任处会签,设备管理归口处室负责人批准。

设备管理责任处室负责确定本处室 SPV 设备工程师,以及 EAM 系统设备信息中设备工程师的更新维护。

SPV 设备工程师清单没有定期升版要求,人员有调整时,应及时升版。设备管理责任处室根据升版后的 SPV 设备工程师清单修改生产管理系统中的设备工程师信息。

(2)SPV 维修负责人

每个 SPV 设备的维修负责人设置 A、B 角,原则上 A、B 角每专业各一人,特殊情况下,最多可以设置 3 个 B 角。SPV 设备的维修负责人要求有 5 年及以上本专业工作经验,不满足以上要求的，需由领导特批且明确授权时间要求，维修责任处室对 SPV 维修负责人进行专项授权。

SPV 维修负责人清单按处室编制，由维修责任处室编制，维修责任处室负责人批准。

维修责任处室负责确定本处室 SPV 维修负责人，以及生产管理系统设备信息中维修负责人的更新维护。

SPV 维修负责人清单没有定期升版要求，人员有调整时，应及时升版。维修责任处室根据升版后的 SPV 维修负责人清单，修改生产管理系统中的维修负责人信息。

10. 临时 SPV 管理

设备缺陷、计划工作安排等原因会导致非 SPV 设备在某个特定时段成为临时 SPV 设备。

临时 SPV 设备分为计划性临时 SPV 设备和非计划性临时 SPV 设备。计划性临时 SPV 设备由生产计划处负责识别（大修期间由大修管理部门负责识别），非计划性临时 SPV 设备由运行部门负责识别。

维修部门、技术部门为临时 SPV 设备识别工作提供必要的支持。各技术部门负责组织编制可能产生临时 SPV 设备的清单，供运行部门、生产计划部门、大修管理部门识别时参考。

计划安排时应尽可能避免产生临时 SPV 设备。

已经产生临时 SPV 设备的需要在计划中提醒运行值和生产相关部门关注，做好风险控制。

11. SPV 设备闭环管理

当设备分级变化引起 SPV 设备有调整时，设备管理归口部门组织相关部门讨论确定所有涉及修改的内容，并制订专项工作计划，明确责任部门和完成时间。修改内容包括但不限于以下项目：

（1）清单：SPV 设备清单、SPV 设备工程师清单、SPV 维修负责人清单、SPV 设备标识清单。

（2）管理软件：设备分级、备件信息、生产文件系统。

（3）技术文件：预维大纲、巡检计划或方案、维修规程、运行规程、监督方案。

（4）标识：设备标识、备件标识。

第9章　性能监测

9.1　系统监督与健康评价

1. 工程师职责

各个系统和设备的责任工程师的职责如下：

(1)负责制订各生产单元需要开展监督与健康评价的系统清单；

(2)负责编写、批准和执行系统监督方案；

(3)负责相关生产单元系统健康评价工作；

(4)负责编写、批准、发布系统健康色报告；

(5)负责跟踪和督促纠正行动计划的落实；

(6)实施其职责范围内的相关纠正行动。

2. 系统健康评价实施

系统负责人按照系统监督方案确定的内容和频度收集数据，并对数据进行趋势分析和跟踪，识别系统性能的降级趋势并采取相应的纠正行动。系统负责人收集的系统资料及数据应及时地记录在 ERDB 的记事本中，以方便查找。

系统健康评价通过直接参数和间接参数的监督结果来反映系统总体健康水平，是向更高管理层汇报的工具。分以下 6 个评价领域对系统的性能进行综合评价：

(1)系统性能指标；

(2)重复发生和关注的问题；

(3)设备状况；

(4)降负荷或潜在降负荷；

(5)性能监测；

(6)设计变更。

系统健康评价原则上每 3 个月进行一次，但健康色长期(至少 2 年)处于白色的系统，评价周期可以延长至 6 个月；健康色长期(至少 2 年)处于绿色的系统，评价周期可以延长至 12 个月。评价周期延长后，决定各评价领域健康色的分值标准不做改变。一旦系统健康色不满足延长评价周期的要求，必须相应缩短评价周期。

在评价时应该遵循如下原则：

(1)在季度健康评价报告中，在统计时段内发生的缺陷虽然已经处理好了，但仍然要统计进去。

(2)以前发生的故障虽然暂时处理了，但只要预防重复发生的纠正行动没有完成，以后每个季度就都应计数，直到彻底解决。

(3)出现的缺陷如果适用于多个评价领域，就可以重复引用统计。例如，一个重复发生的设备故障产生了一张紧急工单，在“重复发生的问题和重点关注的缺陷”和“设备状况”中均进行统计。

3. 系统健康评价报告

系统健康评价报告由系统负责人编写，报告相关要求如下。

在系统健康概述栏内，对系统的健康状况进行总体说明：

(1)首先说明系统总体健康状况和变化趋势，以及对电站运行的影响；

(2)列出影响系统健康的主要问题，并对问题出现的时间、影响、现象、原因、历史、已有或将来的解决措施等情况进行简要的说明；

(3)列出各领域健康色情况。

在各评价领域栏内，对该评价领域的各个计分项目逐项进行说明：

(1)重点对计分项的内容进行必要的说明、分析及处理情况介绍；

(2)对每个计分项要有后续行动的说明。

在各领域计分项清单中列出本评价周期内的所有计分项，对于没有彻底纠正的计分项，在下一个评价周期内评价时要继续计分。在 ERDB 系统中创建评价报告时，上一个评价周期内的计分项清单要自动显示在下一个评价周期内的报告初稿中，由评价人判断本评价周期内是否需要继续计分。

在恢复系统健康的纠正行动栏内，列出为恢复系统健康应采取的纠正行动，包括已确定采取的行动和建议采取的行动；并可以根据纠正行动计划的时间安排，对系统恢复健康的时间进行大致的预测。

9.2 设备性能监测管理

1. 工程师职责

(1)负责实施所管理设备的性能监测工作，包括：

①性能监测方案的制订及优化；

②设备性能监测参数的设定及评价标准的制定；

③设备性能监测参数的数据采集、跟踪及分析评价。

(2)负责“线上”监测设备的月度状态评价。

(3)负责编写设备监督报告。

(4)根据设备性能监测结果制订后续的纠正行动计划。

2. 设备性能监测的范围、方式和方法

设备性能监测的目的：对关键、重要设备的性能进行监测，及早发现设备隐患；为系统监督提供支持；为状态维修(CBM)提供支持。

开展性能监测的设备范围如下：

(1)具备开展设备性能监测条件的关键设备(CC1 和 CC2)及其附属设备；

(2)有条件的情况下，具备开展设备性能监测条件的部分重要(NC)级设备；

(3)开展状态维修(CBM)的设备；

(4)需进行设备性能跟踪的设备。

设备性能监测有以下两种监测方式：

(1)通过 ERDB 开展监测，以下简称线上监测；

(2)不通过 ERDB 开展监测，以下简称线下监测，指设备工程师自行收集能够表征设备状态的各种数据，如 PI 系统的在线实时数据、工作管理系统的设备维修数据、小神探数据库、化学数据库、定期试验数据库、状态报告系统等，对设备的性能进行监测。

原则上尽可能采用线上的方式开展设备性能监测工作，但是设备“上线”需要一定的时间，未“上线”的设备则采用线下的方式开展设备性能监测工作。

“上线”的顺序根据设备的重要程度和可监测参数的完备程度来安排，按照规划逐步“上线”。

设备性能监测具体采取如下三种方法：

(1)实时设备性能监测；

(2)线上监测的设备实行月度设备运行状态评价；

(3)定期设备监督。

设备工程师收集全部需要的数据后，需要对各关键参数和非关键参数进行趋势综合分析，结合设备的实际运行状态评估设备的可靠性和可用性，同时验证设备性能监测方案的有效性和适用性。每个月对线上监测的设备状态进行一次评价，每个运行周期编写一次设备监督报告。

3. 实时设备性能监测

无论采用线上还是线下的监测方式，都必须进行实时的设备性能监测工作。“实时”是指设备工程师要尽自己的可能，迅速地采集足够表征设备的参数，判断设备的状态，并采取纠正行动。

进行线上监测时，设备工程师在工作日应随时对设备运行参数进行检查，必须对非正常参数进行分析评价并制订纠正行动计划；ERDB 系统也会对非正常参数及时提醒或报警。ERDB 针对线上监测的设备自动给出设备健康色，工程师经过综合判断后可以重新给予合适的健康色。

进行线下监测时，设备工程师自行收集设备的数据，判断设备的状态，并按照公司的工作流程(工作管理、状态报告等)采取纠正行动。

选择能表征设备状态的参数是顺利实施监测和准确判断设备状态的关键。参数分为定量参数和定性参数两种。所有参数(无论定量还是定性)都必须建立设定值。设定值又分为报警值和预警值两种，其中预警值可以设置多个，分级预警。

线上开展设备性能监测前必须编写设备性能监测方案，线下开展设备性能监测的设备不要求编写监测方案，但是为了获得更好和更有效率的监测，建议也编写。

4. 设备监测状态评价

每月的前 5 个工作日，设备工程师必须在 ERDB 平台对上个月的设备运行状态进行评价。评价依据是上个月设备运行参数监督和设备缺陷情况。评价时需要备注选定健康色的理由。

月度评价的准则：设备月度评价需要综合考虑设备线上监测的结果和设备的定性参数监督结果。评价时不仅要考虑定量参数是否出现报警或预警，还要考虑定量参数虽然没有出现预警或报警，但参数的变化趋势超过预期的情况。

设备定性参数的评价按照以下五个方面进行：

(1)根据当月设备发生的缺陷及故障工单判断；

(2)根据设备修前状态判断；

(3)根据预防性维修计划安排判断；

(4)根据定期试验结果判断；

(5)根据在役检查结果判断。

设备监督报告一般按照设备类型进行编写,即对整个机组同类设备的实际运行状态情况进行综合评价。通常以机组的大修周期为设备监督周期,在大修结束后的1~3个月内完成监督报告,也可以用更短的频度编写监督报告。

9.3 设备专项管理

1. 设备专项设备工程师职责

(1)负责所辖设备专项管理子程序的开发。

(2)负责所辖设备专项的日常管理和维护。

(3)通过纠正行动计划,负责识别和解决所辖设备专项中存在的问题。

(4)负责所辖设备专项的健康评价,出具设备专项健康报告。

(5)负责所辖设备专项笔记的维护和管理。

(6)负责所辖设备专项管理相关的纠正行动计划的制订及完成情况跟踪。

(7)负责所辖设备专项执行中的偏差处理和专项管理改进。

(8)负责对所辖设备专项的设备工程师后备人员进行培训及指导。

(9)定期关注所辖设备专项相关行业运行经验和良好实践,并采取适当行动。

(10)负责所辖设备的预防性维修大纲的优化。

(11)需要时,制订并维护所辖设备专项的长周期计划。

2. 设备专项管理规定

设备专项应按照公司管理和设备状态逐步建立并开展工作。设备管理责任处室应根据公司要求及自身设备管理需要建立具体设备专项,明确各成员的职责,并完成人员的授权。

每个设备专项必须有具体成员,专项成员的职责应在相应的设备专项管理子程序中规定,最少应包括公司设备专项的设备工程师。

各具体设备专项管理子程序由该设备专项的设备工程师负责编写,可以通过编写具体的设备专项导则来对该设备专项管理子程序进行补充。

在设备专项管理实施过程中形成的共性程序、模板、标准等文件,应由文件编写处室组织公司其他相关处室进行审查,最终作为公司共性管理文件进行发布。

每个设备专项必须有一个单独的子程序来详细规定专项的要求、责任和基准。设备专项管理子程序必须根据各自的设备专项特点或相关导则要求来开发。

设备专项管理子程序应明确规定健康标准指标和它们所占的权重。在设定目标值时,应通过采用对标的结果和审查经验反馈来确保公司特定设备专项的性能标准与公认的行业标准保持一致。

在设备专项健康报告中应综合该设备专项的单个性能指标的分析结果,根据每个性能指标的权重因子,通过计算来确定综合设备专项健康的定级,并进行趋势分析。

评估专项健康时,需要重点关注性能指标趋势,程序性文件应重点关注为恢复已判定为降级或不可接受问题所需要采取的纠正行动。

3. 自我评估和对标

设备专项管理子程序应明确规定审查和评估的周期。负责设备专项管理的设备管理责任处室必须定期开展自我评估和对标工作，设备专项的设备工程师应每年编写所负责设备专项的健康报告，公司每3年组织对所有设备专项的有效性进行审查，确保当前的设备专项范围满足要求，并记录定期审查发现的问题。

设备专项的设备工程师应定期从外部获得设备专项相关的信息，当新的设备专项导则发布时，其应填写一个状态报告来记录文档的发布情况，并发起一个审查需求来确定是否需要开发一个新的设备专项或修改当前的设备专项。

第 10 章　预防性维修管理

10.1　预防性维修管理概述

1. 设备责任工程师的职责

(1)负责编写所辖设备的预防性维修大纲,并对其持续优化。

(2)确定设备日常及大修预防性维修项目。

(3)预防性维修项目等效分析。

(4)预防性维修项目执行偏差风险评估,审批超期执行项目。

(5)参与开发预防性维修模板。

(6)承担预防性维修工作中的技术管理工作,如备件准备、QC、NCR、QDR 等。

2. 预防性维修策略

电站的维修策略是指针对某一具体的设备,确定适当的预防性维修方式,包括针对该设备的所有预防性维修任务。维修策略包括采用:

(1)预防性维修方式;

(2)运行至维修(run to maintenance,RTM)方式。

采用何种维修策略基于设备的重要性(分级)、设备类型、设备故障诊断技术、维修实施反馈及内外部经验等信息确定。

预防性维修是针对构筑物、系统和设备开展的防止和缓解性能劣化或故障,或对设备的性能与状态进行监测、检查及跟踪,以保持或延长设备使用寿命的维修活动。预防性维修又细分为:

(1)周期性维修,也称为基于时间的维修(time based maintenance,TBM);

(2)预测性维修(predictive maintenance,PdM),也称为基于状态的维修(condition based maintenance,CBM);

(3)策略性维修(planed maintenance)。

3. 预防性维修大纲管理

预防性维修大纲是以各机组的构筑物、系统、设备为单位开发的设备维修任务和频度要求的技术文件。在编写预防性维修大纲前,应该首先编写指导开发预防性维修大纲的技术指导文件作为预防性维修大纲的编撰导则。预防性维修大纲编撰导则可以是预防性维修模板(PMT)、编写指南、RCM 导则等文件。

(1)预防性维修大纲的编写依据

①核安全法规、导则。

②中核运行管理有限公司运行质量保证大纲、维修大纲。

③国务院各部委和地方行政规章、管理条例,国家或相关行业的标准,包括 ASME、IEEE、RCC 等设计时遵循的国际标准。

④FSAR 及其技术规格书。

⑤设计文件(包括竣工文件)。
⑥供货商的文件(设备运行、维修手册,系统设计手册等)。
⑦预防性维修模板。
⑧设备维修历史。
⑨美国电科院(EPRI)的预防性维修数据库(PMBD)中的预防性维修模板(PMT)。
⑩外部经验反馈(如 WANO、IAEA、国内外其他核电厂的运行经验)。
⑪内部经验反馈。
⑫设备工程师、系统工程师的经验。
⑬其他类型的文件。

(2)预防性维修的任务

根据设备的结构、部件材料、工作环境等基本信息,分析设备和部件的故障模式,针对各故障模式制订预防性维修任务。在选择预防性维修的任务时,应该优先考虑开发状态监测任务;其次考虑开发定期的维修任务。

在开发预防性维修任务和确定其执行周期时,必须认真考虑"度"的问题,并不是越多的预防性维修任务和越短的执行周期就是越好的。在确定预防性维修项目周期时,还应考虑预防性维修项目实施是否会增加临时关键敏感设备,有此类风险的项目周期原则上应为大修周期的倍数,以便安排在大修期间实施。

合适的预防性维修工作安排是指通过经验或对设备性能的监测而预测的一个设备可能出现故障的时间点,在这个时间点前安排合适的预防性维修以使设备消除故障隐患。

设备工程师/系统工程师在制订或修改设备某项预防性维修任务时,必须了解并同设备的其他预防性维修任务协调,有时还必须考虑在更大的设备范围内的影响和适用性。

(3)预防性维修大纲的内容

预防性维修大纲按工艺系统或设备类型(包括机械、电气、仪控等)进行编排。

预防性维修大纲的主要内容参考表 10-1。

表 10-1 预防性维修大纲的主要内容

内容	说明
序号	
系统/设备编码	预防性维修任务的开发应以系统设备清单中的逻辑设备为单位
设备名称	
标准设备类型	
项目名称*	
工作内容*	对项目内容的详细描述
修后试验规程	记录维修后试验规程的编号
专业	指实施的专业,如机、电、仪、防腐、役检等
周期*	以值(S)、日(D)、周(W)、月(M)、年(Y)、运行周期(C)为单位
工作条件	选"日常"或"大修",以实际生产计划处和大修管理处的计划安排为准

表 10－1(续)

内容	说明
设备分组	指预防性维修的分组,便于安排预防性维修计划时以某一比例从中抽样。如按照 ASME OM Code 制订的安全阀、阻尼器预防性维修大纲时设备必须分组
NNSA 监管项目	选“是”或“否”
NNSA 监管项目依据	填写监督要求,如“FSAR16.3.33.1.4SR1”
预大修	选“是”或“否”
迎峰度夏	选“是”或“否”
迎峰度冬	选“是”或“否”
修订说明	
状态	
PMP 责任人	
PMP 编号	
PMP 修订号	
PMT 编码	指预防性维修模板的编号
PMT 使用方式	选“参考”或“依据”
开始时间(日常)	
开始次数(大修)	
定期试验规程编码	
替换关系	
备注	

上面的预防性维修大纲内容的各个字段中,只有“项目名称”“工作内容”“周期”这三个字段是关键字段,如果需要对这三个字段的内容进行修改,必须对预防性维修大纲进行修订。

核电厂技术部门负责预防性维修大纲的归口管理。

为了便于对预防性维修大纲文件所规定的预防性维修项目进行管理和制订预防性维修的规划和计划,应建立相应的预防性维修项目数据库。在预防性维修项目数据库中,各种大纲(如预防性维修大纲、在役检查大纲、定期试验大纲、性能试验大纲、防腐大纲等)规定的定期性工作任务汇集在一起,针对同一设备的各种定期工作任务统一安排,避免遗漏或重复。

4. 预防性维修控制

(1)预防性维修项目计划控制

某项周期性的预防性维修工作推迟(延期)执行,将其执行周期的 25% 作为宽限期,只要该项工作能够在宽限期内完成,则被认为是有效的。任何 PM 工作的推迟(延期),都需要事先提出申请,由设备管理的责任工程师对工作推迟执行所引入的风险进行评估,严格禁止未经批准的预防性维修工作推迟(延期)。

日常和大修实施项目的计划安排分别由生产计划处和大修管理处负责。日常实施的预防性维修项目按时间触发,由生产计划处负责项目的计划与控制,必须保证项目实施的频度满足大纲的要求。大修实施的预防性维修项目按条件触发,由大修管理处负责项目的计划与控制,必须保证项目实施的频度满足大纲的要求。

日常实施的预防性维修项目的推迟(延期),由生产计划处进行监督和管理。大修实施的预防性维修项目的推迟(延期),由大修管理处进行监督和管理。项目推迟(延期)执行后,为使项目下一次自动触发的时间间隔合适,可能需要修改预防性维修数据库中的项目起始时间或触发条件,若需要,则按照《预防性维修数据库管理》(EQ－QS－3101)程序提出数据库修改申请。预防性维修项目推迟(延期)的批准,只是调整了单次项目实施的时间,不涉及预防性维修内容和频度的调整,不需要修改预防性维修大纲文件。

在预防性维修周期内,设备如果已进行过纠正性维修或者进行过更换,为避免重复维修,应考虑预防性维修项目等效。预防性维修项目等效由设备管理责任工程师在跟踪设备的纠正性维修项目后主动提出,也可以由实施部门在工单准备时提出,由设备管理责任工程师核实。发生预防性维修项目等效后,为使项目下一次自动触发的时间间隔合适,可能需要修改预防性维修数据库中的项目起始时间或触发条件,若需要,则按照《预防性维修数据库管理》程序提出数据库修改申请。预防性维修项目等效不涉及预防性维修内容和频度的调整,不需要修改预防性维修大纲文件。

(2)预防性维修过程控制

预防性维修过程控制包括以下几个方面:

①预防性维修工作包准备、关闭和过程控制;

②预防性维修质量控制;

③预防性维修质量验证;

④修前/修后状态记录。

5.预防性维修大纲优化

在以下工作过程中出现了需要进行预防性维修大纲优化的条件时,在ERMS系统中启动优化流程:

(1)预防性维修实施过程的反馈;

(2)对纠正性维修历史的分析;

(3)设计变更或设备型号、形式变更;

(4)内外部经验反馈信息;

(5)系统设备监督结果或者新的监测技术的应用;

(6)设备技术管理大纲对维修策略提出新的要求;

(7)设备厂家提出的建议;

(8)行业内或公司内部开发出新的预防性维修模板;

(9)国务院各部委和地方行政规章、管理条例,国家或相关行业标准提出的新的要求,包括ASME、IEEE、RCC等设计时遵循的国际标准;

(10)状态报告行动要求。

编写和优化预防性维修大纲项目时,应遵照设备适用的PMT文件中规定的任务及其推荐的执行周期执行。设备管理工程师在接到PMT应用的任务后,需要对适用设备预防性维修大纲项目进行评估,并按照 PMT 要求进行项目优化。

提出人提出预防性维修大纲优化申请(PMPCR)时,应尽可能详细地描述修改原因及建议。在说明修改原因及建议时,下列问题可作为参考:

(1)从该设备的关键度、运行频度、运行环境分级情况,判断任务的合理性;

(2)从该设备是否有上级监管要求或者 FSAR 等的要求,判断任务的合理性;

(3)了解该设备的结构形式和主要故障模式,分析设备是否出现了故障原因与影响分析(FMEA)中所列出的故障模式,针对这种故障模式,有没有手段建立一个新的维修任务或者调整原有任务;

(4)依据现场的执行情况,判断现有的 PM 任务和频度,或 PMT 所推荐的要求与现场实际情况的差别。

预防性维修大纲修改申请(PMPCR)由责任设备工程师进行风险和技术评估。设备工程师在制订或修改设备的某项预防性维修任务时,必须了解并同设备的其他预防性维修任务协调,有时还必须考虑在更大的设备范围内的影响和适用性。

通常在以下情况下需要对 PMT 模板进行修改:

(1)PMPCR 所列的修改原因不仅适合本设备,也适合其他机组、其他同类设备;

(2)PMPCR 所列的修改原因是长期适用的,而非临时改变的;

(3)PMPCR 所列的修改原因针对某一子类设备,该类设备由于特殊的结构无法采用现有 PMT 模板,需要开发新的 PMT 模板。

批准后的 PMPCR,实施下列修改工作:

(1)预防性维修大纲文件的修订。在 ERMS 系统中管理的预防性维修大纲,由于大纲文件已经电子化,在 PMPCR 批准后,相应的电子化 PMPCR 文件(即大纲修订页)已同步完成,可在 ECM 中查阅。

(2)预防性维修数据库的修改。在 ERMS 系统中管理的预防性维修大纲,在 PMPCR 批准后会自动生成 PMCR,启动预防性维修数据库的修改流程。为了 ERMS 系统和 EAM 系统之间的数据传输,需要设备工程师在 ERMS 系统中维护预防性维修大纲项目所对应的 PMID 和 PMRQ 字段数据,确保 ERMS 系统中预防性维修大纲项目与 EAM 系统中的预防性维修项目相对应。

(3)维修文件的修改。大修管理处通过 AR 通知对应的维修责任处室判断并修改相关的维修规程。

在上述几项工作任务已完成或已纳入其他流程进行跟踪后,将 PMPCR 关闭。PMT 新增或升版后,如果需要进行其他 PMP 大纲的升版工作,则由 PMT 负责人触发新的 PMPCR 进行管理。

10.2 预防性维修数据库管理

1. 工程师职责

技术部门责任工程师的职责如下:

(1)负责本处室管辖设备的维修策略的制定及持续优化,制订预防性维修大纲、定期试验大纲;

(2)跟踪、监督本处室负责的预防性维修大纲、定期试验大纲的实施情况;

(3)负责定期试验项目 PMCR 申请的提出;

(4)负责审批本处室负责的大纲相关的预防性维修数据库项目的变更申请;

(5)负责完善本处室负责模板工单中的备件需求的相关信息;

(6)负责预防性维修数据库中大修工单触发前的审查。

2. 预防性维修数据库的建立

预防性维修数据库中的项目是根据相关大纲(如预防性维修大纲、在役检查大纲、定期试验大纲、性能试验大纲、防腐大纲、土建维修大纲等)和内外部经验反馈进行确定的。

预防性维修数据库管理部门对确定的预防性维修项目进行汇编整理,审查项目内容的完整性,并根据项目易于操作、实施及与大修中长期规划中的大修类型相适应的原则合理调整项目的实施时机、计划安排,形成预防性维修数据库。

预防性维修项目应包含设备编码/工作项编码、工作标题描述、大纲要求、负责专业、周期/频度、起始时间/大修次数、使用的模板工单等基本信息。

大修工单的触发:大修管理处负责根据预防性维修数据库导出大修项目清单,并组织大纲管理部门、项目实施部门、运行部门等相关专业进行大修预防性维修项目审查,以保证项目的有效性。根据大修准备计划,在大修前 13 个月,大修项目冻结前对大修项目进行补触发,以保证该次大修冻结项目的准确性。

3. 预防性维修数据库项目变更

(1)PM 数据库项目变更,除数据库管理人员对数据库项目的非大纲内容进行优化外,都要提出 PMCR,进行相应的审批流程。

(2)对已经在 ERMS 数据库中进行管理的大纲,如涉及大纲项目的增减、工作内容的变更(包括大纲要求的优化)、周期/频度的变更等大纲内容的调整,需根据《预防性维修管理》(EQ-QS-310)程序要求,在 ERMS 中提出大纲项目的优化申请。完成相关审批和大纲升版工作后,设备工程师通过接口程序在 EAM 软件中申请 PMCR,提交给数据库管理人员修改数据库。

(3)涉及大纲项目的修改,ERMS 审批后在数据库修改中增加相关描述,便于数据库管理。

(4)PM 数据库中定期试验项目的修改,依据《定期试验管理》(EQ-QS-230)程序规定进行相应的审批。当项目变更审批通过后,数据库管理工程师在 EAM 中进行相应修改;PM 数据库中定期试验项目的新增,由定期试验负责人发起 PMCR 申请,经审批通过后,数据库管理工程师在 EAM 中创建相应的试验项目。

(5)PM 数据库中 SPV 设备项目的变更,必须由技术处室批准。

(6)涉及 PM 项目起始点调整或由维修频度调整引起的起始点修改,由数据库管理工程师创建路径至日常或大修计划工程师,及时通知相关计划工程师进行项目排程。

(7)除以上数据库项目变更的特殊规定外,核电厂任何部门的成员,如对 PM 数据库中的项目有修改和优化建议,均可作为 PM 数据库变更的申请人,在 EAM 系统中提出 PMCR 类型的 AR 申请。

4. 预防性维修数据库优化

大修管理处作为数据库的管理部门,负责根据数据库变更单及相关部门的反馈建议对数据库进行不断优化,包括但不限于以下内容:

(1)完善项目之间的关联关系、替代关系;

(2)优化维修计划,使具有相同隔离条件的设备尽量安排在同一时间段进行检修,减少隔离的次数和时间,提高设备的可用性;

(3)充分考虑季节、气候的因素,合理安排相关设备的维修活动;

(4)同一设备上不同专业的预防性维修活动尽量同步;

(5)优化大修项目计划安排,使其与核电厂中长期规划的大修类型相一致;

(6)对预防性维修项目进行拆分或合并,以满足实际工作的需求。

PM 工单等效:在预防性维修周期内,设备已进行过纠正性维修且维修内容可以等效替代相应的预防性维修内容,或者进行过设备更换,为避免重复维修,可进行预防性维修工单的等效。只有 PM 项目触发的工单才可以办理等效申请。等效工单为纠正性或技改工单时,等效申请需要在等效的纠正性或技改工单的工作完成之后提出;对于与实施窗口相同的预防性工单等效,随时可以提出。

PM 工单取消:预防性维修工单的取消需申请 PMQX 类型 AR 申请(预防性项目数据库项目变更和 PM 工单等效申请如涉及取消工单,不再单独走“PM 工单取消”审批流程),按要求填写并上传附件“PM 工单取消申请清单”。

10.3 维修后试验管理

1. 工程师职责

设备管理工程师的职责如下:

(1)负责确定建立设备预防性维修大纲中维修项目所需的维修后试验。

(2)负责决策是否需要安排特定的维修后试验。

(3)负责审查日常计划、小修计划、大修计划中的维修后试验项目。

(4)负责组织编写维修后试验规程和批准维修试验规程。

(5)负责维修后试验、监督试验、性能(功能)试验等试验的重复性分析和必要的整合。

(6)负责维修后试验结果的分析和判断,负责试验失败原因分析和有争议的试验结果的合格性仲裁。

(7)负责维修后试验中的转动设备振动测量,其中技术三处仅负责《振动技术管理(秦三厂)》(EQ-Q3-6110)中 A 级转动设备的振动测量。

(8)负责 SPV 设备的维修后试验的见证。

2. 维修后试验的范围和分类

原则上下面两种情况要进行维修后试验工作:

(1)开展了影响系统/设备执行预定设计功能的维修工作,需要进行维修后试验;

(2)对于以上范围之外的核安全设备维修工作,设备、运行及维修工程师不能证明设备功能未受到影响时,也需要考虑进行维修后试验。

不影响系统设备功能的简单维修、故障查找(不处理故障)、功能验证或确认类的维修工作不需要进行维修后试验。

维修后试验的分类见表 10-2。

表 10-2 维修后试验的分类

类别	试验条件	工作控制	试验规程	试验负责人
第一类	在维修工作的隔离边界内完成试验	使用设备维修工单任务，在维修工单任务的工作许可下完成	维修后试验内容纳入维修规程	通常为设备维修工单的工作负责人
第二类	仅需对维修工作的隔离条件进行调整后就能进行的试验	立即安排维修后试验，利用设备维修工单任务，采用临时摘牌方式进行控制	维修后试验内容纳入维修规程或编写专门的维修后试验规程	通常为设备维修工单的工作负责人
		设备维修后无法立即安排维修后试验的，发维修后试验工单任务来实施		
第三类	需要等待工艺系统恢复或投运后才能进行的试验	发维修后试验工单任务来实施	编写专门的维修后试验规程	维修后试验工单的工作负责人

为了便于计划控制、试验安排和试验管理，大修期间第二类维修后试验走维修后试验工单流程。

对于需要多个部门和专业参加的较复杂的试验工作，也可以指定其他人员担任维修后试验负责人。如果是父子工单的情况，原则上由父工单的工作负责人担任维修后试验负责人。

3. 维修后试验规程

对于需要编制维修后试验规程的预防性维修项目，设备管理责任部门应编制维修后试验规程，并协调维修规程与维修后试验规程二者之间的关系。

维修后试验规程应明确规定维修后试验的具体内容、试验方法、操作指令、验收标准、记录等内容。维修后试验规程无固定升版周期要求，根据经验反馈和预防性维修大纲升版修订情况，及时升版维修后试验规程。

为了便于设备维修后试验数据收集、分析，以及维修后设备性能的判定，不能直接使用运行试验来替代维修后试验，但可以利用运行试验的窗口实施维修后试验。

利用维修工单实施的维修后试验，作为维修工作内容的一部分，按维修工作准备和实施流程执行。

4. 维修后试验实施要求

（1）维修后试验工作准备：准备维修工作包时，必须放入维修后试验规程；工作准备的相关人员应审核维修后试验与运行操作及其他试验的计划安排，按窗口条件进行适当的计划合并。

（2）维修后试验工前会：维修后试验实施前必须召开工前会。

（3）维修后试验实施：根据维修后试验规程的要求进行维修后试验，各专业人员按程序步骤执行各自专业的试验步骤。

（4）维修后试验过程中缺陷处理：试验过程中出现异常情况时必须停止试验，将设备置于安全状态，对现场进行安全控制，分析原因并纠正后，继续试验。

(5)维修后试验结果判定：根据维修后试验规程中的验收准则，判断维修后试验是否合格。维修后试验结果应满足维修后试验规程中所给出的定量参数和定性的特性描述标准。

(6)维修后试验工后会：维修后试验工作结束后必须召开工后会并进行记录。维修后试验工后会由试验负责人主持，各专业主要试验参与人员、QC 人员参加。

(7)维修后试验工作包整理归档：工作负责人整理维修后试验工作包，编制工作报告。重复进行的维修后试验记录都要放入工作包中，试验不成功的维修后试验必须在工作报告或试验记录中进行原因分析。

5. 维修后试验的组织和管理

机组正常运行期间，维修后试验的管理不设立专门的组织机构，按照正常的工作控制流程执行。机组大修期间，维修后试验数量多且集中，为了高效完成维修后试验，应成立维修后试验小组。

典型的维修后试验小组机构如图 10－1 所示。

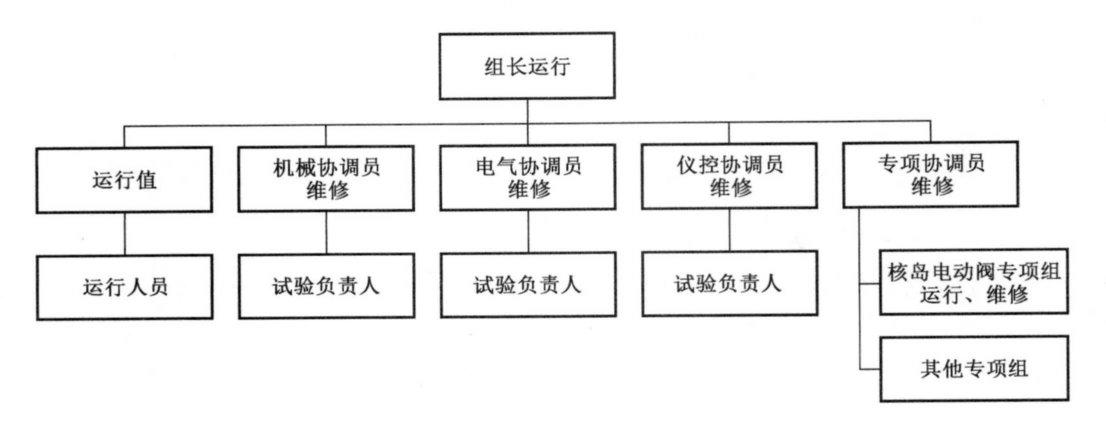

图 10－1　维修后试验小组机构图

大修期间，维修后试验一次合格率由大修维修后试验小组负责统计。维修后试验一次合格的标准为设备一次启动成功，符合相关运行参数要求，不必重新进行隔离返修。

设备在进行首次维修后试验时，出现下列情况视为一次不合格：

(1)不能达到维修后试验规程中验收标准的要求，或经过在线调整试验后结果仍不能满足验收标准；

(2)存在必须停运隔离后才能处理的缺陷(有 NCR 和 QDR 认为试验结果可接受的情况除外)；

(3)辅助设备(如控制、测量、信号、冷却、润滑等)的故障导致试验无法进行，而这些辅助设备在大修中曾经维修过；

(4)辅助设备(如控制、测量、信号、冷却、润滑等)的故障导致试验无法进行，而这些辅助设备在大修中未曾维修过，但经过处理后仍无法完成试验。

维修后试验规程记录和报告作为工作包记录之一存档，维修后试验规程使用后，即形成一份完整的维修后试验记录。如果一项维修后试验工作重复进行，则每次的维修后试验规程记录都要作为试验记录放入工作包中。

第11章　状态报告管理

11.1　状态报告的定级与开发

1. 状态报告的定级

状态报告是开展运行经验反馈工作的基础，是最原始的信息，是核电厂管理改进的有力工具。公司所有员工均有责任和义务将亲历或目击的异常或可疑情况在第一时间以状态报告规定的格式记录下来。

状态报告按照其重要程度以及后果的严重性分为A、B、C、D四级，其中A级重要程度最高，B级次之，D级最低。同一事件如果满足多个准则的判定标准，则判定为其中最高级别事件。具体分级判定标准如下：

(1) 导致严重的后果，包括威胁到反应堆安全，严重损失了机组能力因子，造成重大设备损坏、人员重伤或造成环境影响，或Ⅰ、Ⅱ级信息安全事件等的任何状态报告定为A级。

(2) 导致重大的后果，包括降低核电厂的安全性，影响或潜在威胁机组可用性，造成设备损坏和人员轻伤以上、重伤以下的任何状态，以及重要的管理缺陷等状态报告定为B级。

(3) 导致一般性后果，包括潜在影响电站安全，存在降低机组可用性风险、损坏设备风险等事件，或者与工业安全相关或辐射安全相关但未产生明显后果的一般事件，也包括那些未列入B级状态报告的管理问题等定为C级。

(4) D类状态报告是指那些简单的、明确的缺陷，这些缺陷只需处理，而无须进行原因分析；也不用制订纠正行动计划，而只作为记录进行统计和趋势分析。

2. 状态报告的开发

(1) 状态报告的开发时限

A、B、C、D不同级别状态报告应在规定时间内完成开发：

①A级状态报告满足HAF报告准则的，要编制运行事件报告，分析报告必须在事发4周内完成；非运行事件报告的A级状态报告，分析报告必须在事发8周内完成。

②对于B级状态报告，要求8周内完成内部事件报告的编制。

③对于C级状态报告，要求4周内完成纠正行动计划的制订。

④对于D级状态报告，须在2周内完成纠正行动计划的制订。

对于不能按期完成的，由责任部门提出状态报告开发延期申请单，并说明不能按期完成的原因，原则上状态报告的延期必须有充分的理由，且报告的延期不会对电站安全或人员安全构成潜在的影响。

(2) 状态报告的开发准则

一份状态报告的开发和执行，主要包括五个方面的内容：事件名称、事件描述、事件原因分析及评价、纠正行动计划制订及纠正行动执行。

①事件名称

事件名称要简明扼要，反映事件要点。事件要点包括事件的现象、后果，且事件名称中的设备名称需使用中文名称。

②事件描述

a. 按照时间顺序描述事件初始状态、事件过程和事件后果。

b. 事件描述要清晰完整，描述内容应包含时间、地点、事件、经过、后果、所采取的行动、事后状态。

c. 描述与事件直接原因、根本原因和促成原因相关的事实和信息。

d. 与事件原因无关的事实和信息无须描述。

③事件原因分析及评价

对事件发生的原因（直接原因、根本原因和促成原因）需要进行详尽的分析，并得出结论。对于事件需要使用人因事件分析工具、组织和大纲审查工具、设备可靠性审查工具及根本原因分析方法，对事件进行最终分析，找出事件的根本原因。

根本原因分析的主要方法有变化分析法、屏障分析法、故障树分析法、事件和原因因子图法。每种分析方法各有优缺点，在涉及设备类重要事件时，一般选用故障树分析法；如果是人因事件，则推荐采用事件和原因因子图法。在具体开展根本原因分析时，针对不同类型的事件，酌情选择分析方法。

设备故障根本原因分析是针对设计寿期内出现故障的设备/部件，通过系统化分析方法和步骤，确定故障的症状、机理、产生原因和影响范围，并通过制订针对性的纠正行动计划，彻底消除根本原因，恢复设备功能，防止类似故障的重复发生。设备故障原因分析应着重于设备预防性维修、设备分级、设备设计等方向。

人因事件根本原因分析是针对事件过程中表现出来的人的问题，通过系统化的分析方法和步骤，找出并确定人员失效、诱发失效的行为因素、产生原因及大纲和组织方面的缺陷，并通过制订针对性的纠正行动计划，消除根本原因，提高人员绩效，预防并减少人因事件的重复发生。

事件原因分析的具体规定如下：

a. 对事件发生的直接原因、根本原因和促成原因进行分析。

b. 直接原因与根本原因之间要有因果逻辑关系，即根本原因是直接原因的原因，直接原因是根本原因的结果。

c. 原因分析应以查明的事实、技术鉴定、标准和规范等为依据，运用逻辑推理，在事实与结论之间建立因果联系。

d. 原因分析应做到论据充分，条理清晰，语言简练准确。

e. 如果无法确定根本原因，应分析所有可能的原因，然后逐一排查，最终确定可能的根本原因并制订纠正行动计划。原因分析结论中写明："根本原因不明"，以及可能的根本原因。

f. 如果可能原因也无法确定，可以"根本原因不明"结束原因分析及评价，但需要评价事件后果是否可接受，是否需要后续的跟踪、补救或缓解措施。

g. 分析根本原因时应多问几个为什么，直至问到无法对根本原因采取有效的纠正行动为止。

h. A、B 级状态报告的事件调查中发现的其他与事件发生没有因果关系的问题或缺陷，如果需要采取纠正行动，可一并在报告中写出，即在报告中增加一个段落标题"事件调查中发现的其他问题"，但应注明该问题及其纠正行动与事件本身没有因果关系。

i. A、B 级状态报告的原因分析及评价要求详细写明分析评价过程。如果分析评价过程较长，可以将详细的分析评价过程作为事件报告的附件。事件报告的正文中只需简要写明分析评价过程的要点及分析评价的结论。

j. C 级状态报告的原因分析和评价过程应简明扼要，应当明确写明原因分析和评价的要点及结论。

④纠正行动计划制订

要针对事件原因及事件调查中发现的其他问题，制订相应的纠正行动计划，确保纠正行动的执行是有结果的，可以落实到电站管理体系或实体当中，避免纠正行动只是一个没有结果的中间过程。而编制各种报告（如技术报告、调查报告、评价报告）本身不能作为纠正行动，除非将报告中的相关内容或结果落实到具体的执行文件、管理程序或培训教材中。

保证纠正行动的有效性，以最大限度地防止和避免类似事件的重发，避免因理解偏差导致纠正行动的执行走样跑调，纠正行动计划的制订必须符合 SMART（英文单词 specific、measurable、achievable、realistic、time-based 首字母的大写缩写）原则，即有针对性和具体的、可检测的、可实现的、现实的、有明确的完成期限。

为了使针对事件原因所采取的纠正行动全面、具体，纠正行动计划的制订标准因类型不同有所不同，具体如下：

a. 修订规程、执行文件、管理程序、管理制度的纠正行动

修订内容要清晰、具体、详细、准确地写在纠正行动计划中，执行者据此修订规程/执行文件时只需复制、照搬纠正行动内容即可，无须再做其他理解。

b. 新编规程/执行文件/处理预案/管理程序/管理制度的纠正行动

新编规程/执行文件/处理预案/管理程序/管理制度的目的、要求或内容要点要清晰、具体、准确地写在纠正行动中。

c. 评估类的纠正行动

该纠正行动应当包括评估什么，以及评估结果出来后要采取的具体后续行动。

d. 检查类的纠正行动

该纠正行动要清晰、具体、准确地写明检查的具体要求和检查内容的要点，以及检查发现问题后要采取的行动。

e. 提出设计变更申请的纠正行动

该纠正行动要求提出设计变更申请并获得批准进入设计变更流程，如果未获得批准，则通过升版状态报告的方式重新设计纠正行动。防止变更申请一经提出就关闭行动，使行动结果失去跟踪，避免变更申请被否决导致纠正行动落空。

f. 查找原因的纠正行动

查找原因的纠正行动主要针对系统异常、设备缺陷。在查明原因之后，应当有相应的行动。相应的行动可以是针对原因的纠正行动，也可以是其他行动。即使不需要针对原因采取纠正行动，也应当采取其他经验积累方面的行动，包括升版维修规程、升版设备维修培训教材、升版设备缺陷数据库或相关技术文件等。

g. 经验反馈类纠正行动

应清晰、具体、准确地写明学习和反馈的要点。

⑤纠正行动执行

纠正行动应在规定的期限内完成，对于行动制订时规定的完成期限不合理或客观原因

导致在规定期限内不能完成的，或责任单位有变化的纠正行动，责任人可发起纠正行动延期/变更申请流程。

纠正行动应当有明确结果且与纠正行动内容相符，执行完毕后，需填写纠正行动完成情况说明或提供相应的证明材料。纠正行动关闭必须满足下列一个或几个条件：

a. 对于制定政策和文件修改类纠正行动，批准纠正行动关闭申请时，相应的政策、程序已经发布，必须有支持性的材料，如生效的图纸、规程等或有明确的途径可以查阅到。

b. 对于设备缺陷类纠正行动，批准纠正行动关闭申请时，必须确定该缺陷已经处理，并在关闭申请单中附上相关的处理记录，如检修报告或工单号等，以便查询。

c. 对于技改类纠正行动，批准纠正行动关闭申请时，该技改项目必须已经获得批准，并在关闭申请单中附上技改单号，以便查询验证。如果技改项目已取消，则应有等效的替代措施。

d. 其他类纠正行动，批准纠正行动关闭申请时，行动责任人需提供确凿的证据，证明该行动确已实施。

(3)设备类状态报告的开发

设备状态报告是指事件直接原因为系统或设备缺陷的状态报告。此类状态报告的开发除了遵循 2.2 节的要求外，还应遵循为设备状态报告特别制定的开发标准。

①B 级及以上级别的状态报告，17 个标准都应当逐条执行，原因分析和评价过程应当尽量详细。

②C 级的状态报告，17 个标准又分为应执标准和选执标准。应执标准就是应当执行的标准；选执标准就是选择执行的标准，是根据状态报告开发的实际情况可选择执行的标准，实际情况需要执行就执行，否则不用执行。

③“原因分析及评价”中的各个标准，是按照原因分析的逻辑顺序进行排列的，因此也可看作原因分析的步骤或者思路。提供原因分析的步骤或思路是为了引导开发者建立分析和解决问题的系统性思维方法。

④C 级设备状态报告的开发有一个目的，就是培养开发者系统性思考和分析问题的能力和习惯。因此在具体执行各标准时，不苛求开发者做详细论述，只求做到简单明了，有要点，有结论，表明应当执行的标准都执行到了即可。

11.2 非设备类状态报告的开发

非设备类状态报告是指事件直接原因为人员行为、工作文件、管理制度、管理流程、过程管控等方面的状态报告。此类状态报告的开发应遵循表 11－1 制定的标准。

表 11－1 非设备类状态报告开发标准

内容	开发标准	标准类别	说明/解释
事件名称	简明扼要，包含事件要点，如事件现象、后果	应执标准	
	设备名称使用中文名称	应执标准	

表 11－1(续1)

内容	开发标准	标准类别	说明/解释
事件描述	事件按照时间序列描述清晰完整,包含时间、地点、事件、经过、后果、所采取的行动、事后状态	应执标准	
	事件描述基于事实而不是分析或评论。事实来自调查收集的技术文件、工单记录、工作报告、现场勘察等	应执标准	
	不包含与事件原因分析和评价无关的内容	应执标准	
事件原因分析及评价	提供与原因分析相关的设备信息	应执标准	设备信息包括设备名称、设备编码、设备分级、基本功能、基本组成、生产厂商、设备型号等。其中设备名称、设备编码和设备分级是基本信息,必须提供;其他信息则根据原因分析和评价的需要提供,也就是说,与原因分析不相关的设备信息不必提供
	依据调查的事实,按照设备类事件的分析方法(如故障树法)对事件原因进行分析。分析结论与事实之间的因果逻辑关系清晰、正确	应执标准	
	对设备的维修方法、维修工艺、维修规程是否合理进行分析评价	选执标准	什么情况下需要执行该标准? 在事件调查过程中如果发现维修方法、维修工艺或者维修规程等存在问题,且这些问题并不是事件原因时,就需要执行该标准,对这些问题进行分析评价并制订相应的纠正措施
	在无法确定原因的情况下,对可能的原因进行合理分析并制订纠正行动计划	应执标准	
	对设备缺陷的历史情况进行分析评价	应执标准	为什么要分析评价缺陷的历史情况? 一是帮助我们找到设备缺陷的真正原因;二是帮助我们分析评价目前的设备维修策略是否需要调整;三是帮助我们判断缺陷是否为重复缺陷;四是帮助我们判断设备配置、选型是否要做调整。分析评价缺陷历史情况是系统性思维的重要一环

表 11－1(续 2)

内容	开发标准	标准类别	说明/解释
纠正行动计划制订	纠正行动针对事件原因	应执标准	
	纠正行动具体、量化、可行、合理、时限	应执标准	
	对事件分析中发现的其他问题也制订了行动计划	应执标准	
纠正行动计划执行	纠正行动完成情况说明充分,有明确结果,且与纠正行动内容相符	应执标准	
	纠正行动完成情况说明提供了证明材料	应执标准	

第12章　运行决策与十大缺陷管理

12.1　管理目标

当核电厂发生设备缺陷或降级工况时，需要做出适当的运行决策，保证核电机组安全、可靠运行。通常存在以下两类运行决策：

1. 即时决策

即时决策是指值长带领主控室人员对突发的紧急设备缺陷或降级工况做出运行决策。

2. 运行决策

运行决策是指核电厂针对重要的设备缺陷或降级工况，进行全面分析，做出运行决策，以指导运行人员正确处理，并及时修复缺陷，保证机组安全、可靠运行。

12.2　决策过程

1. 组成运行决策小组

运行决策小组成员通常应包括运行、维修、设备管理、技术、核安全监督等相关专业经验丰富、技术水平较高、熟悉缺陷设备的人员。应注意运行决策小组必须包含有 SRO 工作背景的人员。

为更好地实现管控重要缺陷对机组安全稳定运行的风险和影响，推动重要缺陷的分析和解决的目标，运行决策小组应严格按照图 12－1 进行跟踪。下一章节将对运行流程中的重要环节进行展开。

2. 信息收集

运行决策负责人和运行决策小组成员应了解设备缺陷/降级工况的现状，明确故障性质和影响范围。同时信息收集应充分，最大限度地理解设备缺陷/降级工况的故障机理和潜在后果。典型地，应收集以下方面的信息：

（1）缺陷描述；

（2）设备相关信息，包括运行/维修规程、运行/维修图纸、设备规格书、维修手册、预防性维修数据库、运行手册、设计手册、应急计划、安全法规/行业标准/技术规格书运行限制条件等；

（3）设计限值或运行限值；

（4）设备维修历史；

（5）备件库存情况；

（6）相关经验反馈。

3. 缺陷分析及制订建议处理方案

根据收集到的信息，运行决策小组成员对设备缺陷/降级工况进行分析，分析结论应包括：

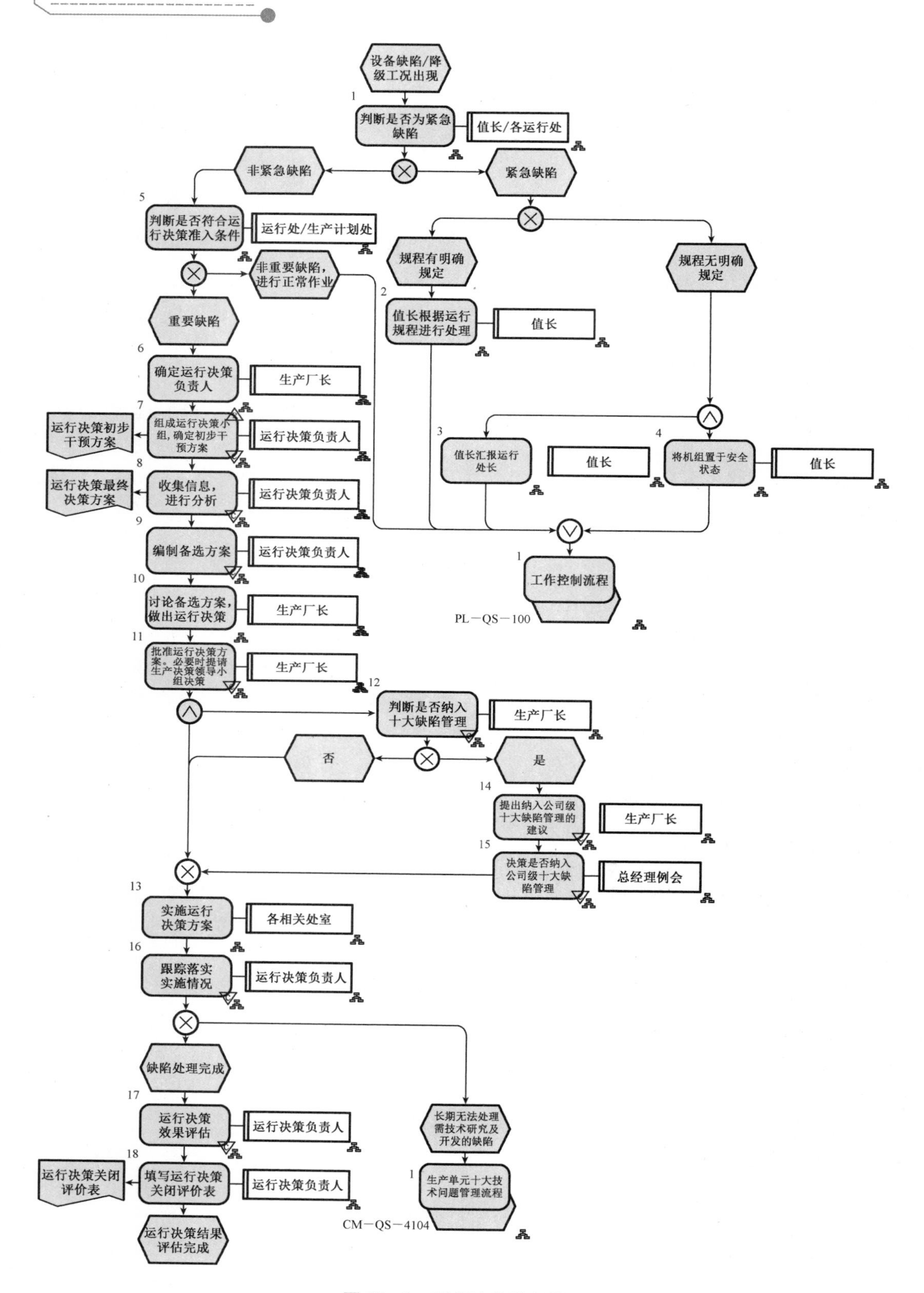

图 12－1　运行决策流程图

(1)设备缺陷/降级工况发生的可能原因、故障表现形式及发展趋势、判断准则及依据的标准。

(2)建议问题处理方法(可多个)及实施条件、每种处理方法的优缺点分析。

每种处理方法的优缺点分析可以从对遵守 TS 的冲击、安全裕度下降、停机停堆、缺陷引起的报警对保护逻辑控制的影响、电量损失、增加运行人员负担、增加人因失误的可能、对其他机组的影响、辐射安全、工业安全及对环境的影响等方面进行分析。

4. 确定运行决策方案

根据运行决策小组收集的信息和分析,生产厂长召集专题会议,讨论确定运行决策最终方案。运行决策候选方案制订过程中,参会人员应对所有的假设、事实和结论大胆提出质疑。

(1)运行决策方案应包括以下要素:

①设备缺陷/降级工况处理方法(如停役检修、保持运行等)及实施条件。

②需采取的临时措施,包括临时运行规程、运行监测要求。

③风险、潜在后果(包括运行风险/核安全风险、辐射风险、环境风险、工业安全/人身伤害风险)。

④应急预案,是为应对方案实施过程中可能出现的异常情况而制订的。

⑤相关共模设备清单及采取的对策:对于与本缺陷相类似的共模设备,分析可能的共模故障,并制订相应的对策。

⑥最终决策方案传达范围:为了让所有相关人员(特别是运行人员)知悉方案的内容及自身需采取的行动,应明确最终决策方案需传达的岗位及传达要求,确保将信息传达到所有相关方。如必要,应对相关人员进行运行决策方案的培训。

⑦行动项汇总,包括行动项描述、责任部门(或责任人)、完成期限要求。

⑧再评估准则:当出现何种情况时,应重新进行运行决策。

(2)确定运行决策最终方案时应考虑以下因素:

①应全面考虑各备选方案对核电厂的综合影响,做好风险评估,如安全裕度下降、停机停堆、电量损失、增加运行人员负担、增加人因失误的可能等。

②应体现保守决策的原则,保证足够的安全裕度。

③应充分考虑资源配置条件是否满足要求。

④应充分考虑可能的意外情况,并确认已制订合适的应急预案。

⑤如必要,生产厂长可要求安全监督部门对运行决策方案进行审查。

⑥生产厂长可指定专人担任挑战者,对决策过程及结论大胆提出质疑。

⑦必要时生产厂长可提请生产决策领导小组进行决策,并根据生产决策领导小组的决策结论批准最终决策方案。

⑧若最终方案中包含降功率 50% 以上或停机停堆的内容,生产厂长应向公司生产决策领导小组进行通报。

⑨若最终方案中涉及影响核电厂长期安全可靠运行或环境、公众、员工安全的问题时,生产厂长应提请生产决策领导小组会议进行决策。这部分内容可作为运行决策方案的遗留项进行跟踪,不影响运行决策方案的批准。

⑩如果最终方案中涉及跨生产单元的事项,则由生产运行主管领导组织协调、决策。

⑪若最终方案中包含涉及重大变更的内容,则应按照公司变更管理相关流程进行审批。这部分内容可作为运行决策方案的遗留项进行跟踪,不影响运行决策方案的批准。

12.3 长期跟踪

设备缺陷/降级工况的长期跟踪：

(1)文件管理：运行决策平台。

(2)管理要求：长期无法处理好的运行决策/十大缺陷，转入十大技术问题管理流程处理。

(3)会议管理：每月下旬召开核电厂运行决策/十大缺陷讨论会。

(4)报告管理：由生产计划处每月编制公司级十大缺陷月报，报送相关部门。

12.4 运行决策/十大缺陷的关闭

运行决策/十大缺陷的关闭要求如下：

当运行决策最终方案所有的行动项均已实施完成，设备缺陷/降级工况已得到纠正并恢复至正常的系统配置，或经过分析评价，缺陷当前状态已不符合进入运行决策准则，运行决策负责人应在管理晚会或月度运行决策/十大缺陷会上提出关闭申请，管理晚会最终确定是否关闭。

在运行决策过程中，如现场缺陷已处理完毕，则退出决策流程，该运行决策关闭。

运行决策关闭后，运行决策负责人填写运行决策关闭评价表，通过 EAM 文件系统进行电子审批生效。生产计划处运行决策管理人员将运行决策关闭评价表上传至生产运行信息管理系统，并记录关闭时间，邮件抄送管理晚会邮件接收组人员。

如果运行决策/十大缺陷经处理现场缺陷状态稳定，相关决策信息已落实到机组执行文件中，评估不会产生停机停堆、降负荷，或严重危害核安全、辐射安全、工业安全、环境安全的风险，可关闭运行决策/十大缺陷，缺陷进入正常工作控制流程处理。若需要投入大量资金和人力进行技术研究和开发时，确定是否纳入十大技术问题管理。

如果运行决策最终方案中有一些需长期解决的问题(如设备永久变更)，则通过状态报告系统或变更流程进行长期跟踪，将相应的变更申请号或状态报告编号记录到运行决策关闭评价表上。这种情况不影响运行决策事项的关闭。

对于纳入公司级十大缺陷的运行决策，在管理晚会同意关闭后，生产厂长在总经理例会上进行汇报，总经理例会决策是否同意退出公司级十大缺陷。

第13章　变更管理

13.1　永久变更

1. 定义

永久变更是指对生产工艺系统、设备部件/材料和构筑物所做的实体或功能上的改变，这种改变导致修改已经批准的文件。已批准的文件包括但不限于设计手册、安装图纸、总体布置图、流程图和管线布置图、设备运行与维修手册、最终安全分析报告等文件。

永久变更按其重要程度及规模分为特大变更、重大变更和一般变更三个层级。

· 特大变更：指金额超过1 000万人民币项目的变更。

· 重大变更：指金额超过100万人民币且少于1 000万人民币项目的变更；内容涉及核安全监管的变更；影响核电厂出力或电网调度相关项目的变更；SPV设备相关变更。

· 一般变更：指除重大变更、特大变更之外的变更。

2. 流程

永久变更管理过程被分为永久变更申请、设计方案、永久变更实施准备、永久变更实施、投用检查、文件修改、永久变更关闭等七个阶段。七个阶段与EAM的状态（已创建、已分派、待审批、已批准、安装实施中、已变更、已关闭）之间的对应关系如图13－1所示。

（1）永久变更申请：提出人提出永久变更申请，同时提供永久变更项目的安全性、必要性、可行性及成本/经济效益分析。

（2）设计方案：包括初步设计、详细设计等。原则上一般变更需要编制详细设计，重大变更、特大变更需要编制初步设计、详细设计。变更责任工程师可以根据需要组织相关人员专题讨论。技术专业性强、技术风险大的设计方案，可委托外部技术支持单位开展独立审查或召开外部专家审查会。

核安全处确定永久变更项目是否需要上报NNSA审批及其他监管部门。在NNSA审批期间，项目可以同步进行后续永久变更项目的准备。

（3）永久变更实施准备：原则上设计方案批准后开始进行设备、材料或服务采购，如果技术规格书已获批准，就可以开始进行设备采购。涉及多工单的变更项目，需要编制项目施工详细计划。

（4）永久变更实施：必须在完成文件和材料方面的准备后，方可开始现场实施。

监管项目必须在获得监管部门如NNSA的批准或允许后，永久变更项目才能进行现场实施。

（5）投用检查：永久变更实施完成后，在运行文件已修改完成、现场清理完成、正式标识已完成、永久变更后试验已完成等所有验收前提条件均满足的前提下，变更责任工程师，及时组织项目的投用检查。确认投用检查各方签字认可后，投用检查完成。属于上报NNSA审批的变更，在系统/设备投运后一个月内，编写核安全重要修改评价报告，并将项目实施情况上报NNSA（有特殊说明的，按照要求进行）。

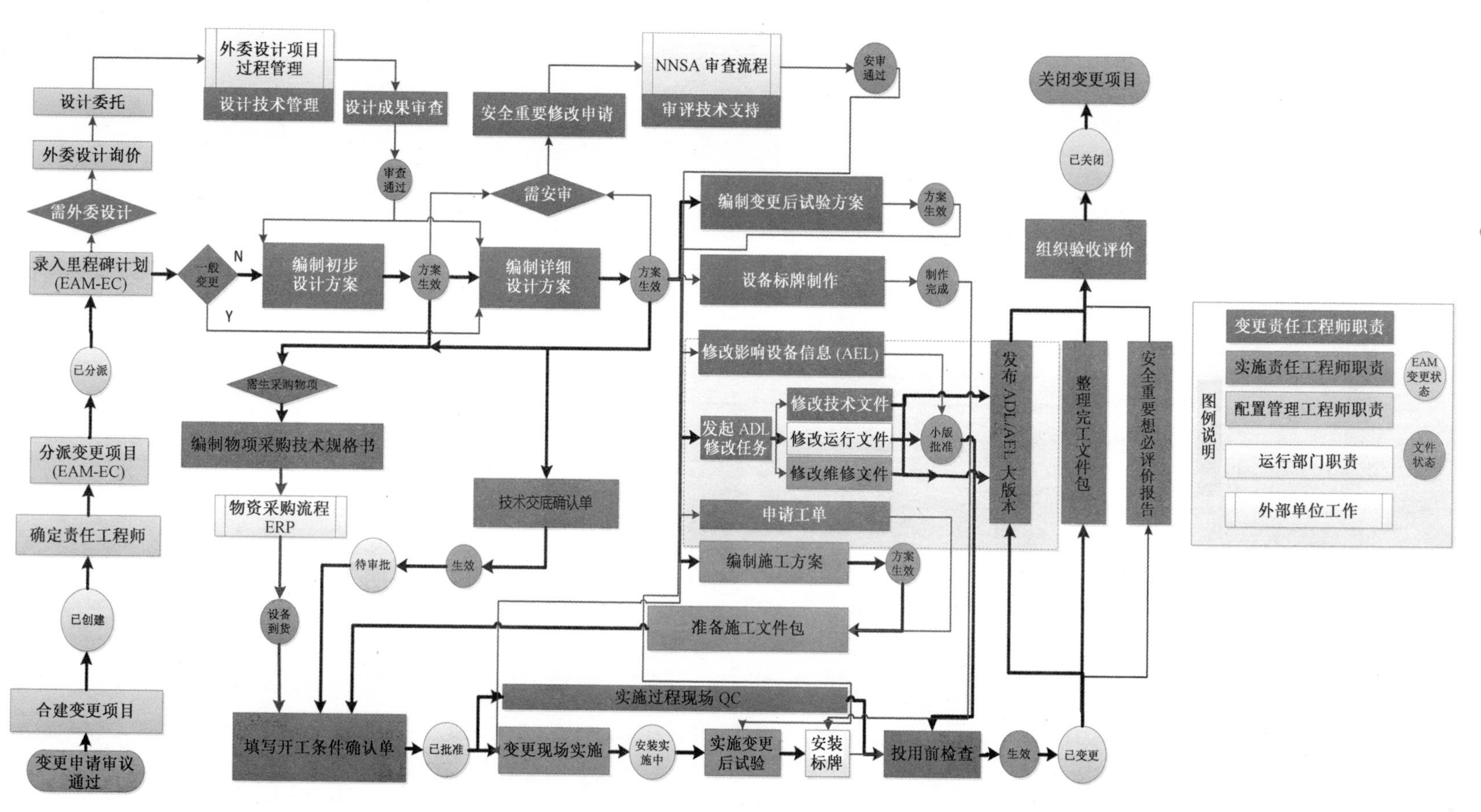

图 13-1 永久变更管理过程 7 个阶段与 EAM 的状态之间的对应关系

(6)文件修改:根据影响文件图纸清单和已经标识好的文件图纸,由变更责任工程师组织进行正式修改。执照文件如 FSAR 等因为修订升版周期很长,依照《核设施安全许可证管理》要求,变更关闭时要求发出修改通知单、通知执照、文件维护责任部门。

(7)永久变更关闭:在项目投用检查完成、所有受影响的文件已修改完成后,进行项目的验收评价关闭确认。永久变更文件经签字确认后提交变更管理科,进行永久变更文件包完整性和规范性审查。变更管理科负责送文档管理处存档,完成永久变更项目的最终关闭。

13.2 物项替代

1. 定义

(1)物项替代(item equivalency evaluation,IE):用以评估当前备选替代物项(与原设计物项或评估过的物项不同),满足特定系统功能要求,作为正常备件使用的等效评估流程。物项替代分为重大替代和一般替代。

(2)原始物项:指电站原设计物项或商运时最初始的物项。

(3)原物项:与替代物项相对应,指物项替代活动批准前电站使用的物项。

(4)替代物项:与原物项相对应,指经过物项替代活动批准的物项。

(5)首次物项替代:指某一替代物项在现场系统或设备上的首次实施,首次物项替代的设计、实施、试验、验收执行永久变更流程。

(6)成熟产品替代:使用已取得相关安全及质量证明或制造许可,且在本电站或在同类型场所有良好应用实践的定型产品进行的替代活动。

(7)科研产品替代:是物项替代的一种特殊形式,指找不到与原物项等效的定型产品时,寻找有能力的厂家根据原始物项的技术要求进行研制的产品的替代活动。

(8)完全替代:指原始物项的备件不再有使用价值,或原始物项的库存备件数量为零且无法采购到引起的物项替代,完全替代后原始物项不再使用。

(9)不完全替代:指原始物项的备件仍有使用价值,且仍有一定库存量,但无法采购到备件引起的物项替代。

(10)小改动:替代物项现场首次安装可以有小改动,小改动只在替代物项安装接口或物项承载基础部分进行,不涉及设备及其他基本配置的、小范围的现场改动。这类小改动方案简单,不能对系统原设计产生任何消极影响,不能更改系统的设计基准和要求,不能变更系统的运行参数,也不能改变系统的逻辑关系和流程,否则,按变更管理流程执行。

2. 流程

物项替代包括物项替代申请、物项替代申请审批报告的接收、物项替代申请的审批、物项替代等效技术论证、科研产品的替代、替代物项的采购、生产文件及设备备件信息修改、物项替代实施、替代项目的评价和推广、物项替代项目关闭。其工作流程与永久变更类似,用物项的等效技术论证代替了变更的设计。物项替代简要流程如图 13 -2 所示。

3. 管理原则

(1)适用备件原则。物项替代是备件的等效论证流程,该备件的首次使用适用永久变更实施相关流程。

(2)等效论证原则。替代物项必须与原始物项进行充分的技术比对和论证,以证明两者的等效性。替代物项应不降低系统和设备原有的安全水平,不改变系统和设备原有的设计功能。物项替代可能因安装的需要而涉及微小的现场变更,但不能更改系统的设计基准和要求,不能变更系统的运行参数,也不能改变系统的逻辑关系和流程。

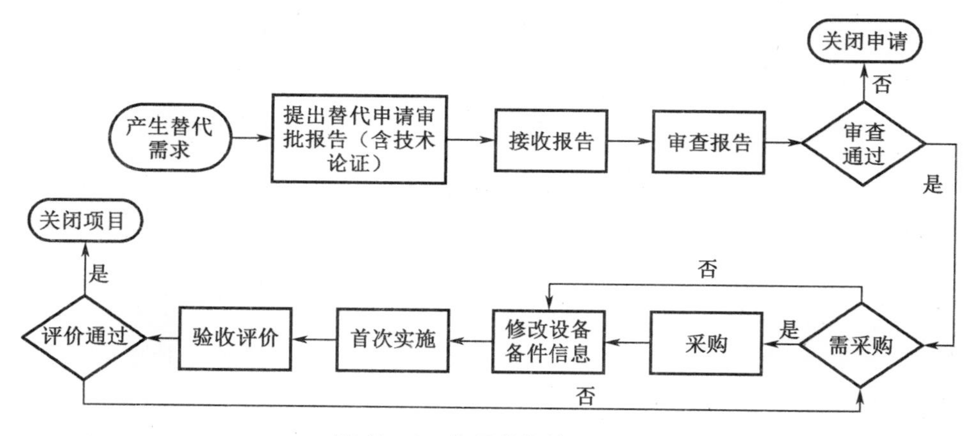

图 13－2　物项替代简要流程

(3)逐一论证原则。物项替代的论证必须针对某一个具体型号设备的备件,且论证过程中必须指明这一型号的备件适用于哪些设备(明确的设备位号);即便有其他设备使用的是同一型号的备件,如果未经技术论证就不能作为该设备的备件使用。

(4)设备管理原则。物项替代的技术论证由原始物项的设备工程师负责。当一个物项替代项目中的备件对应多个设备管理工程师管辖的设备时,申请审批报告应同时得到相关设备管理工程师签字认可。

(5)涉及 SPV 设备的物项替代,除等效评估外,需详细考虑替代物项的业绩、成熟度、可靠性。

(6)满足技术要求的前提下,优先选用库存已有备件作为替代物项,以减少备件的种类和库存量。

13.3　临 时 变 更

1. 定义

临时变更是指因现场处理直接影响机组安全稳定运行的缺陷或计划检修需要,对核电厂生产工艺直接有关的系统、设备、部件、材料等方面所进行的实体或功能上的偏离原设计的临时性改变。运行机组与生产工艺有关的系统、设备、部件、材料等方面进行的临时性改变,必须申请临时变更。

2. 流程

临时变更申请在单元生产例会上进行审批,临时变更需求处室在每日的单元管理晚会、机组生产早会上等提出申请,由会议决定是否同意临时变更申请,并明确临时变更的任务分派和实施计划。各单元管理晚会或生产早会的组织处室负责用“生产计划处(公告)”或“机组早会通报”等邮件通知下达临时变更工作任务安排。由临时变更技术责任处室及时创建 EAM 临时变更项目,编写设计文件,建立审批流程并催促进度;由临时变更实施责任处室按时完成实施工作准备；由临时变更归口管理处室的变更管理工程师及时跟踪和推进 EAM 临时变更项目的状态。临时变更简要流程如图 13－3 所示。

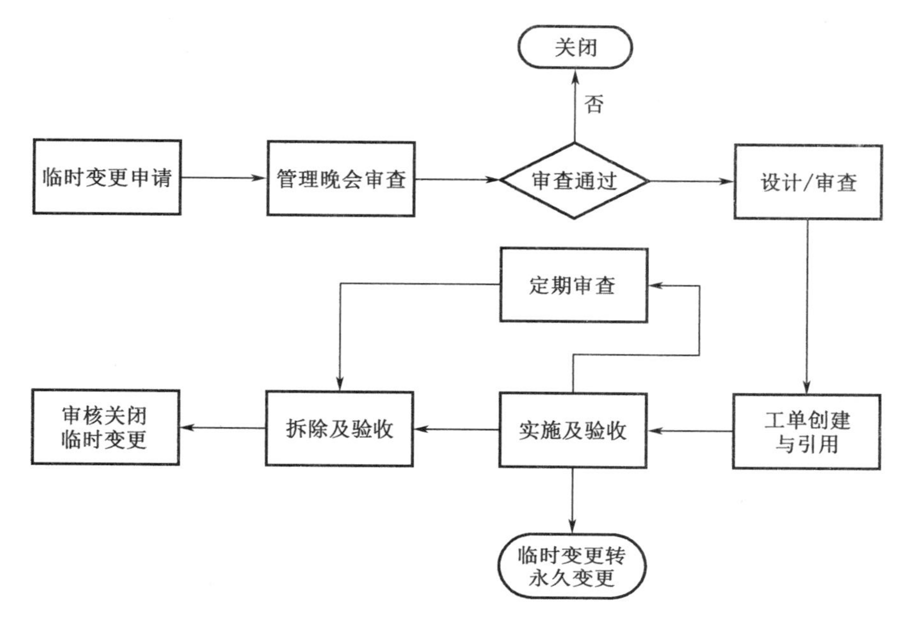

图 13－3 临时变更简要流程

13.4 变更计划管理

1. 目的

有效规范秦山核电各生产单元永久变更和物项替代项目的计划管理，包括日常运行和大修期间现场实施的永久变更和物项替代项目。

2. 总体要求

（1）变更计划根据变更优先级别进行安排。变更项目的优先级别、责任部门、实施窗口等信息，由生产单元生产技术委员会在变更申请审查时确定。

（2）变更管理科根据技术委员会确定的变更优先级别和实施窗口制订变更计划，变更计划中具体里程碑节点计划经变更责任工程师确认后录入 EAM 系统。EAM 系统依据节点时间发送邮件提醒责任工程师节点到期情况。

（3）变更管理科定期对变更计划执行情况进行跟踪和提醒。

（4）对于长期没有进展的项目（进入流程超过 5 年但还未实施，或停留在永久变更某一阶段超过 2 年的项目），要求每 6 个月进行一次清理和回顾，了解长期没有进展的原因，并在核电厂技术委员会上进行定期推进。2 年内无进展的项目，重新组织评估变更的必要性。项目计划周期内延期一次仍无进展的项目，可提交技术领域组织推进。

（5）变更计划的执行，每季度由生产单元厂长组织推进，协调变更推进中存在的问题，重点推进长期无进展的变更项目。

（6）永久变更项目优先级的划分，由生产单元生产技术委员会（包括专业小组）结合影响核安全程度、重要性、紧急程度、现场实施可行性来确定。

(7)为保证项目有充分的准备时间,根据实践经验,原则上项目各阶段的准备时间限值见表 13－1。

表 13－1　项目各阶段的准备时间限值

项目计划节点序号及名称	节点时间要求
1. 外委设计计划完成时间	进入流程后 1 个月内(可选项)
2. 初步设计计划完成日期	进入流程后 8 个月内(适用于重大、特大变更)
3. 详细设计计划完成日期	进入流程后 15 个月内(一般变更项目为进入流程后 9 个月内)
4. 报 NNSA 申请计划提交时间	详细设计批准后 2 个月内
5. 设备采购申请计划提交时间	初步设计、技术规格书批准后 1 个月内
6. 设备采购计划到货时间	可选项,要求至少在项目开工前 1 个月到货
7. 外委施工立项计划提交时间	详细设计批准后 3 个月内
8. 施工方案计划完成时间	详细设计批准后 10 个月内
9. 变更后试验方案计划完成时间	详细设计批准后 6 个月内
10. 实施准备计划完成时间	详细设计批准后 12 个月内
11. 投用检查计划完成日期	变更后试验完成后 5 个工作日内
12. 变更评价及关闭计划时间	投用检查后 4 个月内
13. 实施窗口计划时间	生产技术委员会会议确定,或根据标准时间节点安排

(8)变更计划包括大修期间实施的项目,但大修变更项目清单还会单独发布,具体以单独发布的文件为准。

(9)允许机组十大缺陷、运行决策、十大技术问题等优先级别变更项目优先列入实施计划,其他类型的变更项目不允许随意更改实施窗口和节点时间,以做到提前计划、合理实施。

(10)计划签发后,项目实施窗口和节点时间的调整,需经审批同意后方可进行。

(11)所有进入大修终版清单(项目冻结)的变更项目,计划调整必须提交厂长批准。变更计划延期两次及以上的变更项目,需提交领域通报。

(12)变更计划每年汇总发布一次,发布时间为每年的 12 月份。变更计划应包含流程中未关闭的所有项目。计划发布不涉及具体项目的计划调整,每个项目的计划调整均需要单独走计划调整审批流程。

(13)变更项目在可投用检查完成后 4 个月内,必须完成文件修改。

第14章　质量控制

14.1　概　　念

质量控制是指按规定要求为控制和测量某一物项、工艺和装置的性能提供手段的所有质量保证活动，在本程序中特指由独立的质量控制人员（简称QC人员）对维修活动是否达到技术文件、标准规定的要求所进行的独立质量检查活动。

质量控制总则：

（1）质量是干出来的，但检查也对质量做出了贡献，任何人在任何时刻都必须把质量放在首位；

（2）质量控制活动，并不转移或减轻实施单位或人员对其工作质量的直接责任；

（3）负责质量控制的人员是相对独立的，不能直接参与实施被检查活动；

（4）负责质量控制的人员必须是充分了解被检查活动的人员，经过必要的培训，并得到相应的授权；

（5）质量计划仅参与控制现场工作的质量，不负责现场活动过程控制；

（6）技术部门负责关键敏感设备维修质量计划的审查、选点和见证；

（7）维修部门负责非关键敏感设备维修质量计划的审查、选点和现场见证。

14.2　QC工程师职责

（1）具备良好的专业技术技能、专业知识（至少从事本专业3年）。

（2）熟悉现场和所负责的受检设备，熟悉相关维修规程等工作文件。

（3）熟悉管理规定，在大修活动过程中，严格执行规章程序，对检修过程和结果控制精益求精，不放过任何潜在的质量、安全隐患。

（4）审核本专业质量计划，按照选点原则进行见证选点。

（5）审查工作包，以及本专业的组织措施、安全措施、质量措施和技术方案。

（6）主动跟踪、了解自己范围内检修工作进程，及时与现场工作负责人沟通、交流。

（7）对所检查的工作内容，事先要有充分的准备。熟悉见证工单重要的检修步骤，了解容易出错的环节；掌握该检修的经验反馈，包括该设备内部的经验反馈和外部的经验反馈。

（8）参加重要设备检修的工前会，对承包商进行技术交底，让承包商明白重要检修的步骤和经验反馈。

（9）跟踪检修作业过程，对关键工序、关键部位进行见证；对有疑问的地方，及时与工作负责人沟通，有质疑时，请工作负责人解释检修的关键步骤。

（10）不熟悉设备的工程师在现场工作时要多跟着一起看，增强感性认识。

（11）检查与确认检修基本条件，包括作业人员、工作环境、执行文件、备品配件、检修材料、特种工器具及检测器具。检查现场安全、质量、进度、环境情况，如实反映发现的问题，不夸大、不隐瞒;对违反相关管理规定的发出《整改通知单》,必要时发出《停工令》,并向 QC 组长报告。

(12)见证结束,对合格的见证点要及时签字释放,不合格的见证点应拒签并说明理由。严格按程序要求进行 W/H 点的取消审批工作,确保质量控制点 100% 受控。

(13)及时填写 QC 检查表,做好检查记录,并在 EAM 中及时对 QP 签点。

(14)对发现的问题要及时跟踪,直至问题得到解决。如果对检修过程存在改进建议,可签发状态报告后续跟踪。

(15)QC 人员在现场实施监督过程中,对于发现的设备质量缺陷应督促工作负责人填写质量缺陷报告(QDR),按照质量缺陷报告流程处理。

(16)对其他没有质量计划的工作进行随机监督和检查,发现存在的点、线、面上的问题。

(17)积极配合本组组长和主管工作,及时准确地上报 QC 活动情况,有问题及时进行通报并协调处理。

(18)在大修结束后,编写本专业的“QC 总结”,对发现的问题进行原因分析,进行经验反馈,并提出改进建议。

14.3 质量控制点

由独立验证人员进行验证的大修质量控制工序点,分为停工待检点(H 点)、见证点(W 点)和审查点(R 点)三类。

1. 停工待检点(H 点)

(1)适用于安全系统或安全相关系统设备、关键和重要设备的维修活动,变更施工活动及影响电站性能指标的质量控制点,在选取时应遵循保证工作质量并尽可能少的原则。

(2)没有书面论证和相关负责人的批准不得越过或取消停工待检点。

(3)出现质量问题事后不能进行复检或复检非常困难的工序设为 H 点。

(4)出现的质量问题不能通过返工加以纠正或将花费巨大代价才能纠正的工序设为 H 点。例如,确定某些加工件尺寸、加工标准的环节和加工过程的环节。

(5)验证是否符合工艺技术标准的关键环节设为 H 点。例如,测量设备零部件的装配间隙、转动机械对轮中心的最终检查。设备回装前的内部异物检查防异物分级高的设为 H 点。设备扣盖时密封面检查可与内部异物检查的 H 点同时进行。

(6)H 点需要 QC 工程师复验。

2. 现场见证点(W 点)

(1)适用于重要的质量控制点,是质量计划中的主要控制点类型。

(2)根据以往经验,容易出现质量问题的环节或者使用不常用工艺技术的环节设为 W 点。

3. 文件审查点(R 点)

(1)适用于有书面记录要求的质量控制点。选择重要设备的维修记录或重要变更工序的记录。

(2)需要见证过程的和需要到现场观察的点不能设为 R 点;其他通过记录数据可以定量进行合格性判断的点可以设为 R 点。

(3)R 点需要拍照。

14.4 质量计划实施

(1)控制点通知。工作负责人提前一天,在EAM中的QP控制点(W/H点)填写预计见证日期,开工前30分钟与QC人员电话确认。QC人员按约定时间到场见证。

(2)对于H/W点,QC人员应按约定时间到场。如果QC人员未在约定时间到场,则工作组必须等待,不可越点作业。

(3)见证相应的活动后,QC要当场给出见证意见,若满足质量要求,则当场在质量计划中所选点后签上姓名、日期和时间;若不满足要求,则不签字,并给出不接受的具体理由,由工作组处理后重新见证。未出席的见证点不得补签。已出席的见证点必须当场签字,不得拖延。

(4)在辐射控制区内的部分工作,由于工作区内辐射高、松散污染严重、氚水平高等原因,工作人员(包括QC人员)穿戴的辐射防护用品多,行动不便,为了尽量缩短在工作区内的停留时间,可以离开工作区签点(但必须在现场签点)。这些工作主要有:蒸汽发生器开人孔和内部检查、慢化剂泵更换机械密封、主系统和慢化剂系统过滤器滤芯更换等。

(5)若不能按时出席H/W点见证,见证人员必须填写《质量见证改点通知单》,提前告知工作负责人。

(6)W点的转点或放弃需QC组长(日常由责任科长)批准。

(7)H点的转点或放弃需大修QC经理(日常由责任处长)批准。

(8)对于H/W点的见证,若见证人员不能按时出席见证,则工作人员在没有收到《质量见证改点通知单》时,不得越过H/W点继续工作。

(9)未出席的见证点不得补签。工作组在收到《质量见证改点通知单》后在质量计划中被取消点后注明。

(10)质量见证改点通知单随工作包返回存档。

14.5 质量计划修改

质量计划修改包括工序增减、作业内容和要求修改、见证点修改。质量计划中见证点不能删除(除非工序删除)或降级。

EAM系统中已批准但现场还未开始使用的质量计划,其回退修改有以下两种情况:

(1)EAM中已关联隔离许可或计划已下达的工单,如果需要回退质量计划,则应联系许可部门回退工单。

(2)未关联隔离许可且尚未计划下达的工单,质量计划可以回退修改。

(3)对于修改前已打印的质量计划,待质量计划修改批准后,工作包准备人应及时予以替换。

现场已经开始使用的质量计划,按以下顺序进行临时修订:

(1)由质量计划编写人(或相同资质人员)或工作负责人在质量计划上修改并签字。

(2)将质量计划提交QC选点人(或相同资质人员)重新审查。QC选点人可根据修改情况选点或改点,并在空白处说明选点变化情况。QC选点人审查后,不管是否选点,都必须签字。

(3)由质量计划批准人(或相同资质人员)签字批准临时修订。

14.6 质量缺陷报告

质量缺陷报告(QDR)适用于各生产单元的系统设备的维修、金属监督、在役检查等工作执行过程中的质量缺陷管理,是针对维修过程中出现的非预期的物项质量不满足原设计要求,而必须及时制订纠正措施来修复设备或物项质量,使之达到设计要求的一种设备质量异常报告。

1. 必须提出 QDR 的情形

在现场作业过程中发现本工单范围内设备或部件的非预期缺陷,应填写 QDR,以使缺陷得到有效的跟踪处理。但如果属于下列情况,则可以不填写 QDR:

(1)工单(工作包文件)中已明确的工作内容和要求处理的缺陷。

(2)在工作过程中通过简单的处置即能得到处理的一些小缺陷。这些缺陷的处理不需要技术方案,也不涉及备件问题。

(3)对于一些运行多年的电气/仪控卡件按预防性维修项目进行有计划的定期更换,即使更换下来的卡件有故障,也不必填写 QDR。

2. 方案编写注意事项

(1)确定缺陷的直接原因。

(2)给出具体的解决方案,如果涉及设备更换,需明确备件的仓储号。

(3)分析确定是否为共性问题,是否需要扩大检查范围。

(4)方案实行分级审批。

Ⅱ级:涉及 SPV 敏感部件、影响大修关键路径的 QDR。由设备管理科室负责人审查,设备管理责任处室负责人批准。不超过 3 个工作日(关键路径要加快审批速度)。

Ⅱ级:其他 QDR。由设备管理科室负责人直接批准。不超过 1 个工作日。

大修关键路径评估注意:大修期间的 QDR 在维修责任处室的专业工程师确认后,由大修管理处判断是否影响大修关键路径,对于影响的 QDR 在系统中进行标记。

3. QDR 处理方案编制

(1)设备工程师对报告的质量缺陷进行评估,必要时到现场勘察。

(2)设备工程师需要对质量缺陷的产生原因进行分析,填写处理方案。如果涉及焊接/防腐的技术方案,则在收到焊接/防腐专业批准的技术方案后给出 QDR 处理意见(此内容全部由设备工程师填写)。

4. QDR 处理方案审批

QDR 处理方案编制完成后,设备工程师将 QDR 提交审批(包括焊接/防腐的技术支持的 QDR,也由设备工程师提交设备处室的科、处长审批)。

工作组负责按质量缺陷报告处理方案处理现场缺陷。

验证者:维修工程师负责现场非 SPV 设备的 QDR 处理方案实施后的验证;设备工程师负责现场 SPV 设备的 QDR 处理方案实施后的验证。役检签发的 QDR 由役检验证。

不合格:如需要变更方案,工作负责人填写新的 QDR。

QDR 验证后,工作组将 QDR 处理过程和结果、QDR 验证人员将验证意见录入 EAM 系统中。(此时 QDR 自动关闭,无须设备工程师再关闭)

5. QDR 转其他流程

(1)提出新 QDR。原 QDR 处理方案不完善(无法按 QDR 处理方案执行、按 QDR 处理方案执行后仍无法消除或无法完全消除缺陷),需要重新编制 QDR 处理方案继续处理缺陷。

(2)转 NCR。因现场条件限制无法处理或者按 QDR 处理方案处理后仍无法消除或无法完全消除缺陷,满足不符合项报告(NCR)填报准则的,工作组联系设备工程师提出 NCR。

(3)转新工单任务。如果实施 QDR 处理方案所需的安措不同、工作范围与原工单任务不同时,则创建新的工单任务来处理 QDR。

14.7　维修后试验

维修后试验类工作为非侵入性工作,本身就是验证设备性能和功能,不需要编制质量计划。

(1)PMT 全部是 H 点,没有 QP,维修后试验作为依据。

(2)大部分 PMT 需要机械和电气 QC 人员同时参加见证。

(3)QC 人员必须到场见证。

(4)出现异常情况时必须停止试验,将设备置于安全状态,分析可能的故障。

(5)维修后试验不合格或发现缺陷时,处理方式有不需要返工处理和需要返工处理两种。

· 不需要返工处理:允许在线处理的小缺陷,如盘根泄漏、紧固件松动等,以及通过正常调整可消除的缺陷。

· 需要返工处理:按工作控制的返工程序重新建立工作票进行处理。

维修后试验重新执行时,必须使用重新打印维修后的试验程序(PMT、WP 等)。

维修后试验结果判定:

(1)维修后试验结果应满足维修后试验规程中所给出的定量参数和定性的特性描述标准。

(2)维修后试验规程验收标准的高期望要求为至少不低于上一循环的标准。

(3)如不能明确判定是否合格或者工作组对试验合格判定意见不一致时,则由工作组发出 QDR,交由设备管理责任处室给出处理意见。

注意:如果维修后试验中发现的小缺陷可以放到维修后试验完成后再处理,且维修后试验的结果满足验收标准的,则本次维修后试验视为合格。

14.8　停 工 条 件

符合下列六个条件之一的,发出停工令建议:

(1)继续工作可能危及核安全;

(2)常规的纠正行动已不能有效保护公众和核电厂人员的安全;

(3)继续工作可能导致重大返工或修理;

(4)发生质量偏离,继续工作将导致更大质量事故或留下重大隐患;

(5)其他涉及违反工业安全、辐射防护、消防、质保等的行为;

(6)通过一般的纠正措施[如口头指正、整改通知单(CAN)等]仍不起作用。

14.9 整改通知发出条件

作业人员严重违反维修管理要求或现场出现较大质量问题的,发出整改通知。违反的要求主要包括:

(1)没有做好开工前的准备就进行检修活动;

(2)特殊工种作业人员没有有效资格证书或证书已失效;

(3)不按程序、规程作业,擅自改变工作顺序;

(4)不规范施工,作业野蛮,如随意踩踏设备、不正确使用工具;

(5)计量器具超出有效期,或计量器具不符合要求;

(6)使用质量不合格的备件;

(7)事先不通知 QC 人员见证,造成见证点被越过;

(8)设备开口检修,不按规定采取防异物措施。

14.10 不符合项报告

生产不符合项一般通过工作申请、质量缺陷报告的形式进行报告,并通过工单或 QDR 进行处理。如通过工单或 QDR 处理后,仍然不能满足原设计要求或相关验收准则的,则需要通过生产不符合项报告(non-conformance report,NCR)流程进行控制。

1. NCR 的填报准则

系统、设备或构筑物上的异常缺陷经工单或 QDR 处理后,部分参数仍不满足原设计或维修、运行确定的验收准则,且短期无法修复的,需要转 NCR 流程。

短期界定原则:机组运行期间填报的缺陷,下次大修无法处理;机组大修期间填报的缺陷,本次大修无法处理。

2. NCR 的处理措施

NCR 的处理措施包括临时措施和最终措施两种。

(1)临时措施

临时措施是指处理措施采取后,该设备并未能恢复到满足设计、维修或运行规定的验收准则,但是能满足设计功能,经过评价后确认不影响设备的安全稳定运行。

临时措施可大致描述为以下几种类型:

①临时变更:因原部件存在设计缺陷或由于特殊原因现场无法恢复到原设计状态,通过可恢复性的设计改造来使系统设备实现正常运行功能。

②临时物项替代:由于缺原备件,在保证不降低系统或设备原设计功能和安全水平的前提下,用其他备件暂时替代缺陷设备。

③临时修理:对缺陷设备暂时实施修理,虽未完全恢复到原技术要求,但不影响设计、运行、安全等功能的实现。

④临时照用:缺陷的存在不影响设计、运行、安全等功能的实现,暂时可以继续使用。

当临时措施涉及临时变更或临时物项替代时,按照《临时变更管理》(CM - QS - 220)

执行。

(2)最终措施

最终措施是指采取措施后缺陷得以消除,系统设备恢复到满足设计、维修、运行参数要求;或通过技术澄清、现场跟踪验证评价,确认设备能满足原设计功能。

最终措施类型包括永久变更、物项替代、修复和照用。

当最终措施涉及永久变更、物项替代时,按照《永久变更管理》(CM-QS-210)执行。

14.11 NCR关闭

安全质量处负责NCR的关闭,核实不符合项已按批准的处理方案实施处理,并已形成表明其处理符合要求的各种证据材料后方可关闭。

NCR关闭条件如下:

(1)通过永久变更、物项替代或修复处理后,缺陷已消除,已满足原设计或运行、维修验收准则。

(2)经厂家或设计院进行技术澄清给出可接受的意见或给出新的设计标准;或经持续观察缺陷发展状态,评估缺陷的存在不影响设备功能的实现,并制定新的运行、维修验收标准。

第 15 章　设备可靠性管理

1. 目的

(1)在全寿期内保证机组安全稳定、经济运行;

(2)合理优化维修工作和备件库存,控制核电厂运营成本。

2. 改进手段

通过变更改造、设备监督、维修、技术管理等手段,持续改进设备可靠性,如图 15－1 所示。

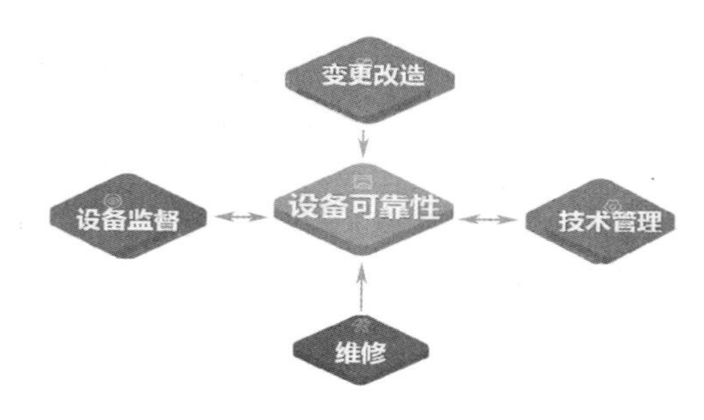

图 15－1　设备可靠性改进

3. 变更改造

(1)永久变更

永久变更是指对生产工艺系统、设备部件/材料和构筑物所做的实体或功能上的改变,这种改变导致修改已经批准的文件。已批准的文件包括(但不限于)设计手册、安装图纸、总体布置图、流程图和管线布置图、设备运行与维修手册、最终安全分析报告等。

(2)物项替代

物项替代是指用以评估当前备选替代物项(与原设计物项或评估过的物项不同),满足特定系统功能要求,作为正常备件使用的等效评估流程。

(3)临时变更

临时变更是指因现场处理直接影响机组安全稳定运行的缺陷或计划检修需要,对核电厂生产工艺直接有关的系统和设备、部件、材料等方面所进行的实体或功能上的偏离原设计的临时性改变。

4. 设备监督

(1)性能监督

性能监督是指对关键、重要设备的性能进行监测,及早发现设备隐患;为系统监督提供支持;为状态维修(CBM)提供支持。

(2)系统健康评价

系统健康评价是指按照《系统监督方案》确定的内容和频度收集数据,并对数据进行趋势分析和跟踪,识别系统性能的降级趋势并采取相应的纠正行动。收集的系统资料及数据

应及时地记录在ERDB的记事本中,以方便查找本系统的资料。

(3)设备巡检一体化

设备巡检一体化是指以机组设备为核心,依据设备状态监测、故障检测管理要求,对核电厂设备巡检工作进行统一规划(定点、定法、定标、定计划),建立设备巡检标准化平台,明确设备巡检范围和要求,规范设备巡检方式和方法,规定岗位巡检职责和职能,实现核电厂运行、维修、技术设备巡检分级管理,减少重复性巡检工作,并实现巡检数据智能化运用,对设备劣化趋势进行预测和评估,实现机组运行设备"预知状态,超前管理,防范故障"。

5. 维修

(1)预防性维修

预防性维修可细分为:周期性维修,也称为基于时间的维修(time based maintenance, TBM);预测性维修(predictive maintenance, PdM),也称为基于状态的维修(condition based maintenance, CBM);策略性维修(planed maintenance)。

(2)质量控制

质量控制是指按规定要求为控制和测量某一物项、工艺和装置的性能提供手段的所有质量保证活动,在本程序中特指由独立的质量控制人员对维修活动是否达到技术文件、标准规定的要求所进行的独立质量检查活动。

(3)维修后试验

维修后试验是指验证设备的性能和功能。

(4)质量缺陷报告

质量缺陷报告是指适用于各生产单元的系统设备的维修、金属监督、在役检查等工作执行过程中的质量缺陷管理,是针对维修过程中出现的非预期的物项质量不满足原设计要求,而必须及时制订纠正措施来修复设备或物项质量,使之达到设计要求的一种设备质量异常报告。

6. 技术管理

(1)备件分级管理

备件分级管理是指根据所属设备的分级,制订备件分级,包括SPV备件(S)、关键备件(A)、重要备件(B)和一般备件(C)。

(2)防腐管理

防腐管理是指制订防腐大纲,对系统和设备的腐蚀监督和防腐工作进行长期规划和安排。设备防腐管理依据防腐大纲并结合设备日常管理工作,对设备腐蚀状态进行监督,适时、适度开展预防性防腐工作。

(3)老化管理

老化管理是指通过设计、运行和维修行动将构筑物、系统、设备老化所致的性能劣化控制在可接受限值内。

(4)技术问题处理

技术问题处理包括运行决策和长期跟踪。

运行决策是指针对核电厂重要的设备缺陷或降级工况,核电厂进行全面分析,做出运行决策,以指导运行人员正确处理,并及时修复缺陷,保证机组安全、可靠运行。

长期跟踪是指将长期无法处理好的运行决策/十大缺陷,转入十大技术问题管理流程处理,每月下旬召开核电厂运行决策/十大缺陷讨论会,编制十大缺陷月报,报送相关部门。

第16章　长期计划与寿期管理

16.1　防腐管理

16.1.1　腐蚀概述

1.腐蚀的原因

自然界存在的金属除个别贵金属(如Au、Pt)外,绝大多数是不稳定的,因为这些金属都是从天然矿石中经过高温熔炼而来的,它们有一种内在自发地向矿物质"回归"的倾向,如铁生锈:在生锈的过程中,金属铁转变为Fe^{2+}、Fe^{3+}化合物,如氧化物和氢氧化物(铁锈),这些化合物类似于磁铁矿(Fe_3O_4)、褐铁矿($Fe_2O_3 \cdot xH_2O$),这个向矿物质"回归"的过程及结果,即所谓的腐蚀。

金属在向矿物质"回归"的过程中,受外界物理、化学等因素的影响,会使"回归"的过程及方式发生变化,进而改变"回归"的速度和结果。

因此,对于金属材料而言,在环境中的不稳定状态是腐蚀发生的根本热力学驱动力,而外界影响因素则改变腐蚀的动力学过程。

2.腐蚀的定义

中国核电《防腐管理导则》参考《金属和合金的腐蚀基本术语和定义》(GB/T 10123—2001)给出了中国核电腐蚀的标准定义:材料与环境间的物理-化学相互作用,其结果使材料性能发生变化,并常可导致材料、环境或由它们作为组成部分的技术体系的功能受到损伤。

3.腐蚀的危害

世界上每年因腐蚀损坏的钢铁约为钢铁年产量的1/3。2018年中国工程院的调查结果表明,我国腐蚀损失(包括直接和间接损失)超过6000亿元。

核电站结构材料与高温、高压、高热流的流动介质(一、二回路)、化学介质(辅助系统)、海水(海工系统)等介质接触,同时还受到辐照、应力、振动等因素的影响,工况条件恶劣,腐蚀是多发现象。抑制结构材料的腐蚀问题可以提高核电站运行的安全性和经济性。

16.1.2　腐蚀的分类

腐蚀有多种分类方法:

按腐蚀环境,可分为大气腐蚀、土壤腐蚀、海水腐蚀、高温气体腐蚀、化工介质腐蚀等;

按腐蚀机理,可分为化学腐蚀、电化学腐蚀和物理腐蚀;

按腐蚀形态,可分为全面腐蚀和局部腐蚀。

16.1.3 腐蚀机理

1. 化学腐蚀

化学反应是指一个反应前后无电子转移,原子价数不发生增减,即反应过程中没有电流的产生。

例如,铁的高温氧化反应:

$$3Fe + 2O_2 \longrightarrow Fe_3O_4$$

再如,铁在稀盐酸中的析氢反应:

$$Fe + 2HCl \longrightarrow FeCl_2 + H_2 \uparrow$$

核电厂化学腐蚀现象,存在这几种情况:

(1)生活水处理系统的酸碱腐蚀;

(2)二回路的精处理系统树脂再生设备的强酸碱腐蚀;

(3)一回路硼酸泄漏后的硼酸腐蚀。

2. 电化学腐蚀

电化学腐蚀是指材料表面与环境介质发生电化学作用所引起的破坏。其特点是在腐蚀过程中有电流的产生,一个反应前后包含了电子转移,原子价数发生增减,这就是电化学反应。其电极反应方程如下。

阳极:

$$Fe \longrightarrow Fe^{n+} + ne(\text{溶解})$$

阴极:

$$H_2O + 0.5O_2 + 2e \longrightarrow 2OH^-$$

$$Fe^{2+} + 2OH^- \longrightarrow Fe(OH)_2$$

$$3Fe^{2+} + 4H_2O \longrightarrow Fe_3O_4 + 8H^+ + 2e$$

$$Fe^{3+} + 3H_2O \longrightarrow Fe(OH)_3 + 3H^+$$

$$H^+ + H^+ \longrightarrow H_2 \uparrow$$

这种电化学腐蚀在核电厂最为普遍,常见的大气腐蚀、海水腐蚀、土壤腐蚀、电解质溶液腐蚀等均属此类。

3. 物理腐蚀

物理腐蚀是指金属通过扩散过程溶解到介质中,如铁在液态金属(Na)中的腐蚀,这种腐蚀现象在快堆和聚变堆中才会遇到。本教材不进行过多论述。

16.1.4 核电厂典型的腐蚀环境

核电厂材料的腐蚀环境较复杂,主要有大气环境、土壤环境、水环境、化学介质环境、油环境。设备管理中,常见前三种情况。

1. 大气环境

大气环境根据设备所处的区域,又分为以下几种:

(1)室内干燥大气,如反应堆厂房、服务厂房、仓存内设备外部、高温管道外部。

(2)室内潮湿大气,如海水泵房、水厂、汽机厂房底层、冷冻水系统外部。

(3)室外露天大气,如所有室外露天或半露天设备。

2. 土壤环境

所有已回填土或松散砂石回填的区域，均属于土壤环境。埋地管线易发生土壤腐蚀。

3. 水环境

水环境根据系统的不同，分为以下几种：

(1) 高温高压汽水，如一、二回路。

(2) 去离子或有缓蚀剂水，如闭式冷却水系统、冷冻水系统内部、除盐系统。

(3) 淡水，如生活水、原水、消防水、应急水。

(4) 海水，如海水系统。

4. 化学介质

酸碱等化学介质储运设备、水处理系统、精处理系统、添加有硼酸的系统等。

5. 油

各类柴油和润滑油油路、存储设备及系统。

6. 其他情况

其他情况如辐照、生物等，其更多是通过影响材料化学稳定性或改变环境介质中侵蚀离子来影响腐蚀的过程和结果，这里不再进行阐述。

16.1.5 腐蚀破坏形式及预防

腐蚀的破坏形式一般分为全面腐蚀和局部腐蚀两类。

1. 全面腐蚀

全面腐蚀有时也称均匀腐蚀或一般腐蚀，腐蚀发生在整个表面，腐蚀速度均匀一致，进程缓慢，危害性小，一般容易预防。

全面腐蚀是最常见的腐蚀形式，腐蚀介质能够均匀地抵达金属的各个表面并发生电化学反应。宏观上表现为厚度均匀减薄，是典型的小阴极、大阳极的腐蚀破坏机制。

钢材在大气中的腐蚀、高压蒸汽管的高温氧化等均属于均匀腐蚀类型。

解决方法：可以通过表面涂层、缓蚀剂、阴极保护、合理的设计及选择合适的材料加以防止。

2. 局部腐蚀

局部腐蚀发生于微区，隐蔽性大，腐蚀速度极快，危害性大，通常难以防范。按破坏形式，局部腐蚀主要可分为电偶腐蚀、隙缝腐蚀、点腐蚀、晶间腐蚀、应力腐蚀、疲劳腐蚀等。

(1) 电偶腐蚀

电偶腐蚀也称接触腐蚀或异金属间腐蚀。

在电解质溶液中两种金属接触时，电极电位较低的贱金属成为阳极，电极电位较高的贵金属成为阴极，构成了腐蚀电池，贵金属受到了保护，这种现象叫作电偶腐蚀。其腐蚀机理和反应式与均匀腐蚀是类同的。

不同金属的组合在核电厂中常常不可避免，发生电偶腐蚀比较普遍。例如，钢制泵轴、阀杆与石墨垫料接触处，钢受到电偶腐蚀；换热器钛管与钢制管板接触处，管板被加速腐蚀。

利用金属间的电极电位差及其电偶腐蚀原理，可以通过对贱金属与有用金属部件进行配对，以牺牲贱金属阳极来达到保护阴极材料的目的。例如，表面喷铝、镀锌的金属部件就是成功应用的实例。

解决和预防电偶腐蚀的措施：

①设计大阳极、小阴极的电偶组合或尽量让电偶序中位置靠近的材料放在一起；

②利用表面涂层屏蔽电极反应；

③附加阴极保护抑制或转移电极反应，如外加电流或者牺牲阳极块。

(2)缝隙腐蚀

在腐蚀介质中，金属与金属或金属与非金属固体之间形成了缝隙，其宽度一般仅为几十到几百微米，电解质溶液进入缝隙但又保持了溶液的停滞状态，由于缝隙表面和缝隙内部存在氧的浓差，从而形成了腐蚀电池。而且，缝隙内因活性阴离子移迁进去增多，使浸蚀性加剧，产生了缝隙腐蚀。

发生缝隙腐蚀时，缝隙内作为阳极加速腐蚀，缝隙外作为阴极腐蚀较微。随着缝隙内阴离子浓度和酸度增大，缝隙腐蚀扩展，最终会在缝隙内留下月牙形腐蚀形态。

缝隙腐蚀常发生在螺帽下、垫圈接触的法兰里面、搭接接头及表面沉积物底部等部位。漆膜下也会发生缝隙的丝状腐蚀，海生物附着面里的腐蚀是特殊的缝隙腐蚀形式。

解决和预防缝隙腐蚀的措施：

①在选材上可以选择抗缝隙腐蚀能力较强的材料。虽然几乎所有的金属都可能产生缝隙腐蚀，但一些金属（如高铬、高钼的不锈钢）相对抗缝隙腐蚀能力较强，在一些重要部件的材料选择上可以加以考虑。

②减少、避免缝隙的产生。缝隙是缝隙腐蚀产生的前提，因此可以通过合理的设计来减少或避免缝隙，如焊接优于铆接，螺钉接合结构采用低硫橡皮垫圈、致密的填料，接合面采用涂层防护等。另外，设计结构中要避免积水区，应易于清理、去污，等等。

③无法避免设计中的缝隙时，可以采用电化学保护法，比如阴极保护，但要注意氢脆问题。此外，在结构上，要妥善处理排流，能及时处理沉积物，或者将缝隙用固体填料填实。如海水中使用的不锈钢，可采用铅锡合金作填料，其除了可以填实缝隙外，还可以起到牺牲阳极的作用。

④由于缓蚀剂较难进入缝隙中，因此可以在接合面上涂加有缓蚀剂的油漆。对于一些金属片，可以用浸有气相缓蚀剂的包装纸隔开。

⑤一些垫圈宜采用聚四氟乙烯等材料，而不宜用石棉等易吸湿的材料。

(3)点腐蚀

点腐蚀（点蚀）也叫孔蚀，与缝隙腐蚀一样，是一种局部的腐蚀形式，与 Cl^-、F^- 等卤素离子有关。它是一种自催化过程，小孔内发生金属溶解，使孔内 H^+ 浓度增加，小孔与小孔毗邻的表面构成完整的电极反应，使小孔可以迅速沿深度方向扩展。因而，点蚀最具破坏性，隐蔽性强，在有 Cl^- 存在的介质中最易发生点蚀。其反腐蚀机理与缝隙腐蚀类似。

金属表面不均匀处，如划痕、凹陷、夹杂物等，往往是点蚀起源点，介质中卤素离子和氧化剂（如溶解氧）同时存在时容易发生点蚀，故氧化性氯化物如 $CuCl_2$、$FeCl_3$ 等是强烈的点蚀剂。钝化金属如不锈钢、表面镀层金属较易发生点蚀坑，蚀坑小而深。

解决和预防点腐蚀的措施：

①改善介质条件，降低 Cl^- 含量；

②选用耐点腐蚀的合金材料，如双相钢；

③钝化材料表面，提高钝化稳定性；

④阴极保护，使不锈钢处于稳定的钝化区。

(4)晶间腐蚀

晶间腐蚀是金属在特定腐蚀介质中沿着晶粒边界或晶界附近发生的腐蚀,使晶粒之间结合力遭到破损。这是一种局部的腐蚀现象。晶界上由于存在杂质元素,较活泼的金属元素的富集或某种相的析出,会引起周围某一合金元素的贫乏,使晶界或其毗邻狭窄区域的化学稳定性降低,同时介质对这些区域具有较大的浸蚀,其余部位相对较小,这样便出现了晶间腐蚀。

发生晶间腐蚀后,金属的外形尺寸几乎不变,大多数仍保持金属光泽,但金属的强度和延性大大下降,冷弯后表面出现裂纹,严重者失去金属光泽。对晶间腐蚀敏感部位腐蚀后做断面金相分析,可以发现晶界或其毗邻区域发生局部腐蚀甚至晶粒脱落,腐蚀沿晶界发展,推进较为均匀。不锈钢在510~780 ℃的回火加热区,尤其在焊接接头热影响区,由于晶界区贫铬现象而出现晶间腐蚀倾向。

解决和预防晶间腐蚀的措施:

①降低含碳量,使其小于0.03%,如将SS304、SS316替换为SS304L、SS316L;

②合金化,加入形成强碳化物元素,如Ti、Nb、V;

③热处理,通过高温固熔处理+淬火,提高材料的成分均匀性和韧化。

(5)应力腐蚀

应力腐蚀也称应力腐蚀开裂(SCC),是指金属在拉伸应力和腐蚀介质的共同作用下引发裂纹而发生脆性断裂的现象。材料在某些腐蚀介质中,不受应力作用时腐蚀甚微,但当拉伸应力达到一定时,即使是韧性金属也会发生脆性开裂。而且断裂前事先没有明显的征兆,因而往往造成灾难性的后果。

应力腐蚀开裂有三个条件:敏感材料、拉伸应力和特定腐蚀介质。

某些金属对SCC很敏感,从一开始就受到拉应力(如热应力和冷加工、热加工等)的残余应力。当总应力超过某个临界应力值时,在腐蚀环境下发生应力腐蚀开裂,产生裂纹,甚至断裂。裂纹的起源点往往是点蚀或腐蚀小孔的底部。裂纹扩展方式有沿晶界、穿晶或混合型三种。主裂纹通常垂直于主应力,并伴有分叉裂纹,裂纹扩展速度极快。断口呈脆断特征态。

核电厂设备中,奥氏体不锈钢材料在含Cl^-的介质中最易发生应力腐蚀开裂,其他应力腐蚀情况还有高强度钢(如9.8级以上高强度螺栓)的应力腐蚀,核岛结构材料辐照促进应力腐蚀等。

解决和预防应力腐蚀开裂的方法:

①将应力控制在临界开裂应力之下,这里的应力包括外加应力和残余应力;

②更换为对环境应力腐蚀开裂不敏感的材料;

③优化介质环境,减少特定的腐蚀介质;

④通过电化学保护方式,抑制腐蚀反应过程。

(6)疲劳腐蚀

疲劳腐蚀也称腐蚀疲劳开裂,是指金属在交变载荷和腐蚀介质的共同作用下发生的脆性断裂。疲劳腐蚀具有以下特点:

①没有疲劳极限;

②与应力腐蚀不同,纯金属只要有腐蚀介质存在,也会发生疲劳腐蚀;

③金属的疲劳腐蚀强度与其耐蚀性有关;

④疲劳腐蚀裂纹大多起源于表面或凹坑，裂纹源数量较多，疲劳腐蚀裂纹主要是穿晶的，也有沿晶开裂的；

⑤疲劳腐蚀是脆性断裂，没有宏观的塑性变形，断口面上有腐蚀物。

解决和预防疲劳腐蚀的方法：

①降低材料表面粗糙度；

②加缓蚀剂；

③通过电化学保护方式，抑制腐蚀反应过程；

④表面渗铝、喷丸等表面硬化处理，形成压应力；

⑤降低材料的工作应力。

(7)磨损腐蚀

磨损腐蚀是指腐蚀性流体对金属表面做相对运动速度较大时所引起的金属加速腐蚀现象，这是流体冲刷和介质腐蚀两者的相互作用。

常见的工况是腐蚀性流体中含有固体粒子。这时，电化学腐蚀与机械磨损是同时存在的，两者相互作用加速了材料的损伤过程，这对材料的损伤是相当严重的。在腐蚀与磨损的交互作用下，其质量总损耗量包括纯磨损损耗量、纯腐蚀损耗量、腐蚀与磨损交互作用损耗量。

对于不含固体粒子的腐蚀性流体，腐蚀磨损表现为不同的形式，结合秦山核电的具体情况，设备管理中常遇到冲蚀、流体加速腐蚀、微振腐蚀、空泡腐蚀等几种严重的腐蚀破坏情况：

①冲蚀

冲蚀(erosive corrosion)也称磨耗腐蚀，是秦山核电海水及海水相关系统常见的材料破坏现象，危害特别严重。其是由腐蚀性流体向构件做连续冲击运动而引起的损伤。

流体向表面呈小角度方向做相对运动时，称为冲刷(erosion)；相对角度较大(≥30°)时，称为冲击；流体本身是一种腐蚀性介质，则称为冲蚀。冲蚀通常发生在管弯头及其管径截面明显减小或几何形状突变的场合，由于腐蚀性流体的湍流冲击作用，破坏处部位呈现深洼形态。比如，在凝汽器管束的进口端有时会出现这种形态。

解决和预防冲蚀的方法：

a. 改进设计，避免较大的冲击角；

b. 控制环境，减少固态粒子；

c. 正确选材；

d. 表面防护，通过提高材料表面耐磨性降低材料损耗速率；

e. 通过电化学保护方式，抑制腐蚀反应过程。

②流体加速腐蚀

流体加速腐蚀(fluid acceleration corrosion or fluid-assisted corrosion，FAC)也称流致腐蚀，为高温流体冲刷碳钢表面，导致表面 Fe_3O_4 氧化膜发生化学溶解，进而引起设备壁厚快速减薄的现象，作用范围150～300 ℃。核电厂二回路系统容易发生 FAC 现象，特别是高温流体为不饱和蒸汽时。

解决和预防流体加速腐蚀的方法：

a. 材料改进。铬含量高于1%就能显著提高材料的抗 FAC 性能。

b. 水化学控制。将 pH 值提高至9、增加溶解氧都能抑制 FAC，但同时要考虑材料的均匀腐蚀问题。

c. 改进设计。减少不必要的弯头,减少湍流区可以明显抑制 FAC。

d. 制订定期检查计划(超声测厚),加强 FAC 敏感部位的检查,如弯头、阀后等,可借助 FAC 分析管理软件。

③微振腐蚀

微振腐蚀(fretting corrosion)也称微动腐蚀,这种腐蚀作用是由两个紧靠着的表面物体相互发生微量振动磨损而引起的,如一回路系统蒸汽发生器传热管与固定支撑板接触的微振腐蚀。

磨损破坏了保护膜,使得腐蚀加速。此类腐蚀形式发生在相互铆接或螺钉连接的部件上,如插入式列管冷却器隔板或凝汽器支撑板处,钛管因微振磨损出现的溃烂。

解决和预防微振腐蚀的措施:

a. 阻止接触面的相对微动;

b. 提高一种接触金属材料的表面硬度;

c. 电镀低熔点金属,降低摩擦系数。

(8)空泡腐蚀

空泡腐蚀(cavitation)也称气蚀或空蚀,是一种特殊的冲刷腐蚀。它是因金属表面附近的流体中空泡溃灭,产生大量小凹坑,最终导致构件使用功能的丧失。汽轮机叶片、凝汽器管子、阀门、泵体等因流体产生的空泡腐蚀现象较常见。

空泡腐蚀通常出现在流体高速的湍流状态,特别是表面形状复杂和流体压强发生很大变化的场合。由于流体压力和流动条件的变化,空泡会反复地产生和消失,金属表面钝化膜遭受破损,使腐蚀深度不断扩大。

解决和预防冲蚀的措施:

①改进设计,避免表面高速流的突然下降;

②降低流体流速,减少空泡形成;

③提高表面光洁度,降低空泡形核概率;

④合理选材。

(9)其他

局部腐蚀除上述介绍的还有其他破坏形式,如选择性腐蚀、氢损伤、碱脆等,但在核电厂中不常见,因此本书不再赘述。

16.1.6 设备腐蚀管理

1. 管理原则

设备防腐管理是保证设备寿命、可靠性的重要技术方法。防腐管理的要求和内容贯彻在设备设计、制造、储运、安装、调试、运行、维护等各个环节。设备防腐管理由管理、运行、维护人员共同参与并分工协作完成。所有与设备防腐相关的工作和流程应符合设备管理和维护的基本要求、分工、流程。

制订防腐大纲,对系统和设备的腐蚀监督和防腐工作进行长期规划和安排。设备防腐管理依据防腐大纲并结合设备日常管理工作,对设备腐蚀状态进行监督,适时、适度开展预防性防腐工作。

2. 管理协作

核电厂设备防腐管理需要依靠多专业的协同工作，腐蚀是典型的交叉性强的边缘性学科，因此更需要其他各专业的配合。核电厂防腐管理及防腐专业人员与设备管理及相关人员的管理协作逻辑关系如图16－1所示。长期实践表明，将防腐管理定位为设备管理工作的一项具体职责，将防腐专业人员定位为设备管理和设备维护的专业辅助类人员，更有利于各专业协同工作实现核电厂全面腐蚀控制的目标。在具体工作中，设备责任工程师对设备腐蚀和防护状态应进行全面的监控，及时掌握设备腐蚀与防护的状态，向专业人员提出相应的工作需求。

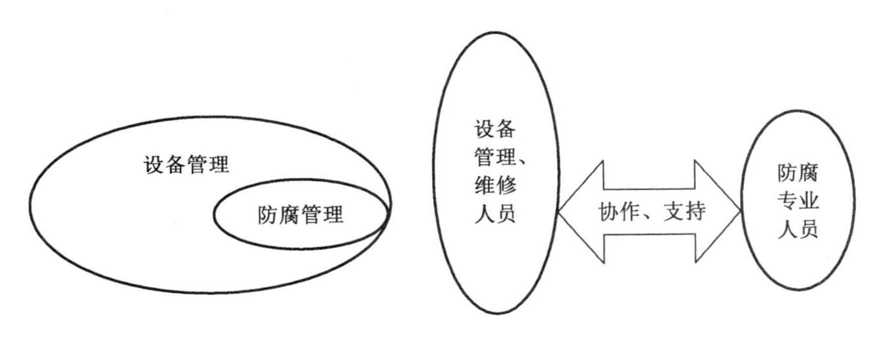

图16－1　管理协作逻辑关系

3. 管理内容

(1)防腐大纲的制订

专业科室按设备预防性维修大纲流程编制和修订防腐大纲，并负责防腐大纲日常管理。

防腐大纲批准后，专业科室根据防腐大纲的内容制订腐蚀检查、防腐施工项目清单和预防性防腐工作包。

(2)腐蚀检查

按工作包执行流程，定期由专业科室组织防腐专业人员，对涉及设备进行腐蚀和防腐状态检查。由专业科室管理阴极保护装置的运行情况，确保各保护参数在规定的变化范围内。

(3)腐蚀和防腐状态评估

设备腐蚀检查结果、巡检和检修发现的腐蚀问题，由专业科室进行汇总和评估。

设备出现腐蚀或防腐状态不满足需求时，由专业科室反馈至设备管理责任部门，并提出防腐建议或由专业科室直接根据实际情况制订防腐措施和实施计划。

(4)防腐措施的制订

专业科室根据设备腐蚀评估结果按技术方案编制流程制定不同的防腐措施。

防腐措施包括环境治理、优化材料或结构设计、增加阴极保护、维持现状适时更换、开展防腐施工五类。

(5)防腐措施的实施

①环境治理：由专业科室负责评估并提出变更申请，批准后根据设计变更流程开展工作。

②优化材料或结构设计:由专业科室负责评估并提出变更申请,批准后根据设计变更流程开展工作。

③增加阴极保护:由专业科室负责评估并提出变更申请,批准后根据设计变更流程开展工作。

④维持现状适时更换:由专业科室根据设备的腐蚀状态,适时向设备管理责任部门反馈相关信息并提出设备或部件的更换建议。

⑤开展防腐处理:由专业科室按照批准的防腐处理技术方案或规程,按照防腐作业流程开展工作。

4. 设备防腐技术分级管理

根据环境的侵蚀性、材料耐腐蚀性、设备的重要性或腐蚀发生后的危害程度,对核电厂工艺系统和设备的防腐工作采取不同的技术分级管理。

如海水系统腐蚀、硼酸腐蚀、二回路 FAC 等腐蚀现象,作为核电厂腐蚀管理的重点工作,以预防性维修为主并建立相应的防腐蚀预防性维修大纲(防腐大纲);而大气腐蚀、油环境等则更多地考虑纠正性维修工作。

对于核电厂腐蚀管理的重点工作,应每年或1个大修周期,开展最少一次腐蚀检查和评价工作。

16.2 役检管理

16.2.1 在役检查与无损检验的定义

在核电厂中,狭义的在役检查是指在核电厂寿期内,对核安全1、2、3级承压部件及其整体附件进行的有计划的定期检验,以便及时发现新产生的缺陷和跟踪已知缺陷的扩展,并判断它们对核电厂运行是否可以接受。广义的在役检查除了针对核级部件以外,也适用于对常规岛以及 BOP 相关系统和部件的定期检验(通常称为“金属监督”)。

在役检查是核电厂按照相关法规以及核安全监管部门的要求必须强制实施的工作,相应的在役检查大纲也是核电厂获颁运行许可证所必须提交的管理性文件之一。

在役检查通常是通过无损检测的方式来实现的,二者紧密关联、不可分割。广义上的无损检测是指对材料或工件实施一种不损害或不影响其未来使用性能或用途的检测手段。

现代无损检测最早于20世纪20年代在国外产生,至今已有约100年的时间。20世纪六七十年代至今,全世界工业技术的迅猛发展带动了无损检测的不断革新,随着理论体系的不断完善及检测技术的发展,无损检测的质量与可靠性也有了显著提升。在现代工业体系中,无损检测也发挥着越来越重要的作用。

16.2.2 在役检查的作用与价值

在核电厂的运行寿期内,在役检查的主要作用和价值体现在:

(1)通过定期对核岛及常规岛相关承压部件实施的无损检测,执行法规标准要求,履行核电厂的责任与义务。

(2)通过定期的在役检查,可掌握相关承压系统和部件的运行服役状况,及时发现相关承压系统和部件可能存在的缺陷,防止事故发生。

(3)通过在役检查所获得的数据,可以作为核电厂老化与寿命管理的数据输入,为核电厂全面管理方案的制订与实施提供重要支撑;同时通过对所发现的缺陷及时进行处理,可以避免缺陷恶化造成事故所带来的损失。

在现代工业体系中,无损检测的主要作用体现在以下方面。

质量控制:及时剔除不合格品。

工艺过程鉴定:验收检验,确定成品的最终质量;在役检验,及时发现缺陷,防止事故发生。

16.2.3 在役检查法规、标准及管理制度

国际上诸多核电厂,因反应堆类型不同,导致机组设计、建造和运行过程中所参照的在役检查法规标准也不一致。具体到秦山核电下辖的9台机组,按生产单元区分,所参照的在役检查国际与国内法规标准简述如下。

1. 国际法规与标准

(1)秦一厂单元:共1台30万千瓦压水堆机组,由国内自主设计建造,在役检查主要参照美国ASME标准执行。

(2)秦二厂单元:共4台60万千瓦压水堆机组,在大亚湾引进的M310堆型的基础上进行消化吸收后自主建造,其在役检查主要参照法国RSEM法规以及RCCM标准。

(3)秦三厂单元:共2台70万千瓦重水堆机组,自加拿大引进建造,在役检查主要参考加拿大CSA-N285.4法规以及美国ASME标准。

(4)方家山单元:共2台100万千瓦压水堆机组(CNP1000),在大亚湾引进的M310堆型的基础上翻版改进后自主建造,在役检查主要参照法国RSEM法规以及RCCM标准。

2. 国内法规与标准

秦山各核电厂的在役检查工作,除了遵循国外设计相关的基础法规和标准以外,同时也要遵守国内的核安全相关法律、法规与行业标准。国内在役检查相关的法规与标准主要有:

(1)《中华人民共和国核安全法》(2017);

(2)《民用核安全设备监督管理条例》(2007年7月11日中华人民共和国国务院令第500号发布,依据2019年3月2日《国务院关于修改部分行政法规的决定》第二次修订);

(3)HAF003《核电厂质量保证安全规定》(1991);

(4)HAF103《核动力厂运行安全规定》(2004);

(5)HAF600《民用核安全设备监督管理条例》(2008);

(6)HAF601《民用核安全设备设计制造安装和无损检验监督管理规定》(2008);

(7)HAF602《民用核安全设备无损检验人员资格管理规定》(生态环境部2019年6号令);

(8)HAF604《进口民用核安全设备监督管理规定》(2008);

(9)HAD003/04《核电厂质量保证记录制度》(1986);

(10)HAD003/09《核电厂调试和运行期间的质量保证》(1988);

(11)HAD103/07《核电厂在役检查》(1988)。

此外,针对常规岛以及BOP相关非核级系统和部件的检测,主要参考国内火核电厂金属监督规程、压力容器监察规程等法规要求执行,此处简要列举相关的主要法规:

(1)NB/T 47013—2015《承压设备无损检测》;
(2)NB/T 25017—2013《核电厂常规岛金属技术监督规程》;
(3)TSG 21—2016《固定式压力容器安全技术监察规程》;
(4)TSG D0001—2009《压力管道安全技术监察规程——工业管道》;
(5)TSG D7005—2018《压力管道定期检验规则——工业管道》。

3. 公司相关管理制度

秦山核电针对9台机组在役检查相关的管理程序和制度主要分为核岛在役检查大纲、常规岛金属监督大纲以及通用的在役检查管理程序。

核岛在役检查大纲主要有:
(1)EQ-Q1-2《秦山核电厂1号机组在役检查大纲》;
(2)EQ-QN-2《秦山第二核电厂1、2号机组在役检查大纲》;
(3)EQ-QE-2《秦山第二核电厂3、4号机组在役检查大纲》;
(4)EQ-Q1-2《秦山第三核电厂在役检查大纲》;
(5)EQ-QF-2《方家山核电厂在役检查大纲》。

常规岛金属监督大纲主要有:
(1)Q11-5II-TGII-0002《秦山核电厂常规岛金属监督大纲》;
(2)Q2-5II-TGII-0001《秦山第二核电厂常规岛金属监督大纲》;
(3)98-97710-TGII-0001《秦山第三核电厂常规岛金属监督大纲》;
(4)QFX-5II-TGII-0004《方家山核电厂常规岛金属监督大纲》。

在役检查通用管理程序主要有:
(1)EQ-QS-510《在役检查管理》;
(2)EQ-QS-5103《在役检查数据库管理》;
(3)EQ-QS-5106《在役检查报告管理》;
(4)QA-QS-1402《在役检查质量管理》;
(5)EQ-QS-967401《在役检查设备间管理》;
(6)EQ-QS-967402《在役检查大修管理》;
(7)EQ-QS-967403《在役检查承包商管理》;
(8)EQ-QS-5105《在役检查缺陷评估》;
(9)EQ-QS-5101《计划外无损检测项目管理》。

16.2.4 在役检查的对象和范围

在役检查的对象主要包括核岛承压系统与设备的核1、2、3级部件及其支撑附件,大体上可以分为以下几个主要部分:

1. 压水堆核电厂

(1)反应堆压力容器;
(2)主管道焊缝;
(3)蒸发器、稳压器等主回路设备;
(4)其他核级系统以及设备的管道焊缝、设备焊缝及其支撑;
(5)核级压力容器、核级阀门与核级泵等。

2. 重水堆核电厂

(1)燃料通道压力管;

(2)主热传输支管及其支吊架;

(3)蒸发器传热管(包括一次侧和二次侧);

(4)其他核级系统以及设备的管道焊缝、设备焊缝、管道支撑、设备支撑及弯头等;

(5)核级阀门与核级泵等。

关于在役检查的具体对象和范围,可以参阅各核电厂在役检查大纲。

16.2.5　在役检查主要无损检测方法

在役检查有七大无损检测方法,分别是目视检测(VT)、渗透检测(PT)、磁粉检测(MT)、超声检测(UT)、射线检测(RT)、涡流检测(ET)及泄漏检测(LT)。这七大检测方法中,VT、PT 和 MT 主要用于检测表面缺陷,统称为表面检测方法;UT、RT 和 ET 主要用于检测内部缺陷,统称为体积检测方法。

1. 目视检测

目视检测是指用人的眼睛或借助于光学仪器对部件表面做直接观察或测量的一种检测方法,可分为直接目视检测和间接目视检测两大类。

目视检测原理简单,易于理解和掌握,不受或很少受被检产品的材质、结构、形状、位置、尺寸等因素的影响,一般情况下,无需复杂的检测设备器材,检测结果直观、真实、可靠、重复性好。

目视检测的特点:

(1)可以检测几乎所有工件的表面;

(2)可以检出各种表面缺陷和异常;

(3)不能检出内部缺陷;

(4)检测效率高,检测灵敏度低;

(5)倚重检测人员的经验。

2. 渗透检测

渗透检测是核电厂在役检查使用较为广泛的一种表面检测方法,其主要原理为:在部件表面施涂渗透液后,渗透液在毛细作用下,经过一定时间的渗透可以渗进部件表面的开口缺陷中;去除表面多余的渗透液并干燥后,再施涂显像剂,同样在毛细管作用下,缺陷内的渗透液回渗到显像剂中;在一定的光源下,缺陷处的渗透液痕迹被显示,从而探测出缺陷的形貌及分布状态。

渗透检测的主要实施流程包括表面准备、施加渗透剂、去除多余渗透剂、干燥、显像及观察评定,如图 16 - 2 所示。

渗透检测的特点:

(1)能检出致密性材料表面开口的裂纹、折叠、疏松、针孔等缺陷;

(2)能确定缺陷在工件表面的位置、大小和形状;

(3)不适用于疏松的多孔性材料;

(4)不能检出表面未开口的缺陷;

(5)难以确定缺陷的深度。

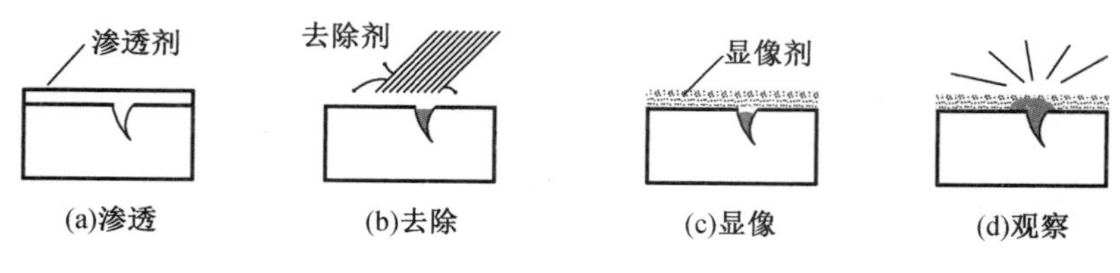

图 16－2　渗透检测的主要实施流程

3. 磁粉检测

磁粉检测的原理：利用检测设备对铁磁性材料的部件进行磁化，部件被磁化后，在其表面和近表面的缺陷处的磁力线发生变形，逸出部件表面形成漏磁场，漏磁场吸附喷洒于部件表面的磁粉，形成磁痕显示。

磁粉检测的主要实施流程包括预处理、磁化、施加磁粉、观察评定与记录、退磁、后处理，如图 16－3、图 16－4 所示。

图 16－3　磁粉检测的主要实施流程(一)

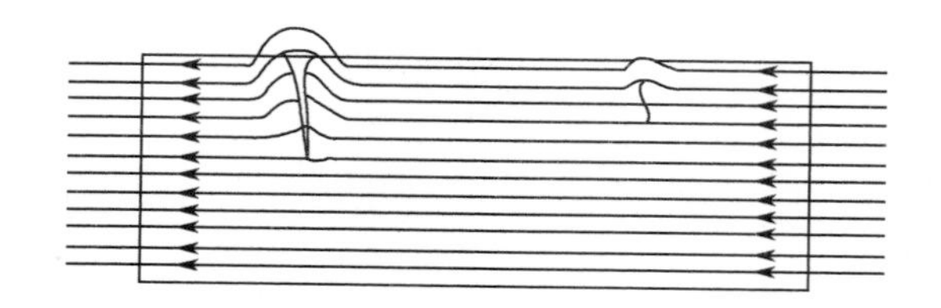

图 16－4　磁粉检测的主要实施流程(二)

磁粉检测的特点：

(1)能检出铁磁性材料(包括锻件、铸件、焊缝、型材等各种工件)表面和(或)近表面存在的裂纹、折叠、夹层、夹杂、气孔等缺陷；

(2)能确定缺陷在工件表面的位置、大小和形状；

(3)不适用于非铁磁性材料;

(4)不能检出内部缺陷;

(5)难以确定缺陷的深度。

4. 射线检测

射线检测的主要原理:利用各种射线穿过被检件,被检件组织和结构上的不连续使射线产生衰减、吸收或散射,然后在记录介质上形成影像。

在核电厂在役检查中,射线检测由于检测结果直观形象,有实体的检查记录介质可供观察评判,在现场检测中得到了越来越广泛的应用,其中使用较多的是γ射线检测及X射线检测,主要的检测设备为γ射线源(通常为Ir192源或Co60源)和X射线机。射线检测其他的工器具和材料还包括射线胶片、增感屏、像质计、滤光板、暗盒、标记等。

射线检测的特点:

(1)常用于检测金属铸件和焊缝;

(2)主要用于探测被检物内部的体积型缺陷;

(3)能检测出焊缝中存在的未焊透、气孔、夹渣等缺陷;

(4)能检测出铸件中存在的缩孔、夹渣、气孔、疏松、热裂等缺陷;

(5)能检测出缺陷的平面投影位置、大小及缺陷的种类。

射线检测的局限性(图16-5):

(1)较难检测出锻件和型材中存在的缺陷;

(2)较难检测出焊缝中存在的细小裂纹和未熔合;

(3)不能确定缺陷的埋藏深度和自身高度;

(4)检测成本较高,耗时较长,无法与其他工作同时进行;

(5)射线对人体存在辐射危害。

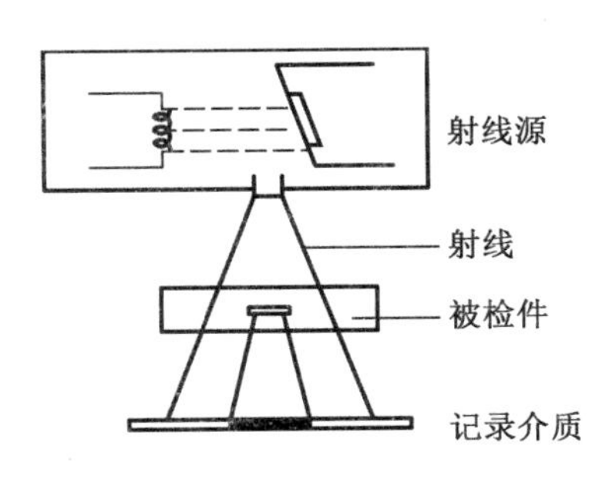

图16-5 射线检测的局限性

5. 超声检测

超声检测是利用超声波在介质中传播时产生衰减,遇到界面产生反射的性质来检测工件表面和内部缺陷的一种无损检测方法。在核电厂在役检查中使用较为广泛。

用于无损检测的超声波,频率范围为400 kHz(0.4 MHz)~25 MHz,其中最常用的超声波频率为1~5 MHz。

核电厂超声检测系统主要包括超声检测仪、探头、标准试块和对比试块、耦合剂等。

超声检测的特点:

(1)适用于探测被检件内部的面积型缺陷,如裂纹、分层、焊缝中的未熔合等;

(2)能检测出锻件中存在的裂纹白点、分层、大片或密集的夹渣等缺陷,以及铸件中存在的热裂、冷裂、疏松、夹渣、缩孔等缺陷;

(3)能检测出焊缝中存在的裂纹、未焊透、未熔合、夹渣、气孔等缺陷,对焊缝中缺陷的检出能力上,超声检测通常要优于射线照相检测;

(4)能检测出板材、管材、棒材及其他型材中存在的裂纹、折叠、分层、片状夹渣等缺陷;

(5)能检测出缺陷的埋藏深度和自身高度,实现高精度的定位定量;

(6)易采用自动化高速检测和数据处理。

超声检测的局限性(图 16 - 6):

(1)被检工件材质结构和形状影响检测结果。较难检测出粗晶材料(如奥氏体钢)的铸件和焊缝中存在的缺陷。较难检测出形状复杂或表面粗糙的工件中存在的缺陷。

(2)需要耦合剂以确保探头在扫查中与工件表面良好耦合。

(3)缺陷取向对检测结果影响很大。

(4)较难判定缺陷的性质,对检测人员的技术要求较高。

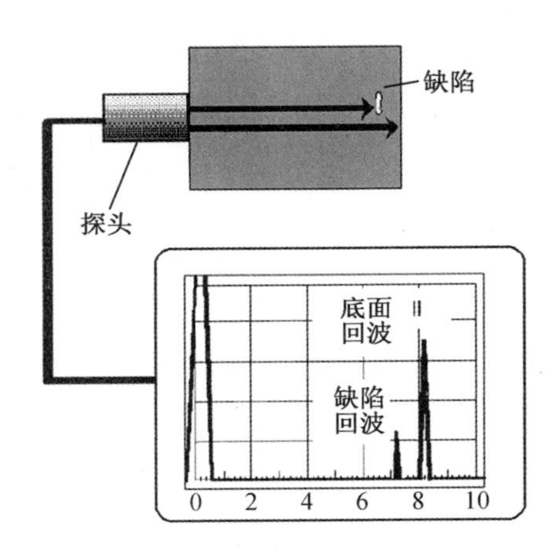

图 16 - 6　超声检测的局限性

6. 涡流检测

涡流检测是利用电磁感应原理,使金属材料在交变磁场作用下产生涡流,根据涡流的大小和分布来探测导电的磁性和非磁性材料内部缺陷的无损检测方法。其主要原理为:当载有交变电流的检测线圈靠近导电部件时,由于线圈磁场的作用,部件中感生出涡流,涡流的大小、相位及流动形式受到部件的导电性能等因素的影响。而涡流的反作用磁场又使检测线圈的阻抗发生变化。因此,通过测定检测线圈阻抗的变化,就可以得出受检部件的性能优劣及有无缺陷的结论。

涡流检测系统主要包括涡流检测仪、控制系统、数据采集和分析设备、检查探头、推拔器、标定样管等。

涡流检测的特点:

(1)适用于导电试件表面和近表面的检测,包括铁磁性和非铁磁性金属材料、石墨等;

(2)是一种多用途的无损检测(non-destructive testing, NDT, 或 non-destructive examination,NDE)方法,可用于探伤、测厚、测电导率等;

(3)线圈可不接触工件,不需耦合剂,检测速度快,易实现自动化。

涡流检测的局限性：

(1)不适用于非导电材料；

(2)不能检测出导电材料中存在于远离表面的内部缺陷；

(3)难以判定缺陷的性质，且对检测人员的技术要求较高。

7. 泄漏检测

泄漏检测是基于密闭容器内外存在压差时流体能够从漏道渗入或渗出的原理，或是利用液体由于毛细作用从漏道通过的原理，来检测系统或容器密封性的无损检测方法。在核电厂中使用较多的是氦质谱检漏法，主要用于凝汽器、热交换器传热管以及阀门、法兰密封面的泄漏检测。检测主要过程为：将被检件内部充以比外部压力更高的示漏气体(氦气)，当被检件器壁上存在漏点时，示漏气体从该处漏出，在被检件外面用氦检漏仪附带的吸枪捕捉漏出的氦气，即可判断被检件的泄漏情况。

核电厂中使用的其他检漏方法包括真空检漏法、示漏液体渗透法等。

泄漏检测(LT)的适用范围：

(1)适于部件、密封系统的查漏；

(2)可以获知漏不漏、漏哪里、漏多少；

(3)不适于密封不良、堵塞的系统。

16.2.6 在役检查的实施管理

役检项目的准备与实施的全过程主要围绕人员、设备、文件三大方面开展，其中在役检查大纲与金属监督大纲范围内的检查项目通常安排在机组停堆大修期间实施(也有少部分安排在运行期间实施)，其准备与实施过程概述如下：

1. 项目准备

根据核电厂在役检查大纲中的检查计划，编制当次大修需要实施的在役检查项目清单，并与系统中生成的检查项目工单进行核对，确保二者的一致性与准确性。

2. 工作包准备

对检查项目工单按照相应要求进行评估准备，包括确定工作来源，填写工作步骤与检验设备和材料，提出安措与隔离要求，进行风险分析并生成辅助工作许可，提出配合工种，编制检验程序、质量计划、防异物方案等；按照核安全法规 HAF601 的要求，检验程序由无损检测实施单位负责编制和批准，并由核电厂营运单位审查认可。

3. 人员准备

在役检查项目要求取得专门资格的人员来实施，具体要求参见《民用核安全设备无损检验人员资格管理规定》《特种设备无损检验人员资格管理》等法规的规定。

4. 文件准备

除第2条中的相关文件外，如有专项项目和技术开发项目，还应完成专项项目和技术开发项目相关文件的编制；按照核安全法规 HAF601 的要求。

5. 设备准备

设备准备是指对检查设备进行功能测试，并按照检验程序的要求进行标定。

6. 现场条件准备

现场条件准备是指受检设备和部件检验条件的建立，主要包括拆除保温层、搭设脚手架、表面除漆打磨、系统设备隔离与疏水、建立安措、开人孔与检查孔、使温度符合检验条件等。

7. 实施检验

实施检验是指按照检验程序的要求，由合格的检验人员，使用和操作检查设备，对受检部件实施指定无损检测方法的过程。检验实施期间应由专门人员进行监督和见证。

8. 结果评价

结果评价是指对检验结果参照验收标准进行评价并给出具体结论，如有超过验收标准的缺陷，则按照质量缺陷处理的流程进行处理，同时按照大纲要求进行补充检验和扩大检验。

9. 编制检验报告

现场检验完成后，需要编制检验报告，检验报告的具体内容及编制要求可以参见各核电厂的役检大纲。

10. 项目总结

在单次在役检查完成后，应对本次检查过程进行总结，并在下次在役检查时加以改进。

机组日常运行期间的临时无损检测项目，以及设备解体检修、紧急消缺、变更技改项目的配合检测，参照《计划外无损检测项目管理》的要求执行。

16.3 材料管理

16.3.1 核电厂常用材料简介

1. 核电厂材料使用概况

核动力装置用材料大致分为三类：

(1)结构材料，包括金属材料、无机非金属材料(如混凝土)、有机高分子材料(如玻璃钢、橡胶、塑料等)。

(2)燃料，包括 UO_2、UO_2-Zr、$(Th,U)O_2-Zr$、$U-ZrH_x$、$ZrB_2-(U,Gd)O_2$等。

(3)功能材料或结构功能一体材料，包括屏蔽材料、保温材料、阻尼材料、电子元器件材料、电缆、油脂、涂料、树脂、催化材料等。

设备管理工程师在工作中接触到的主要为结构类金属材料。反应堆及一回路90%以上结构材料，使用锆合金、合金钢、不锈钢、镍级合金制造。

2. 金属材料的固有特性

核电常用的金属材料归结起来有如下固有特性：

(1)金属材料几乎都是具有晶格结构的固体，由金属键结合而成。

(2)金属材料是电与热的良导体。

(3)金属材料表面具有金属所特有的色彩与光泽。

(4)金属材料具有良好的延展性。

(5)金属可以制成金属间化合物，可以与其他金属或氢、硼、碳、氮、氧、磷及硫等非金属元素在熔融态下形成合金，以改善金属的性能。合金可根据添加元素的多少，分为二元合金、三元合金和多元合金。

(6)除贵金属外，几乎所有金属的化学性能都较为活泼，易氧化生锈。

3. 金属材料分类

按构成元素，金属材料可分为黑色金属材料(钢铁材料)和有色金属材料。

按主要性能和用途,金属材料可分为金属结构材料和金属功能材料。

按加工工艺,金属材料可分为铸造金属材料、变形金属材料和粉末冶金材料。

按材料密度,金属材料可分为轻金属(密度 <4.5 g/cm^3)和重金属(密度 >4.5 g/cm^3)。

(1)钢铁材料

钢铁材料包括铁和以铁为基体的合金,如纯铁、碳钢、合金钢、铸铁铁合金等。钢铁材料又可以分为工业纯铁、铸铁、钢三类。

①工业纯铁

工业纯铁是指含碳量不超过 0.02% 的铁碳合金。工业纯铁虽然塑性好,但强度低,很少用作结构材料和外观材料。

②铸铁

铸铁是指含碳量为 2.11% ~4.0% 的铁碳合金,非常脆,不易焊接,适合于制造复杂形状的部件。

③钢

钢是指含碳量为 0.02% ~2.11% 的铁碳合金,另含有合金元素及少量杂质元素。钢种类繁多,根据化学成分,可分为碳素钢和合金钢两大类,应用广泛。

a. 碳素钢

碳素钢是指含碳量为 0.02% ~2.11% 的铁碳合金,含少量硅、锰等元素,用于较低温度。

- 低碳钢:含碳量在 0.25% 以下。低碳钢具有低强度、高塑性、高韧,适合制造形状复杂和需焊接的零件和件。

- 中碳钢:含碳量为 0.25% ~0.6%。中碳钢具有一定的强度、塑性和适中的韧性,经热处理而具有良好的综合力学性能,多用于制造强韧性印齿轮、轴承等机械零件。

- 高碳钢:含碳量在 0.6% 以上。高碳钢具有较高的强度和硬度,耐磨性好,塑性和韧性较低,主要用于制造工具、刃具、弹簧及耐磨零件等。

碳素钢按质量可分为普通钢、优质钢和高级优质钢。

b. 合金钢

合金钢是指以碳素钢为基础适量加入一种或几种合金元素的钢。合金元素可改善钢的使用性能和工艺性能,常用的有硅、锰、铬、镍、铝、钨、钛、硼等。如加入铬可使钢的耐磨性、硬度和高温强度增加。

- 低合金钢:总合金元素的含量在 5% 以下,用于高温和含氢介质。核压力容器常用的核一级锻件材料 508 - Ⅲ、轧制材料 533B 等属于该类型。

- 中合金钢:指合金元素含量为 5% ~10% 的合金钢,如含 4% ~6% 铬和 8% ~10% 镍的铬钢可用作精炼炉管。

- 高合金钢:指合金元素高于 10% 的合金钢,用于腐蚀和高、低温环境。

按化学成分和性能,不锈钢可分为:

- 马氏体不锈钢:是铬含量最低,抗腐蚀性最差的不锈钢。铬含量大于 12%,导磁,可通过奥氏体化、淬火和回火来改善强度和硬度。

- 铁素体不锈钢:导磁,不可通过淬火和回火来改善强度和硬度。

• 奥氏体不锈钢：不导磁，不可通过热处理来改善强度和硬度，可通过冷加工硬化。在冷加工后退火会使其软化。

• 奥氏体/铁素体双相不锈钢：高强度，比奥氏体不锈钢具有更好的耐腐蚀性。

• 铸造不锈钢：可能是马氏体、奥氏体或二元结构，分为耐腐蚀系列（C 系列）和耐热系列（H 系列）两个系列，如图 16－7 所示。

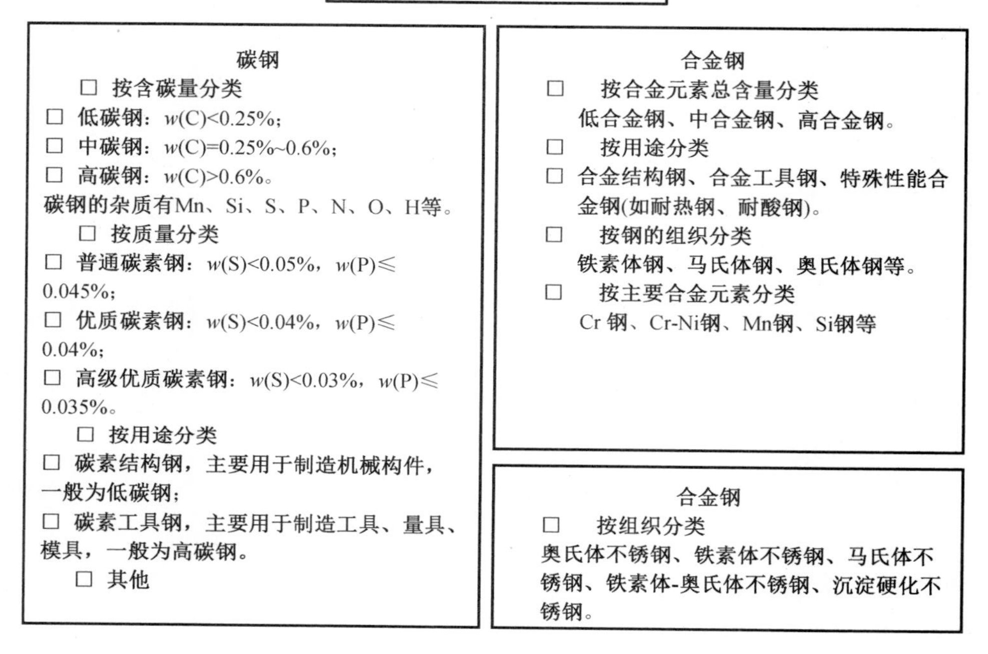

图 16－7　钢的分类

（2）有色金属材料

有色金属材料是指以铁以外的金属元素为基体的金属或合金，常用的有金、银、铝及铝合金、铜及铜合金、钛及钛合金等，主要用于强腐蚀、高温、高比强度的环境。

①铝及铝合金：不导磁、具有良好的可成型性、高的强度－质量比。

②钴合金：粉末冶金和硬质合金。

③铜及铜合金：良好的耐腐蚀性和机械加工性能。

④镍及镍合金：极好的耐腐蚀性和高温抗氧化性能。

⑤钛及钛合金：耐腐蚀性极强。

⑥锆及锆合金：生物医学材料和核电材料。

16.3.2　材料性能指标简介

材料的主要性能包括使用性能和工艺性能，这些指标是满足各种机械的使用和加工的依据。

材料的使用性能包括物理性能、机械性能、化学性能和工艺性能。

1. 物理性能

材料的物理性能是指不发生化学反应就能表现出来的一些本征性能，包括材料与热、电、磁等现象相关的性能，主要有密度、熔点、比热容、磁导率（包括初始及最大）、电导率、导热系数、膨胀系数、电阻系数、电阻温度系数、磁感强度、磁化强度、弹性模量等。需要注意的是，材料热中子吸收截面系数属于材料物理性能之一。

2. 机械性能

材料机械性能又称为材料力学性能，它主要是指材料在不同环境因素（温度、介质）下，承受外加载荷作用时所表现的行为，这种行为通常表现为变形和断裂。金属材料常规力学性能有强度、塑性、刚度、弹性、硬度、冲击韧性、疲劳性能、高温蠕变等。设备管理工作中常用的机械性能见表16－1。

表16－1 设备管理工作中常用的机械性能

名称	符号	单位	含义
抗拉强度	σ_b R_m R	N/mm^2 MPa	材料拉伸时，在拉断前所能承受的最大负荷与试样原横截面积之比，称为抗拉强度
屈服点	σ_s	N/mm^2 MPa	试样在拉伸过程中，负荷不再增加，而试样仍继续发生变形的现象称为屈服。发生屈服现象时的最小应力值，称为屈服点
屈服强度	$\sigma_{0.2}$ $R_{0.2}$ $R_{b0.2}$	N/mm^2 MPa	对某些屈服现象不明显的材料，测定屈服点比较困难，常把产生0.2%永久变形的应力值定为屈服点，称为屈服极限
断面收缩率	Ψ	%	指材料试样拉断后，其缩颈处横截面积的最大缩减量与原横截面积的百分比
伸长率	δ δ_5 A_5	%	指材料试样在拉断后，其标距部分所增加的长度与原标距长度百分比。δ_5是标距为5倍直径时的伸长率，δ_{10}是标距为10倍直径时的伸长率
冲击值（冲击韧性）	α_k K_{CU}或K_U （夏比U型） K_{CV}或K_V （夏比V型）	J J/cm^2	材料对冲击负荷的抵抗能力称为韧性，通常用冲击值来度量。冲击值指用一定尺寸和形状的试样，在规定类型的试验机上受一次冲击负荷折断时，试样刻槽处单位上所消耗的功。 冲击韧性是核级材料重点关注的性能指标之一，是判断材料可靠性最常用指标之一
断裂韧性	K_{IC} K_{ID}	$MN/m^{3/2}$	是材料韧性的一个新参量。通常定义为材料抗裂纹扩展的能力。例如，K_{IC}表示材料平面应变Ⅰ型断裂韧性值，其意为当裂纹尖端处应力强度因子在静加载方式下等于K_{IC}时，即发生断裂。相应地，还有动态断裂韧性K_{ID}等。 断裂韧性是判断材料在存在缺陷时或长期负荷后的关键指标，是材料可靠性的主要指标之一

表 16－1(续)

名称	符号	单位	含义
持久强度	σ_t^T	N/mm^2 MPa	指材料在给定温度(T)下，经过规定时间发生断裂时，所承受的应力值
疲劳极限	σ_{-1}	N/mm^2 MPa	指材料试样在对称弯曲应力作用下，经受一定的应力循环数 N 而仍不发生断裂时所能承受的最大应力。对钢而言，如应力循环数 N 达 $10^6 \sim 10^7$ 次仍不发生疲劳断裂时，则可认为随循环次数的增加，将不再发生疲劳断裂，因此常采用 $N=(0.5 \sim 1) \times 10^7$ 为基数，确定钢的疲劳极限
硬度	HB HRA 或 HRB 或 HRC HV HS	—	指材料抵抗外物压入其表面的能力。硬度不是一个单纯的物理量，而是一个反映弹性、强度、塑性等的综合性指标。根据测试方法的不同(主要是压入材料表面的压头类型和压入力)，硬度分为布氏硬度(HB)、洛氏硬度(HRA、HRB、HRC)、维氏硬度(HV)、显微硬度(HM)、肖氏硬度(HS)

在设备管理工作中，还会遇到材料的其他特殊性能，如辐照性能，在本书的其他章节将单独介绍。

3. 化学性能

材料的化学性能是指发生化学反应时才能表现出来的性能，包括抗氧化性、耐蚀性和化学稳定性。设备管理工作中常用的化学性能见表 16－2。

表 16－2　设备管理工作中常用的化学性能

名称	含义
化学腐蚀	是材料与周围介质直接起化学作用的结果。它包括气体腐蚀和材料在非电解质中的腐蚀两种形式。其特点是腐蚀过程中不产生电流，其腐蚀产物沉积在金属表面
电化学腐蚀	材料与酸、碱、盐等电解质容易接触时发生作用而引起的腐蚀，称为电化学腐蚀。它的特点是腐蚀过程中有电流产生。其腐蚀产物(铁锈)不覆盖在作为阳极的金属表面上，而是在距离阳极金属的一定距离处
一般腐蚀	是电化学腐蚀的具体形式之一，又称为均匀腐蚀。这种腐蚀均匀分布在整个材料内外表面上，使截面不断减小，最终使受力件破坏
晶间腐蚀	是电化学腐蚀的具体形式之一。这种腐蚀在材料内部沿晶粒边缘进行，通常不引起材料外形的任何变化，往往是设备或机件突然破坏。这种腐蚀常伴随有材料加工质量不合格等情况，是一种危害性极大的腐蚀破坏
点腐蚀	是电化学腐蚀的具体形式之一。这种腐蚀集中在材料表面不大的区域内，并迅速向深处发展，最后穿透材料，是一种危害性较大的腐蚀破坏

表16-2(续)

名称	含义
缝隙腐蚀	是电化学腐蚀的具体形式之一。这种腐蚀主要发生在材料的夹缝区域内,并不断向夹缝深处和夹缝两侧发展
应力腐蚀	是电化学腐蚀的具体形式之一,是指某些特定的材料在静应力(材料的内外应力)作用下,在腐蚀介质中所引起的破坏。这种腐蚀一般穿过晶粒,即穿晶腐蚀
腐蚀疲劳	是电化学腐蚀的具体形式之一,指在交变应力作用下,金属在腐蚀介质中所引起的破坏,一般也是穿晶腐蚀
抗氧化性	指材料在室温或高温下,抵抗氧化性能作用的能力。氧化过程实质上是一种化学腐蚀

4. 工艺性能

材料的工艺性能指材料适应加工工艺要求的能力。在设计机械零件和选择其加工方法时,都需要考虑材料的加工性能。一般来讲,按成形工艺方法的不同,工艺性能有铸造性、锻造性、焊接性和切削加工性。另外,常把与材料最终性能相关的热处理工艺性能也作为工艺性能的一部分。

(1)材料标准及规范

材料标准是指一个国家或行业协会,为规范某种材料的生产、销售、使用而制定的强制或推荐性文件。如材料标准就有中国GB、美国ASTM、法国NF、日本JIS、德国DIN等。

材料规范是在材料标准的基础上,针对用于某种或某类产品的设计、生产、制造、使用的材料而制定的强制性或推荐性文件。其中最具代表性和最完整的材料规范是美国机械工程师协会(American Society of Mechanical Engineers,ASME)于1911年开始编写和发布的《锅炉压力容器规范第Ⅱ卷》(ASME Boiler and Pressure Vessel Code Ⅱ或者ASME BPV CODE Ⅱ),经过100多年的不断完善和推广,该标准已在120多个国家普及或使用。

核电材料规范是在材料规范的基础上,针对核设施的特殊性而专门制定或包括材料特殊规定的推荐性文件或内容。其中,具有代表性的有国际原子能机构制定的《核电厂安全设计实施法规》(IAEA 50-C-D),美国《ASME锅炉和压力容器规范》第Ⅲ卷《核设施部件建造规程》(Rules for Construction of Nuclear Facility Components)、法国RCC-M《压水堆核电厂核岛机械部件的设计和建造规则》第Ⅱ卷M篇。核电材料规范使用时,通常还需要配合与之对应的材料规范,如ASME第Ⅲ卷中有关材料规定的使用还需要对应ASME第Ⅱ卷。

(2)供货状态

核电厂金属材料,需要以完成相应标准规定的加工工艺,并达到相应的性能为最终供货状态。钢材或金属制备的零件在交换时,必须提供其供货状态,它是判断钢材或零件合格的重要指标之一,也是设备管理工作时常被忽略的事项之一。

核电厂供货状态通常包括热轧(锻)、冷拉(轧)、正火、退火、高温回火、固熔处理等。其中,碳素结构钢、合金结构钢、某些马氏体高强度不锈钢一般采用高温回火状态交换;奥氏体不锈钢、某些双相不锈钢、某些沉淀型不锈钢采用固熔处理状态交换;无缝钢管一般采用冷轧状态交货;钢丝等则以冷拉状态交货为主。

(3)验收要求

材料在验收时,如无特殊说明,最少应提供以下内容且符合对应的材料制造标准,才属于合格产品:

①化学成分,包括炉前及成品检测报告;

②机械性能报告,主要是强度、冲击韧性、硬度等;

③供货状态及热处理记录;

④产品上的标识,符合标准及采购技术规格书规定;

⑤无损检查报告(必要时);

⑥腐蚀报告(必要时),不锈钢材料建议提供材料晶间腐蚀试验报告;

⑦金相报告(必要时),核级材料建议提供金相报告;

⑧实物载荷试验报告(必要时)。

16.3.3 材料管理及流程

材料管理包括材料手册或材料查询指南编制、材料规范控制、设备及部件的材质检验、焊接材料管理、变更相关材料替代的技术审查、失效分析、材料与环境及介质的适应性评估、材料相关经验反馈的分析与响应等内容,由专门机构归口管理或提供技术支持和指导。

1. 材料手册及材质检测

核电厂材料使用情况查询一般以生效的最新版本的电站设计文件和设备制造文件/图纸为准;在无法通过设计文件和设备制造文件/图纸查询时,可翻阅材料技术管理部门编写的材料手册或材料查询指南;对确实无法通过上述方式查到或对现场所用材料存在疑义时,可以对现场材料进行材质检测。受目前技术水平限制,现场材质检测可以测量钢铁类材料的主要合金元素的成分含量,但无法或无法精确测量元素周期表氧元素以前的元素,也无法给出材料的具体牌号和加工工艺等信息。

2. 材料规范控制

为提高系统设备、部件、材料的可靠性,保证机组的安全稳定运行,设备、部件材料的选用主要应考虑以下方面:

(1)与电站主要依据的设计规范、设计标准的符合性;

(2)与环境、介质的相容性;

(3)结构的匹配性;

(4)核电站特殊工况的适用性(如活化效应、PWSCC、FAC 等)。

3. 备品备件的材料管理

依据工艺系统设计文件制订设备、备件、管件、紧固件、型材等的技术规格书,明确采购、验收、存储、保养等技术要求。

按照相应的技术规格书的要求,实施相应备件、材料的复验工作。

对设备、备件、材料的基本信息和库存量数据进行即时维护和管理,并按照相应技术要求存放、标识和保养。

4. 维修过程的材料控制

维修过程中备件、材料的使用应满足相关技术规格书、标准、规范的要求,有关有害元素含量应满足化学管理限制要求。

在工艺系统设备的焊接过程中应使用合适的焊接工艺,焊接填充材料应与母材相适应。

应按照相应设计和安装技术要求实施维修过程中材料标记的复制和移植。

5. 材料替代管理

在永久变更的设计过程中,设备、备件的材料选用应满足工艺系统设备材料的选用原则和技术要求,充分考虑材料、结构与环境、介质的适应性。

针对工艺系统设备材料的化学成分、牌号、规格、成型工艺、热处理状态、表面处理状态、堆焊工艺与材料等的改变,需通过变更管理流程进行控制并实施相应的设计审查,一般要求涉及上述变更和替代时增加专业审查的相关流程。

6. 材料的适应性评价

结合重要缺陷部件失效分析工作,必要时可依据工艺系统设计文件和实际运行、维护条件开展电站设备、备件、材料与环境、介质的适应性评估。

7. 材料失效分析与经验反馈

需对工艺系统设备材料相关的重要内外部经验反馈进行分析,明确直接原因、根本原因等,必要时对秦山 9 台机组发生共模问题的可能性进行分析,保守决策,通过失效分析、老化时效分析等开发必要的定期检查和预防性维修措施,保证设备、部件、材料的可靠性。

8. 材料失效分析与配合

材料失效主要分为断裂、腐蚀、磨损三大类。

材料失效分析一般根据失效模式和现象,通过分析和验证,模拟重现失效的现象,找到失效的原因,挖掘出失效机理的活动。它对提高设备/部件质量、改进、修复、仲裁失效事件等具有很强的实际意义。其方法分为有损分析、无损分析、物理分析、化学分析、根本原因分析等。

失效分析的工作流程通常包括明确分析要求、调查研究、分析失效机理或原因、提出对策等阶段。失效分析的核心内容是失效机制的分析和揭示。

设备或部件发生破坏失效时,均可按电站“材料管理”流程提出失效分析的请求,由专门科室根据分析要求及以下内容评估失效分析开展的范围及程度:

(1)各生产单位厂级会议或管理要求进行失效分析;

(2)有 A、B 类状态报告规定要求;

(3)上级督办的事项,核电厂发生同类型失效事件;

(4)危害或潜在危害核安全或机组稳定安全发电的失效事件;

(5)失效已造成超过百万元的直接或间接经济损失;

(6)同批次产品已连续发生两次失效事件;

(7)怀疑存在共模失效事件,且会造成明显的经济损失。

分析步骤如下:

(1)事件调查

事件调查包括现场调查、失效件的收集、走访目击者或发现者。

(2)资料收集

资料收集包括设计资料(机械设计资料、零件图、系统设计和运行)、材料资料(原材料检测记录)、工艺资料(加工工艺流程或记录、装配图)、使用资料(维修记录、运行工况)等内容。

失效分析工作流程如下:

(1)失效件的结构分析

分析失效件与相关件的相互关系,初步确定载荷形式、受力方向。

(2)失效件的初视分析

用眼睛或者放大镜观察失效件,粗略判断失效类型(性质)。

(3)失效件的微观分析

用金相显微镜、电子显微镜观察失效件的微观形貌,分析失效类型(性质)和原因。

(4)失效件的化学成分分析

用光谱仪、能谱仪等,测定失效件的化学成分。

(5)失效件的力学性能检测

用拉伸、弯曲、冲击、硬度等试验设备,测定材料的强度、韧性、硬度等力学指标。

(6)应力测试、测定(必要时)

用 X 光应力测试设备等测定材料内部(残余)应力。

(7)失效件材料的组成相分析(必要时)

用 X 光结构分析设备等分析失效件材料的组成相。

(8)模拟实验(必要时)

在同样工况下进行试验,或者在模拟工况下进行试验,尝试复现失效件破坏的过程。

分析结果:包括提出失效性质、失效原因,提出预防/整改措施或建议,提交失效分析报告等内容。

失效分析工作的配合能够准确地揭示失效件的失效机制,需要设备管理工程师的密切配合,这些配合工作主要包括:失效件的前期保护、资料配合收集、分析结果综合讨论、预防/整改措施或建议的综合讨论和确认等。

16.4 老化管理

16.4.1 老化管理简介

1. 老化管理的目的和意义

核电厂运行经验表明,与老化有关的设备失效,是由于存在诸如均匀腐蚀和局部腐蚀、磨蚀、磨蚀－腐蚀、辐照脆化、热脆化、疲劳、腐蚀疲劳、蠕变、咬合和磨损等退化过程而发生的。这种与老化有关的失效,可能会损害由纵深防御概念提供的多级防护中的一级或更多防护,从而降低了核电厂的安全性。老化还能导致实体屏障和冗余设备大规模退化,从而引起共因失效概率的上升,这会使设备安全裕度下降到核电厂设计基准和法规要求的限值以下,因而损害了安全系统的可靠性。还有一些在正常运行和试验期间没显露出的退化,可能会导致冗余设备在运行异常或事故的特殊载荷及环境应力作用下失效甚至多重共因失效。核电厂设备的老化,如果不采取管理措施加以监测和缓解,就会降低设计中提供的安全裕度,从而增加对公众健康和安全的风险。

随着科学技术水平的提高,现在人们已经认识到,目前核电厂已有的管理措施对于管理核电厂老化效应是不充分的,因此必须开展前瞻性和系统性的核电厂老化管理工作。核电厂老化管理是指通过一系列技术和行政的手段来监测、控制核电厂构筑物、系统和部件的老化,防止它们发生由老化引起的失效,从而提高核电厂的安全性和可靠性的活动。

2. 国内外关于老化管理的实践

国际原子能机构(IAEA)应成员国的要求,从1985年开始组织成员国开展老化管理的研究,先后开展了以下几个方面的工作:

1985年开始与各成员国交流核电厂老化问题。

1987年,IAEA第一次举办了关于核电厂老化安全问题的国际会议。

1989年,IAEA专门成立了两个技术小组,组织和协调各国在老化机理、老化管理以及延寿方面的研究,每年举行几次老化管理方面的专题研讨会,发表了不少这方面的专题技术报告,并组织编写了较完整的核电厂老化管理导则。

1990年,IAEA出版了《核电厂老化安全问题》(Safety aspects of nuclear power plant ageing)(IAEA－TECDOC－540)。

1991年开始,IAEA开发的指导文件如下。

老化管理共性指导文件:包括数据收集和记录保存、安全重要部件的老化管理方法、老化管理大纲的实施与审查、运行核电厂设备质量鉴定大纲、核电厂在役检查的改善等。

安全重要设备专项指导文件:制订和实施了合作研究计划,并完成了一系列安全重要SSCs专项老化研究报告,包括蒸汽发生器、混凝土安全壳厂房、反应堆压力容器、PWR堆内构件、安全壳内仪表和控制电缆、一回路管道、水化学的高温在线监测和腐蚀控制等。

老化管理审查导则:审查指导文件IAEA Services Series No. 4, AMAG guidelines: Reference document for the IAEA Ageing Management Assessment Teams(AMATs)。

2002年8月,IAEA发布题为核电厂老化管理导则的文集,它将历年发表的重要技术报告和导则编辑在一起,形成了老化管理方面较为全面的导则。2009年IAEA颁布了《核电厂老化管理核安全导则》(Ageing Management for Nuclear Power Plants)(NS－G－2.12),该导则与以往各老化管理相关要求最大的不同是将核电厂老化管理的理念拓展到能覆盖核电厂从设计、建造、调试直到运行、延寿和退役的全生命周期,对核电厂各阶段需要开展的工作提出了要求。

美国是开展核电厂老化管理研究并且实施核电厂老化管理和延长运行寿命较早的国家。早在1982年,美国NRC就提出了核电厂老化效应研究的一揽子计划。经过近10年的研究,NRC在1991年12月颁布了10 CFR Part 54,对核电厂执照更新建立了程序、准则和标准。此法规颁布后,NRC和工业界又做了大量的研究工作,在1995年5月,对这个法规做了重大修改,重点就是针对核电厂结构和设备的老化和延长运行寿命方面的考虑,之后陆续又有一些小的修改。与之相配套,NRC发布了管理导则RG 1.18(核电厂执照更新申请的内容和格式)和相应的SRP(NUREG1800核电厂执照更新申请的标准审查大纲),2001年还对这两个文件进行了升版。另外NRC对执照更新申请建立了一整套申请程序文件要求、时间要求、现场检查及听证等制度。

美国核电工业界和核电管理部门在核电厂建设运营初期就执行了以下三条基本准则,以确保核电厂在其使用期内能够安全运营。

(1)确保核电厂在运行期限内的安全裕量不能降低。

(2)确保核电厂中的构筑物、系统和部件不会失效。核电厂的可靠性由最坏运行构筑物、系统和部件的情况来决定。为了避免失效,必须具备相应的技巧、知识和经验来发现即将到来的失效,从而采取及时的纠正措施。

(3)确保核电厂中可能存在的老化机理被充分研究并理解。例如,当核电厂中材料显示出其受到应力作用时,应该能够确定此材料的行为。老化机理方面的知识有助于在适当的时间将注意力集中在适当的位置,从而能够为正确寻找退化的位置提供必要的信息,进而能为制订有效缓解老化现象的措施或消除核电厂中的不安全操作提供必要的帮助。

我国国家核安全局于2004年基于上述两个安全规定颁布了同名的核安全法规。

在《核动力厂设计安全规定》(HAF102)中专门有一个章节提出了设计阶段老化管理要求:

(1)在设计中留有足够的裕度;

(2)考虑在正常运行、维修和假想事故等状态下老化和磨损效应;

(3)设计中应考虑为监测、试验、取样和检查等采取必要的措施。

在《核动力厂运行安全规定》(HAF103)中要求:

(1)运营者必须配备足够的检查和维修手段;

(2)运行和维修记录必须加以有效地保存;

(3)必须建立适当的监督大纲以确保按设计规定的限值运行等。

2012年5月,中国国家核安全局批准发布了核安全导则《核动力厂老化管理》(HAD 103/12—2012),目的如下:

(1)对核动力厂安全重要构筑物、系统和部件的老化管理提供指导和建议,包括对开展有效老化管理的要素提出建议;

(2)供营运单位用于制订、实施和改进核动力厂老化管理大纲。

《核动力厂老化管理》对各个阶段的老化管理工作提出了纲领性的要求,是核电厂老化管理的总体性要求。其中明确,老化管理不再仅仅是核电厂业主的责任,核电厂设计者、供货商、核安全监管部门都是老化管理的责任方和实践者。老化管理的核安全监管要求将会变得更全面、更具体,由此会对各阶段核安全评审的范围、内容和方式带来新的变化,并促进相关学科的发展。

因此,无论是IAEA、核电发达的美国,还是中国国家核安全局,都对核电厂老化问题高度重视,核电厂必须通过科学的老化管理来提高核电厂核安全相关设备的可靠性,提高核电厂的安全水平。

3. 老化管理的基本定义

SSCs:是构筑物(structure)、系统(system)和设备(component)的缩写。本书中SSCs是指核电站生产相关构筑物、系统和设备的总称,系统设备中运行的软件也属于SSCs的范畴。

老化:是指构筑物、系统和部件(SSCs)的物理特性和/或其构成物质的结构或成分随时间或使用逐步发生变化的过程。

老化管理:通过设计、运行和维修行动将SSCs老化所致的性能劣化控制在可接受限值内。

安全重要SSCs:指其失效对执行核电厂安全功能有重要影响的SSCs。所谓安全功能是指SSCs在各种运行状态下、在发生设计基准事故期间和之后,以及尽可能在所选定的超设计基准事故工况下执行下列功能的能力:控制反应性,排出堆芯热量,包容放射性物质和控制运行排放,以及限制事故释放。

老化管理大纲:是指能够有效、全面管理核电厂SSCs老化问题的大纲。核电厂的老化管理大纲是核电厂开展老化管理的指导性文件。老化管理大纲具有综合性、系统性和主动性的特点。

老化管理相关大纲：是指与核电厂SSCs的老化管理工作有关的某一或某些工作的执行大纲，如在役检查大纲、试验大纲、监督大纲、维修大纲等。

设备老化管理分大纲：是针对具体老化重要设备而开发的，用于管理设备老化降质的设备专用大纲。

非活动部件：是指执行预期功能时，不含转动部件，或结构/属性不发生变化的部件。阀体、泵壳都属于此类，而阀杆、泵轴则不属于此类。

长寿命部件：是指不根据鉴定寿命或特定期限进行更换的部件。

4. 秦山核电老化管理工作简介

在中核核电运行管理有限公司的《设备管理政策》中，明确了设备管理以设备可靠性为中心，通过预防性维修和更新改造，保证机组安全、稳定、经济运行；通过维修优化和备件库存优化，控制电站运行成本，而为了实现这一目标，必须实行设备老化管理，建立长期管理策略，确保重要设备寿期内的可靠性。

为落实中核核电运行管理有限公司的设备管理政策，及时探测和缓解核电厂安全重要SSCs的老化效应，以确保安全重要SSCs的完整性和执行预定功能的能力，保证核电厂持续安全可靠运行，特制定《老化管理》。

老化管理是一项综合性的活动，需要核电厂各相关组织（包括外部协作组织）协同配合。核电厂根据《老化管理》的要求建立了老化管理的组织机构，为核电厂开展老化管理活动提供资源保障。中核核电运行管理有限公司老化管理组织机构模型如图16－8所示。

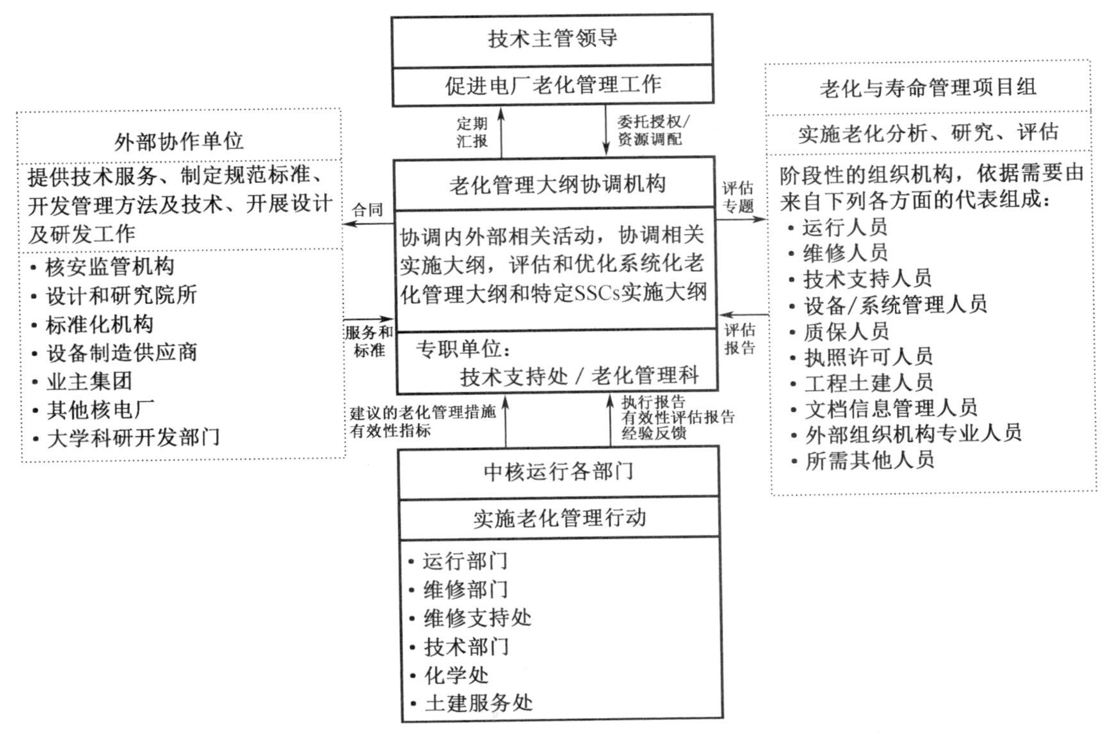

图16－8 中核核电运行管理有限公司老化管理组织机构模型

根据上面的分工,各部门主要职责如下:

(1)技术领域主管领导/分管领导

①负责提供老化管理行动所需的资源;

②负责批准重要的老化管理行动。

(2)技术支持处

①负责老化管理策略及方法的建立;

②负责老化管理大纲的建立及优化;

③负责老化相关总体接口;

④负责老化管理对象筛选及分级;

⑤负责关键重要设备老化机理分析、设备老化管理分大纲编制、老化状态评估、老化缓解措施制订、老化相关数据收集与整理;

⑥负责推动与监督老化管理大纲及老化管理相关行动的执行;

⑦负责统一老化管理数据库平台的开发与管理;

⑧负责关键重要设备的老化失效分析;

⑨负责设备老化状态监测检查;

⑩负责设备老化相关专项评估(如 PSR 老化因子审查、SALTO 评估等)。

(3)技术一、二、三、四处及工程管理处

①负责提供老化管理相关设备的基础信息(设计文件、图纸等)及改造、维修历时数据;

②负责协助编制和审查设备老化管理分大纲;

③负责非关键重要设备的老化管理;

④负责非关键重要设备的老化状态监测检查及老化相关数据收集;

⑤负责开展非关键重要设备老化状态跟踪及评估;

⑥根据设备老化管理分大纲的要求升版设备的预防性维修大纲;

⑦负责落实设备老化状态缓解行动。

(4)化学处

①负责收集和整理设备运行水化学数据;

②负责实施化学控制等老化管理活动。

16.4.2 设备老化管理方法和流程

1.设备老化管理原则

(1)对于核电厂安全重要的 SSCs 的老化管理须采取超前主动的方式,并贯穿于设计、制造、安装调试、设计寿期及延寿期间的运行和退役等核电厂生命全过程中。

(2)对核电厂安全重要的 SSCs 且有显著老化效应的 SSCs,须进行分析并采取有效的探测和缓解措施,以确保这些 SSCs 在设计寿期及延长寿期内的完整性和/或执行预定功能的能力。

(3)核电厂通过老化管理大纲协调维修、役检、监督、试验、化学等大纲,指导核电厂系统化地开展老化管理活动,确保核电厂安全、可靠运行。

(4)核电厂 SSCs 的寿期管理是老化管理和经济规划的结合,除优化 SSCs 的服役寿期

并将其性能和安全裕度保持在可接受的水平外，应确保取得最大限度的投资回报。

2. 设备老化管理流程方法

核电厂老化管理工作的主要流程如下：老化管理对象的筛选，老化机理分析，老化管理大纲编制，老化相关数据收集和趋势分析，老化效应纠正行动，老化状态评价，并把老化管理活动中的经验反馈到现有老化管理大纲中，不断提高核电厂老化管理的水平。

老化管理对象筛选：主要是从核电厂庞大的系统中识别出需要开展老化管理的 SSCs，识别核电厂老化管理薄弱环节，有效集中核电厂的管理资源。

老化机理分析：特定的材料和特定的环境会出现特定的老化机理，正确地识别老化机理，为核电厂开展老化管理活动奠定基础。

老化管理大纲编制：当识别出核电厂各 SSCs 老化机理后，相应的老化管理措施就被开发出来，核电厂通过实施老化管理大纲来管理各老化效应。

老化数据收集和趋势分析：通过老化数据的收集来发现 SSCs 的发展趋势，为 SSCs 老化状态评估提供数据支持。

老化效应纠正行动：通过老化管理活动，及时发现和纠正 SSCs 缺陷或采取措施缓解 SSCs 的老化效应。

老化状态评价：通过定期评价 SSCs 的老化状态，确保核电厂在现在和将来一段时间内核安全裕度不下降。

老化管理工作的开展采用系统的老化管理方法（PDCA 循环），并在老化管理活动中不断提高核电厂的老化管理水平。系统的老化管理方法如图 16－9 所示。

“计划”活动是指整合、协调以及修改与构筑物或部件老化管理相关的大纲和活动，其目的是提高老化管理的效果。“计划”应确定老化管理过程中的法规要求、安全标准以及其他老化管理相关大纲的地位，同时描述大纲协调及持续改进的机制。

“实施”活动是指通过严格按照运行规程和技术规格书运行/使用构筑物或部件，从而使其预期的劣化减到最小。

“检查”活动的目的是通过对构筑物或部件的检查和监测，及时探测和表征其显著的性能劣化，并对所观测到的性能劣化做出评估，以便确定所需纠正行动的类型和时机。

“行动”活动是指通过适当的维修和设计修改，包括构筑物或部件的修理和更换，及时缓解和纠正部件的性能劣化。

3. 老化管理对象筛选流程

老化管理对象筛选分两级，共五个步骤：系统级筛选（1～2）和部件/构筑物级筛选（3～5）。老化管理对象筛选流程如图 16－10 所示。

上述流程图中，各步骤、内容和要求见表 16－3。

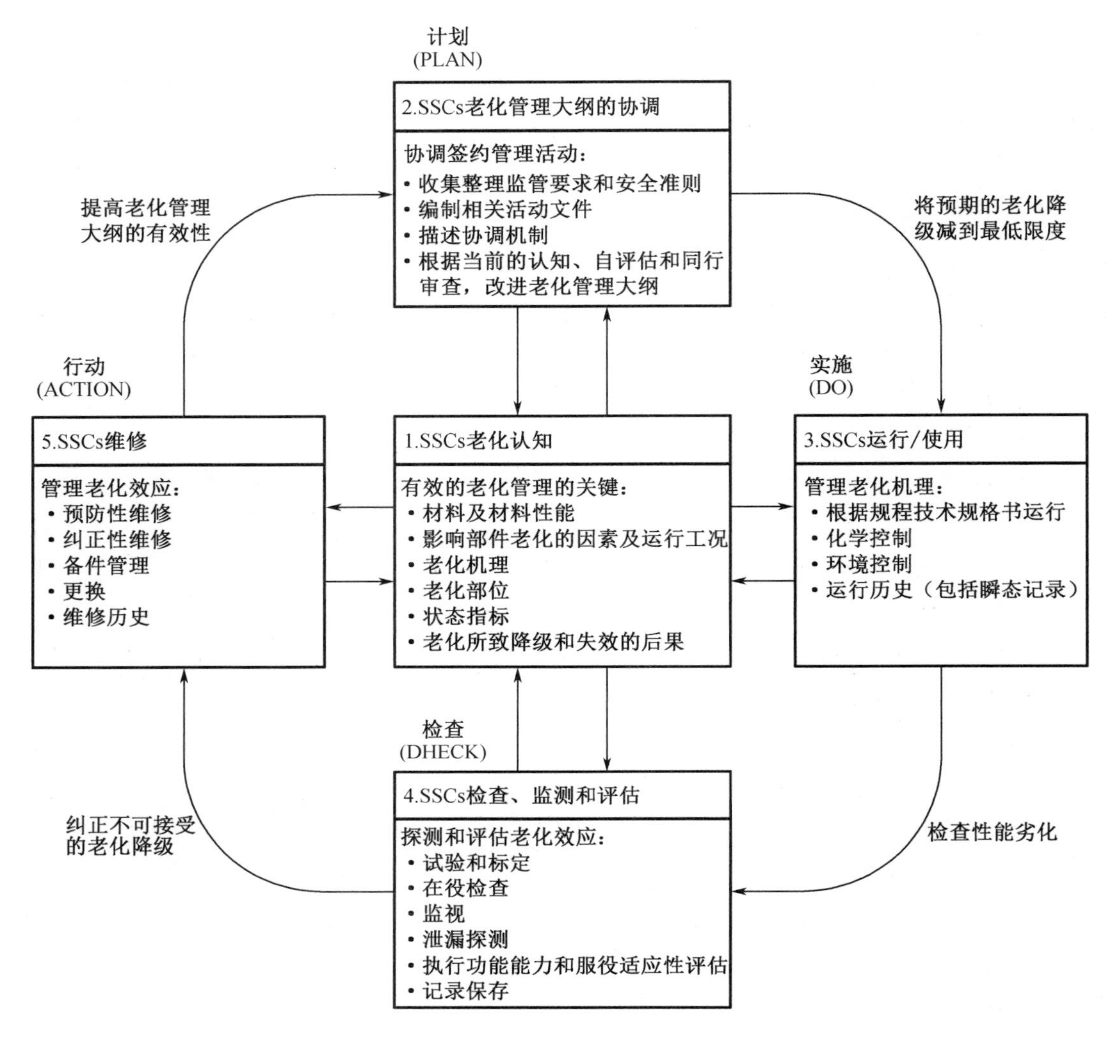

图 16－9　系统的老化管理方法

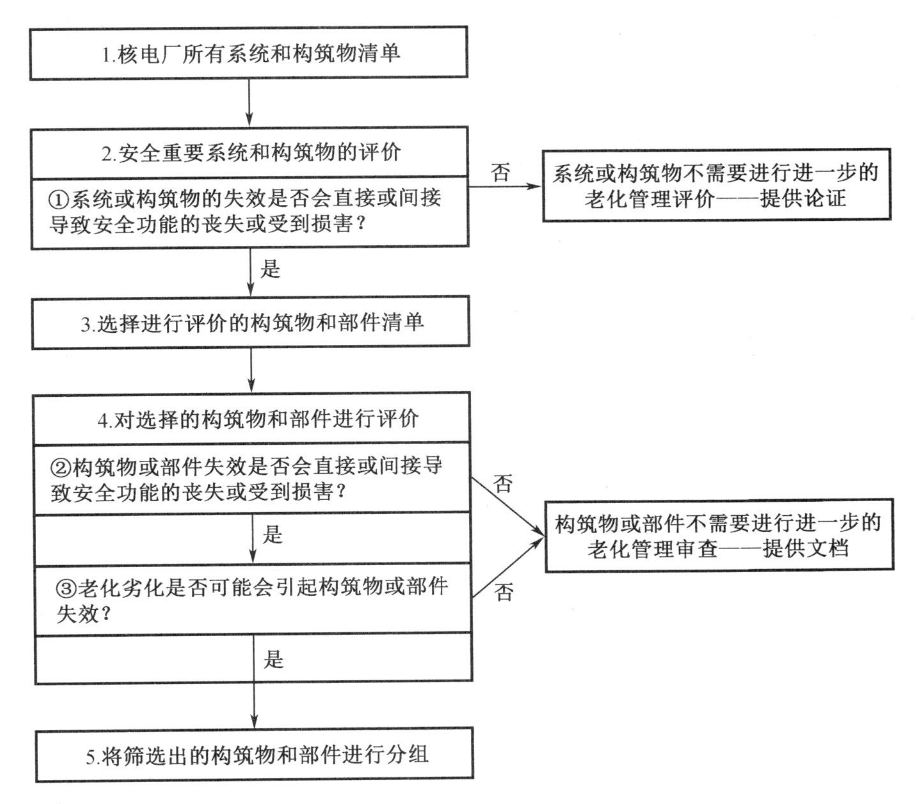

图16－10　老化管理对象筛选流程图

表16－3　设备老化管理对象筛选步骤、内容和要求

流程步骤	内容和要求
1. 核电厂所有系统和构筑物清单	为开展筛选工作，应收集、整理相关的资料，包括： (1)图纸，包括系统流程图、电气接线图、仪控逻辑图等； (2)设计文件，包括系统设计手册、技术规格书、设计规范书等； (3)运行规程，包括应急运行规程、通用运行规程、非正常运行规程、正常运行规程等； (4)核电厂的系统、设备等清单
2. 安全重要系统和构筑物的评价	确定系统或构筑物的范围和预期功能，从中筛选出符合以下要求的系统和构筑物： (1)安全相关的系统或构筑物； (2)支持安全相关 SSC 功能的非安全相关 SSCs，或失效会影响安全相关 SSC 执行其预期功能的非安全相关(NSR)SSCs； (3)在安装有安全重要设备的区域内，用于预防、探测和缓解火灾的相关 SSCs； (4)环境鉴定(EQ)要求的 SSCs； (5)承压热冲击要求的系统或构筑物； (6)用于降低未能紧急停堆的预期瞬态事件的可能性和缓解事件后果的 SSCs； (7)应对全厂断电以及在要求的期限内保持堆芯冷却和安全壳完整性的 SSCs

表 16－3(续)

流程步骤	内容和要求
3. 选择进行评价的构筑物和部件清单	列出各系统的设备清单,分为构筑物、机械设备和电仪设备三类
4. 对选择的构筑物和部件进行评价	(1)构筑物直接进入第(3)条; (2)鉴别机械设备和电仪设备的预期功能,从中筛选出支持系统执行安全功能的设备; (3)参考 IGALL 报告和 GALL 报告,进一步筛选出老化劣化可能会引起部件失效的设备或部件; (4)填写设备/构筑物筛选清单
5. 将筛选出的构筑物和部件进行分组	将筛选出的对老化劣化敏感的安全重要设备和构筑物,根据设备类型、材质、服役条件及劣化状态等因素进行分组,如可将服役条件(温度、压力和水化学)相似的同类部件(阀门、泵和小尺寸管道)分成一组

4. 老化管理审查

通过老化管理对象筛选,确定老化管理审查的对象范围。对这些对象的老化管理情况进行审查的工作流程如图 16－11 所示。

从图中可以看出机械部件审查工作主要分为以下五个部分:

(1)老化效应识别;

(2)老化效应审查;

(3)老化管理大纲对比审查;

(4)特定老化管理大纲审查;

(5)老化管理大纲增补。

5. 老化效应识别

老化效应识别主要是依据国内外核电厂的经验反馈确定出核电厂部件需要管理的老化效应,下面以机械部件的老化效应识别为例来说明老化效应的识别过程。

(1)识别部件潜在的老化效应

机械部件的老化效应/老化机理由部件的结构、材料和所处的环境条件共同决定,同类部件在相同的材料和环境条件下具有相同的老化效应/机理。所以要识别部件的老化效应/机理,就需要首先确定部件所属的结构类别,GALL 报告和 EPRI 1010639 明确了各类机械设备需要开展老化管理的部件类别,例如换热器的老化管理部件分别属于壳体(包括接管、封头、人孔和手孔)、传热管、管板等部件类别。秦山核电老化管理部件的类别划分与 GALL 和 EPRI 1010639 相同;其次确定部件的材料类别(包括碳钢/低合金钢、不锈钢、镍基合金等),通过查找设备技术规格书、设备图纸获得材料信息;最后确定部件的运行环境,包括内部环境和外部环境,通过查找核电厂运行技术规格书、系统手册、厂房分区等资料获得。

明确了部件类别、材料类别和环境条件的信息后,就可以开展老化效应/机理分析。老化效应/机理分析依据 GALL 报告 2010 版开展,将核电厂的部件类别、材料类别、环境条件与依据文件中的条目进行对比,三者完全相同时,认为核电厂的部件存在依据文件中列出的对应的老化效应/机理。

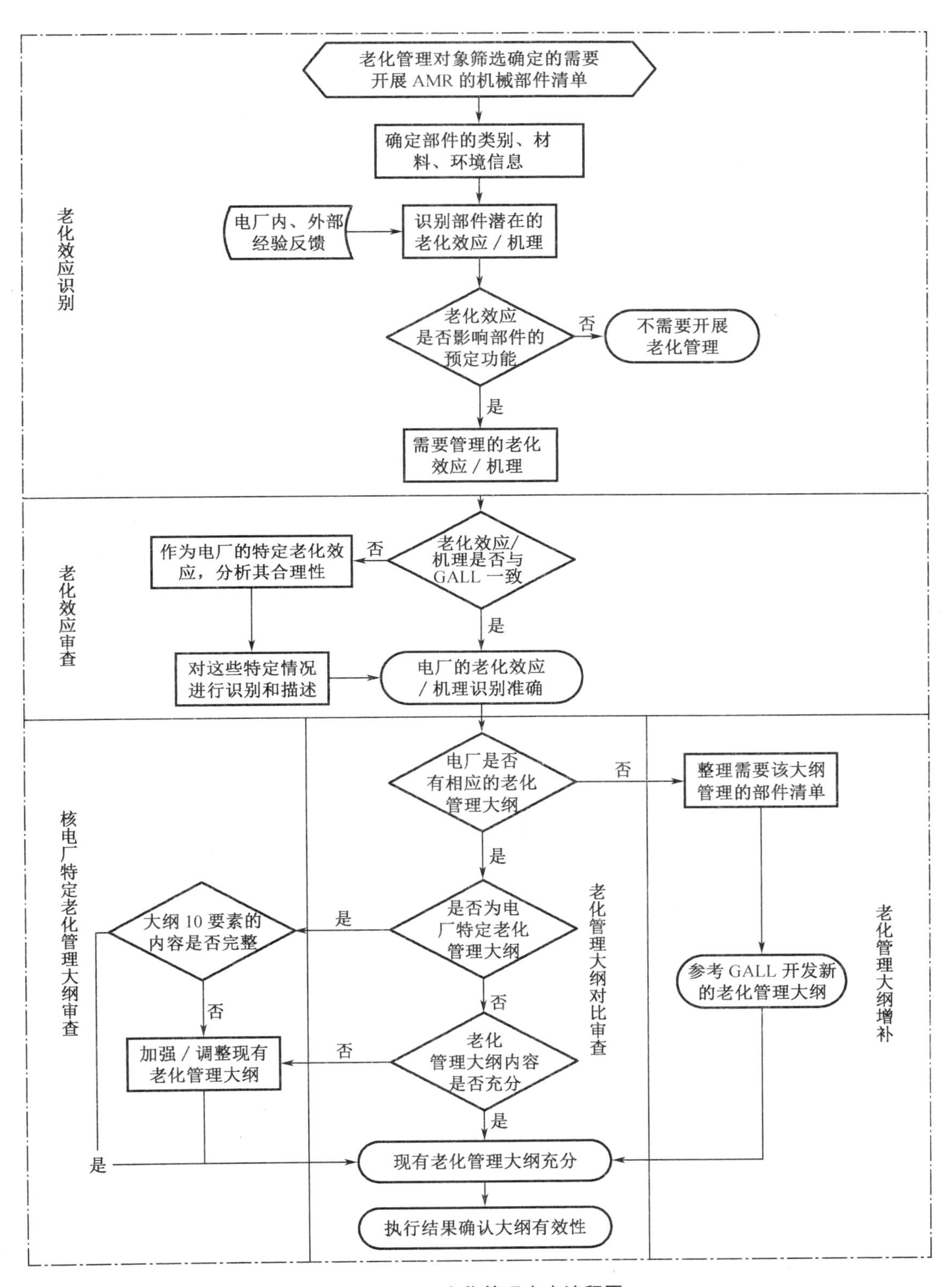

图16-11 老化管理审查流程图

另外在老化效应/机理识别的过程中，还要充分考虑核电厂内外部的运行经验反馈，内部经验反馈来自核电厂的状态报告，外部经验反馈来自 IAEA、WANO 等国际机构的技术报告。将核电厂内、外部经验反馈中识别出的老化效应/机理纳入本次老化效应识别的结果中。

(2)确定需要管理的老化效应/机理

在识别出部件的老化效应/机理之后，结合在老化对象筛选阶段确定的部件的预定安全功能，判断识别出的潜在老化效应是否会影响部件执行预定安全功能，并最终是否会导致系统和设备的预定功能在运行许可证延续期间无法维持，从而确定部件的老化效应是否需要开展老化管理。

6. 老化效应审查

本部分主要审查核电厂对老化效应/机理的识别是否准确，识别的深度是否与国际核电厂最新的经验反馈一致。

本部分内容主要依据 GALL 报告 2010 版开展。审查方法为将核电厂的部件类别、材料类别、环境条件对应的老化效应/机理与 GALL 报告中的条款进行对比，以审查核电厂的老化效应/机理识别是否与 GALL 报告 2010 版一致。并将参考的 GALL 报告的信息填入附表中关于老化效应/机理分析审查部分对应的“GALL 中的老化效应/机理”和“参考文件”表格中。老化效应对比审查的结果包括下列 7 种情况：

(1)部件、材料、环境、老化效应与 GALL 报告一致；

(2)部件与 GALL 报告中的不同，但材料、运行环境、老化效应与 GALL 报告一致；

(3)部件的材料在 GALL 报告中不存在；

(4)在部件、材料与 GALL 报告中相同的条件下，GALL 报告中缺少与之对应的运行环境条件；

(5)在部件、材料、运行环境与 GALL 报告中相同的条件下，GALL 报告中缺少与之对应的老化效应；

(6)在部件、材料、运行环境协同作用下，GALL 报告中的老化效应对本核电厂不适用；

(7)部件、材料、运行环境在 GALL 报告中均未进行评估。

上述 7 种老化效应/机理审查结果中，对于老化效应与 GALL 报告一致的情况，认为核电厂的老化效应/机理分析准确；对于与 GALL 报告不一致的情况，作为核电厂特定的老化效应予以分析，审查核电厂的老化效应识别是否准确。

7. 老化管理大纲对比审查

在完成部件的老化效应/机理审查之后，需要证明老化效应得到充分有效的管理，从而确保在许可证延续运行期间部件能够有效执行其预定功能。这就需要对老化管理大纲内容的充分性和执行情况的有效性进行审查。

(1)老化管理大纲

根据国内外核电厂老化管理实践，核电厂开展老化管理活动时需要建立完善的老化管理大纲体系，以实现对筛选出来的全部老化敏感设备的系统管理。

建立完善的老化管理大纲体系需从两个方面着手，一是现有大纲的升版与提升，二是基于核电厂研究成果的新大纲开发。应该说老化管理大纲是老化管理活动的最终体现，标准完善的老化管理大纲体系是核电厂管理水平的体现。

(2)核电厂老化管理大纲的现状和新编大纲编制要求

目前各核电厂已经拥有比较完善的大纲管理体系，经过老化管理审查辨别出的老化机理在现有的大纲中已得到了有效的管理，但这些管理手段可能分散在已有的各个大纲中，不利于核电厂开展老化管理工作，因此核电厂需要整合现有相关大纲，形成新的老化管理大纲体系，可参看 GALL 报告，按照“十要素”来编制大纲，形成标准化的老化管理大纲。

编制新的老化管理大纲一般存在下面两种形式。

第一种：核电厂现有的老化管理相关大纲已成体系，仅需要开发“形式大纲”，大纲中不给出具体的执行要求，而是指向现有的大纲。

第二种：核电厂现有的老化管理相关大纲分散在各大纲中，需要开发“新大纲”，“新大纲”中需给出具体全面的执行要求。

新编老化管理大纲应满足以下要求：

①AMP 定位于技术文件，大纲中应依据各管理对象的老化机理给出全面有效的管理规定，确保老化得到有效管理；

②AMP 的编制内容及格式应尽可能参照美国相关的范本，编制者应做好二者的比对及说明，以解释 AMP 的适当性及可实施性；

③在 AMP 正文中需对各“要素”给出原则性管理要求，具体的技术要求以附表的形式体现于大纲中。

(3)老化管理大纲基本要素

在开展核电厂老化管理审查时，首先要审查大纲的充分性，即分析核电厂现有大纲是否包含下列 10 个方面要素。

①大纲范围：老化管理大纲/活动的范围必须包括执照更新中老化管理审查范围内的所有设备。

②预防措施：必须包括缓解或预防老化降质的措施。

③监/检测参数：是指与特定设备预定功能损失有关的参数的监测和检查。

④老化效应探测：必须在设备的预定功能损失之前对老化效应进行检查。此要素必须包括老化效应的检查方法和技术(如目视、超声、表面检查)、检查频率、检查范围、数据收集，以及为保证老化效应得到及时检查的新增检查或一次性检查的时机和频率。

⑤监测与趋势分析：此要素要求必须对老化降质趋势进行监测，提供趋势预测结果并给出纠正和缓解措施。

⑥验收准则：核电厂将参照验收准则，对是否需要采取纠正性措施进行评估。验收准则必须确保在延寿运行期内的各种设计工况条件下，核电厂能维持各设备的预定功能并满足当前安全基准的要求。

⑦纠正行动：要求及时分析确认老化效应发生的根本原因，以防止这种老化效应再次发生。

⑧确认过程：要求通过验证来确认预防性措施是有效的，且已采取了合理有效的纠正措施。

⑨质量控制：要求管理控制能提供正式的审查批准流程。

⑩运行经验:老化管理的运行经验,包括在历史运行过程中对老化管理大纲进行优化完善的各种实践活动,或者运行过程中新增的各种老化管理大纲,或者其他的老化管理实践,而这些运行经验将为证明老化效应已得到有效控制以保障核电厂在延寿期内其预定功能得到维持这一结论提供足够的证据。

(4)老化管理大纲有效性确认

在保证了大纲内容的充分性后,需要对大纲的有效性进行确认,有效性通过核电厂大纲的执行结果来反映。审查方法有两种:对于运行、维修、检查记录完整的设备,结合相关经验反馈中的老化导致失效记录,判断设备的老化状态以审查老化大纲的有效性;对于运行、维修、检查记录不完整的设备,通过开展现场巡查确认设备老化状态后,评价老化大纲的有效性。

在上述老化管理效应/机理以及老化管理大纲的审查过程中,要充分利用内、外部的经验反馈。对经验反馈,重点审查核电厂是否对适用的经验反馈采取了响应,主要表现在:从经验反馈中识别出新的老化效应/机理;增加或者调整现有管理措施;采取专项的改进行动;等等。对于核电厂没有对适用的经验反馈采取响应的情况,应对经验反馈进行研究,开展必要的改进活动。

(5)老化管理状态评估

对筛选后的关键构筑物或部件,应根据其老化机理及老化效应尽可能地建立相应的老化状态指标,并以此为基础评价其实际状态;针对所有老化关键设备,每10年开展一次老化状态评估。

各生产单元需要监测的老化关键设备的范围如下:

①方家山:反应堆压力容器、堆内构件、主泵、主管道、稳压器、波动管、蒸汽发生器、安全壳。

②秦一厂:反应堆压力容器、堆内构件、主泵、主管道、稳压器、波动管、蒸汽发生器、安全壳。

③秦二厂:反应堆压力容器、堆内构件、主泵、主管道、稳压器、波动管、蒸汽发生器、安全壳。

④秦三厂:压力管、热传输支管、主泵、主管道、稳压器、蒸汽发生器、安全壳。

构筑物或部件实际状态的评估应基于以下几方面的事实:

①老化管理审查的相关报告;

②构筑物或部件的运行、维修和工程设计数据,包括相应的验收准则;

③检查和状态评估结果,如有必要且可行,还应包括更新后的检查和状态评估数据。

状态评估结果应以报告形式形成文件,并提供以下信息:

①构筑物或部件当前的性能和状态,包括对任何老化相关失效或材料性能显著劣化迹象的评估;

②如果可行,应对构筑物或部件的未来性能、老化劣化和使用寿命做出预测。

16.4.3 老化管理在设备管理中的位置

1. 中长期改造(长期运行窗口)

设备老化管理对象为“非能动”和“长寿命”的SSCs,这类设备一般在日常预防性维修及大修中检查和维修项目较少,特别是老化管理关键设备,如安全壳、稳压器、蒸汽发生器、反应堆压力容器等。通过开展关键设备老化状态评估,得到设备老化状态,提出相应的维修、检查及中长期改造需求。如在核电厂延寿中,老化状态评估结果为变更改造项目的输入之一。

2. 重大科研

老化管理工作需不断与国际最新实践对标与提升,在老化检查、老化状态缓解、老化监测等技术方面需不断探索更高效、可靠、可量化的技术手段,这离不开科研工作的支持。一方面,老化管理工作提出新的科研要求;另一方面,科研成果促进老化管理工作提升。中核集团于2016年启动集团公司集中研发项目“龙腾2020——核电厂老化管理和许可证延续技术研究”,该项目即为老化管理与重大科研相互促进的样例。

3. 预防性和缺陷性维修(长期运行优化)

设备级老化管理大纲中规定了大纲范围内SSCs的检查、监测等相关要求,相关要求应落实至核电厂现有的老化相关大纲中,如预防性维修大纲、在役检查大纲、水化学大纲等,由上述相关大纲产生工单及管理行动。另一方面,根据最新经验反馈及研究成果,老化管理大纲将提出新的管理要求,相关要求应体现在老化管理相关大纲中。

4. 定期安全审查PSR

老化管理为核电厂定期安全审查PSR的要素之一。核电厂定期安全审查是我国核安全监管体系的基本要求,对于保持核电厂长期安全运行具有重要意义。老化管理要素作为定期安全审查的14个要素之一,其审查目标在于确认:

(1)对每一个安全重要构筑物、系统和部件,所有主要的老化机理都已得到识别;

(2)相关的老化机理及其老化效应已得到充分认识;

(3)核电厂运行期间,构筑物、系统和部件的老化效应与预期一致;

(4)具有足够的老化裕量,确保核电厂在下一次定期安全审查完成前能够安全运行;

(5)核电厂后续运行具备有效的老化管理大纲。

审查的具体内容包括:老化管理工作运转情况;老化管理对象筛选原则、方法、结果清单;老化机理分析技术要求;老化机理分析报告;老化管理大纲的充分性和有效性;老化管理大纲及相关大纲执行结果,包括在役检查结果、瞬变监测数据、水化学监测数据、腐蚀防护数据和预防性维修数据等;以及老化经验反馈信息相关文件。

16.5 核电厂寿命管理

16.5.1 核电厂寿命管理的概念

1. 核电厂的设计寿命

核电厂是由大量的构筑物、系统和部件组成的复杂系统，而这些构筑物、系统和部件又由多种金属材料、有机材料和无机非金属材料等构成。在核电厂的运行过程中，不同构筑物、系统和部件所经受的压力、温度、湿度、化学和辐射照射等环境条件有所不同，这导致核电厂不同构筑物、系统和部件的寿命可能会有很大差异，无法给出一个适应核电厂所有构筑物、系统和部件的统一定义。目前在《核电厂运行许可证》申请的文件中，主要是针对“不可更换设备”（如反应堆冷却剂系统压力边界等）进行详细的设计寿期评价，包括反应堆压力容器材料的中子辐照脆化和反应堆冷却剂系统压力边界的疲劳等。这种设计寿期的评价是基于一些假设，如反应堆压力容器在整个设计寿期内的辐照中子注量和反应堆冷却剂系统可能经历的各种瞬态工况。核电厂设计寿命主要来自这些非能动、不可更换或很难更换的设备的设计寿命。另外，还需考虑诸如能源规划周期、财务周期以及行业内习惯做法确定的设计寿命等其他因素。

2. 核电厂的实际寿命

由于换料管理方式的改进，反应堆压力容器的辐照中子积分注量可大幅降低，特别是所设置的材料辐照监督样品可更真实地评估压力容器材料的实际性能变化；同时从目前在役核电厂的实际运行情况来看，反应堆冷却剂系统实际所经历各种瞬态工况远少于设计时所使用的假设。这样，通过“不可更换设备”的实际运行寿命评估和老化管理，以及可更换设备的必要维修或更换，核电厂的“实际寿命”可以超过理论上的“初始设计寿命”。

3. 核电厂运行许可证延续（OLE）

核电厂设计寿命到期后，其实际寿命并未到期，核电厂通过采取有效的评估和改进手段，可以申请延长原运行许可证有效期限（一般为初始设计寿命）。在评估和改进结果经核安全监管部门评审认可后，核电厂可以在许可证到期后继续运行至本次评估确定的新期限。核电厂运行许可证延续寿命评估的主体是那些不可更换设备，可更换设备的管理由日常运维体系控制。

要防止把延续运行误解为核电厂实际寿命已经到期后的一种延长寿命的行为，更应避免给社会公众带来不正确的认知。核电厂运行许可证延续获批的前提就是保证核电厂能够在延续运行期间保持原来的安全等级。

16.5.2 典型的核电厂全寿命管理规划

核电厂到达初始寿命时，有两条路线可供选择，一是延续运行，二是退役。国际上早期建设的核电厂，很多已达初始寿命或即将到达初始寿命，通常采取的方式是申请延续运行。而退役则是核电厂全寿期管理的最后一个环节，即使机组选择延续运行，在其延续运行期满后依然要进行退役，如图 16－12 所示。

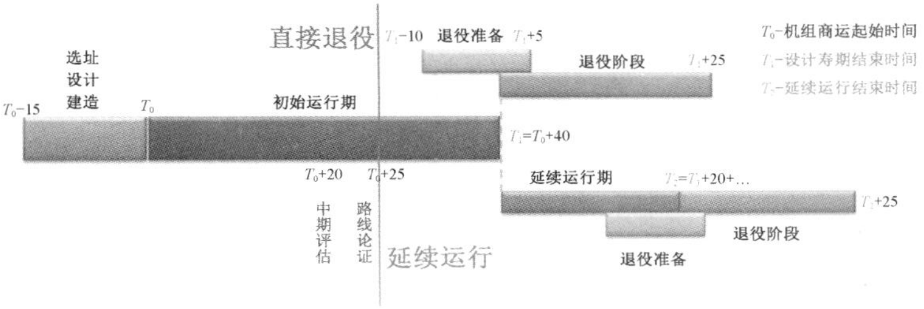

图 16－12 核电厂退役管理

16.5.3 延续运行中期评估

核电厂运行20年后，其所积累的运行数据（包括瞬态）在技术上已经足够支撑用来评估延续运行至60年的需要，该工作即为延续运行中期评估。在开展正式 OLE 详细评估时需进行数据更新，并评估有无异常变化。经过中期评估后可以判断延续运行在安全上是否可行，同时可以判断开展大量改造在经济上是否可行。经中期评估后基本能够确定核电厂是选择延续运行方向还是退役的方向。

延续运行中期评估的结果和结论将作为 OLE 项目建议书的内容上报集团公司批准，同时需征得股东会同意，争取在5年内获得批复，实际时间可能更长。

16.5.4 国内外现状

1. 国际现状

（1）延续运行策略

目前，国际上主流的核电厂延寿运行监管策略除了美国的执照更新申请 LR，还有一个就是国际原子能机构 IAEA 的长期运行体系 LTO。前者在机组40年的运行执照到期前，通过递交申请以证明机组当前及今后的安全性，从而使运行执照得以更新并延长20年；后者则以每10年一次的定期安全审查（PSR）为基础，评判是否批准机组在下一个10年能够继续运行，而无论其是否有执照期限（设计寿期）以及期限长度为多少。应当指出的是，这两种策略各有所长，并且有些国家还根据自身情况对两种策略进行了补充和修改，甚至兼而用之。

（2）退役策略

目前，国际上比较认可的退役策略有两种：立即拆除和延缓拆除。但也允许根据安全要求或环境要求、技术因素和场址在未来的预期用途等现实条件或财政因素，将立即拆除和延缓拆除两种策略结合使用。除此之外，还有一种针对特殊情况（如发生严重事故后）的解决方案，即封固埋葬，但这种将整个设施或部分设施封闭后长期“埋葬”的方案也只是不得已而为之。

2. 国内法规及标准

对于延续运行，我国现有法律法规专门对其提出要求的非常少，仅有国家核安全局发布的《〈核电厂运行许可证〉有效期限延续的技术政策（试行）》，其他也仅是对延续运行申请提出一些原则性的要求。在标准体系方面，秦山核电编制的 OLE 系列 NB 标准，可用来指导我国运行许可证延续申请工作。

对于退役，我国现有法律法规仅有少部分对其提出了原则性要求，比如《核安全法》《放射性污染防治法》《民用核设施安全监督管理条例》等，《原子能法》作为核能领域核心的基本法已在立法过程中，《民用核设施退役管理规定》正在制定过程中。标准方面，主要是GB、EJ、HJ、NB等有一些退役相关的标准，但通用性标准大多是从整体上对核设施退役活动进行规定和要求，并未提出具体的应对方案和措施的标准，而技术标准则大部分为辐射防护与监测，放射性废物管理，以及安全、质量一类的，在核电厂退役设计、退役技术与工艺、退役工程实施等方面可用的标准甚少。目前，秦山核电依托退役工程技术研发中心正开展退役标准的编制工作。

16.5.5 工作范围

1. 核电厂瞬态管理

核电厂设计瞬态的监督既是最终安全分析报告中对设计寿命的要求，同时也是运行许可证延续的重要基础。针对设计瞬态类型所采集的历史数据将作为延续运行设计再评估的输入，用来判断那些不可更换设备是否能够运行到延续运行期末。核电厂瞬态监督应设立监测指标，从核电厂全寿命周期考虑，瞬态监督工作不能局限于初始设计寿命要求，而应兼顾延续运行的要求。

2. 老化管理审查

针对非能动、长寿命设备，OLE需要开展对其老化管理情况的审查，证明核电厂已有的老化管理大纲或指引的其他大纲可以有效监测或控制老化效应，确保这些设备能继续执行其设计功能。对于能动设备和短寿命设备的管理是通过定期试验、预防性维修、变更等运维管理来实现的。

3. 时限老化分析

针对那些设计寿命与核电厂初始设计寿命相同的不可更换设备，需要开展中期评估和OLE正式评估中的设计再分析工作，以证明其能够满足延续运行的时限要求。

4. 环境影响的评估

在延续运行时应对核电厂已有运行阶段的《环境影响评价报告书》的适当性，以及延续运行与现行环保法规标准的符合性进行评估，确保延续运行期间对环境的影响是可接受的。

5. 寿命周期管理(LCM)

设备管理的第一阶段为设备运维管理，国内大型企业之前多采用该思路；第二阶段为设备综合管理，是在设备运维管理的基础上增加投资收益分析，在确保安全的前提下，以企业利润的最大化为目标。当前国内外核电行业基本采用寿命周期管理(LCM)的方法来评估最佳投资收益比，它是设备综合管理中的一种比较有效的工具。

LCM是指通过下述活动将核电站的运行、维修、工程、管理以及经济计划融合为一个整体的过程：

(1)管理电站的设备状况(例如系统和部件的老化和降级)；

(2)优化运行寿命；

(3)保证安全的同时使经济效益最大化。

针对具体设备的长期运维管理，设备管理工程师有不同的方案，如修改预维频度、技术优化、整体更换等。针对这些方案之间的经济性比较可通过 LCM 工具实现,单独的运维方案没有必要运用 LCM 分析。

LCM 技术核心理念是实现核电站的效益最大化。通过对全寿期设备的经济花费进行评价,包括运行、维修、更换、改造、延寿等,制定出投资收益最大的运维方案。

原则上所有 SPV 设备都应是 LCM 的分析对象,但由于核安全相关设备运维方案的选择受限于核安全监管部门的批准,因此国内外核电厂优选开展的往往是那些价值较大的非核安全相关设备 LCM 分析。

秦山地区中长期寿命关键节点如图 16 - 13 所示。

机组	并网年份	中期评估	路线选择	初始寿期	退役申请准备	延续运行寿期	完成退役
秦山核电厂 1 号机组	1991 年	2006 年	2012 年	2021 年	2021 年	2041 年	2065 年
秦山第二核电厂 1 号机组	2002 年	2022 年	2027 年	2042 年	2052 年	2062 年	2087 年
秦山第二核电厂 2 号机组	2004 年	2024 年	2029 年	2044 年	2054 年	2064 年	2089 年
秦山第三核电厂 1 号机组	2002 年	2022 年	2027 年	2042 年	2052 年	2062 年	2087 年
秦山第三核电厂 2 号机组	2003 年	2023 年	2028 年	2043 年	2053 年	2063 年	2088 年
秦山第二核电厂 3 号机组	2010 年	2030 年	2035 年	2050 年	2060 年	2070 年	2095 年
秦山第二核电厂 4 号机组	2011 年	2031 年	2036 年	2051 年	2061 年	2071 年	2096 年
方家山电厂 1 号机组	2014 年	2034 年	2039 年	2054 年	2064 年	2074 年	2099 年
方家山电厂 2 号机组	2015 年	2035 年	2040 年	2055 年	2065 年	2075 年	2100 年

图 16 - 13 秦山地区中长期寿命关键节点

6. 退役

核电厂退役是其生命周期的最后阶段,是核电厂全生命周期管理中的重要环节,核电厂安全可靠的退役是核电健康、稳定、可持续发展的基础和保障,是能源产业可持续发展的保证,也关系到国计民生和环境安全。根据国际经验,核电厂退役活动是一项涉及核安全、技术、经济、社会和公众等诸多因素的系统工程,比之核设施要复杂得多,不仅需要及早进行准备,还需要在整个核电厂寿命周期开展退役相关活动,尤其是便于退役措施的落实。

我国目前还没有机组实施退役,但已开展退役管理和技术的储备工作。一旦某个机组 OLE 无法批准,则可以安全有序进入退役环节,减少核电厂损失。目前,国内对退役策略的要求基本倾向于立即拆除。

7. 与其他设备管理的关系

(1)核电厂重要设备的变更改造应符合寿命管理工程师制定的各机组寿命管理规划(60 年),使关键设备的改造安排更加合理。

示例 1 见图 16 - 14,考虑延长设备的设计寿命,增加预防性维修手段,减少更换频次。

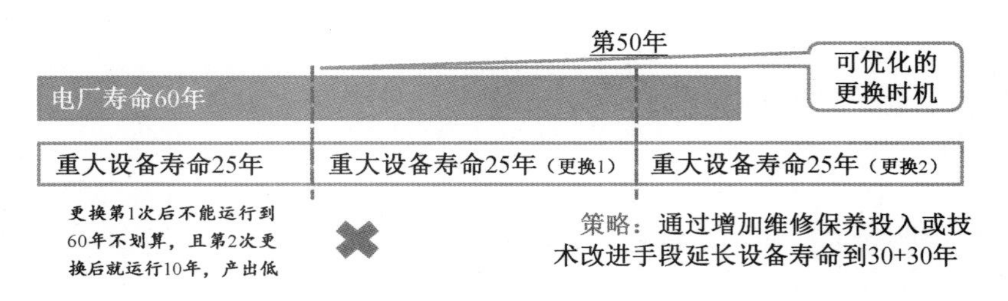

图 16－14　示例 1

示例 2 见图 16－15，考虑延续运行寿命，在设备失效率升高前进行更换，合理提升整体的可靠性。

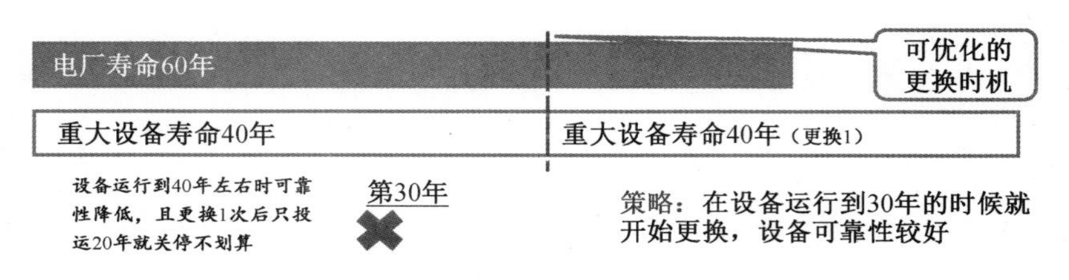

图 16－15　示例 2

（2）经 OLE 评估后进行的管理改进措施应在设备管理工程师负责管理的大纲中体现，并增加 OLE 备注，避免升版时被删除。这些大纲包含预防性维修大纲、定期试验大纲、在役检查大纲、防腐大纲、水化学大纲等。

（3）针对设备管理人员已经开展过的核安全重要设备的寿命评估工作，其对象名称、报告编号、文件名称等信息应提供给寿命管理工程师汇总，若其评估可用则可避免重复评估。

（4）原则上超过 500 万价值的设备变更改造立项，应采用 LCM 的方法对两个或更多的方案进行对比分析，在保证安全的前提下选出能实现核电厂经济利益最大化的方案，该方法的使用可由寿命管理工程师提供指导（标准模板）。

（5）制定 PSR 审查弱项改进计划时应考虑延续运行需求，避免产生安排上的冲突。

（6）核电厂在设计和建造期间应考虑便于退役的要求，而在运行期间，也应在变更改造时考虑便于退役的需求，如材料选择优化、现场布置可达与便利、放废最小化、文档记录保存与维护、退役期间的系统设施可用性等。

第17章　能 力 培 养

设备工程师能力培养是以“人才培养”为核心，构建“隐性知识显性化，显性知识系统化”，使设备工程师达到运行技术支持所需的知识、技能水平，为核电厂运行技术支持相关工作提供更加强有力的支撑，保障机组安全、可靠、经济运行。

能力培养按初级、中级、高级三个等级逐步实施；每个级别包括技术能力、管理能力和实操培训三个能力维度。

1. 技术能力培养

技术能力是设备工程师的核心能力，它涉及的是对应岗位的专业知识和业务分析等应知应会的能力。设备工程师技术能力培养有阶梯性原则，分为初、中、高三级。

- 初级：从跟着干到独立干。
- 中级：从独立干到领着干。
- 高级：从领着干到专家。

初、中、高每一个级别都分为通用基础和专业知识。通用基础是所有设备工程师应该掌握的基础知识，为设备工程师提供必要的基础知识和能力，以帮助其理解与核电厂运行相关的专业概念。如编码规则、中级运行、高级运行等。专业知识是指除基础理论外，各专业岗位专业技能所需的相关专业理论知识，各专业学员完成这些专业理论的培训后，可更好地理解各专业技能要求，并在各专业技能活动中应用这些理论知识，如《设备试验原理》《设备结构与原理》《机械专业岗位必读》等。

2. 管理能力培养

管理能力培养分为管理程序和管理技巧培养。管理程序培养包括熟悉公司管理程序，熟悉岗位职责、公司流程。管理技巧培养一般学习一系列课程，比如项目管理、职业领导力等。

3. 实操培训

实操培训是理论知识的延续和实践，理论与实际相结合，学以致用，能更好地印证理论。设备工程师应掌握一系列的实际操作能力，如设计变更、备品备件管理、修后试验管理、PM 优化和设备可靠性分析等。实操还包括常用办公软件、专业软件的使用等。

第 18 章　管理授权与绩效评价

18.1　SPV 设备管理授权

18.1.1　SPV 设备管理概述

SPV 设备作为电站的核安全设备和对机组发电具有关键作用的 1 级设备,单个设备故障即可导致电站停堆、停机、降功率、功率大幅度波动。因此技术部门承担着 SPV 设备管理归口职责处室和 SPV 设备管理责任处室双重职责。

18.1.2　技术部门 SPV 设备管理职责

1. 设备管理归口处室职责

(1)组织开展 SPV 设备和潜在临时 SPV 设备的识别;

(2)组织落实 SPV 设备工程师和维修负责人;

(3)组织开展 SPV 设备敏感部件识别及缓解策略分析;

(4)负责 SPV 设备标识管理;

(5)组织生产单元落实 SPV 设备可靠性相关改进行动;

(6)为设备管理责任处室开展 SPV 设备管理提供技术指导并进行监督;

(7)组织开展生产单元 SPV 设备管理总体健康状态评价。

2. 设备管理责任处室职责

(1)负责 SPV 设备和潜在临时 SPV 设备的识别;

(2)负责落实 SPV 设备工程师;

(3)负责 SPV 设备敏感部件识别及缓解策略分析;

(4)负责落实 SPV 设备可靠性改进相关行动。

18.1.3　技术部门 SPV 设备管理要求

(1)建立健全的维修策略。

①确保设备所有的失效模式均有相应的预防性维修活动预防。

②通过对设备修前状态的跟踪评价和趋势分析,持续改进维修策略。

(2)确保设备的关键文件完整、及时更新和容易获得。通过将文件保存在 ERDB 系统中或与其他文件管理系统建立链接等手段,确保能够方便地查询到相关文件,如供应商提供的设备手册、经验反馈文件、维修记录等。

(3)确保 SPV 设备的备件包正确。

(4)按要求制定 SPV 设备的储存条件、保存期限和保养计划要求。

(5)确保老化和过时的问题能够识别并纠正。

(6)在可靠性相关的日常工作中对 SPV 设备进行巡检和性能评价。

①制订设备巡检和监督计划,重点关注 SPV 设备。

②根据设备巡检和监督计划,对设备进行现场巡检与参数监视、趋势分析与故障分析,并在 ERDB 系统中开展 SPV 设备性能监督,监督周期建议为 6 个月。

(7)核电厂变更项目应进行严格审查,尽可能避免产生新的 SPV 设备。在永久变更和临时变更流程中明确要求各专业和部门严格审查是否增加了新的 SPV 点。对 SPV 的变更申请、审批及实施环节进行严格的管控。

(8)应采取合理可行的措施,如通过设计变更增加冗余设备,减少核电厂的 SPV 设备。

(9)SPV 设备的 PM 超期要经过严格的技术审查和批准。

①设备管理部门对 SPV 设备的预防性维修项目的超期必须进行严格的审查,分析预维修项目超期产生的影响,提出缓解措施以减轻或消除这种影响。

②SPV 设备预防性维修项目超期 12.5% 需要进行评估。

(10)SPV 设备的故障应进行严格的原因分析以防止类似事件重复发生。

①SPV 设备的故障要得到严格调查以采取有效措施防止非预期故障重发。对于 SPV 设备故障,通过发 B 类及以上状态报告进行跟踪和根本原因分析。

②状态报告的纠正行动不仅针对已发生故障的设备,还应包括尚未发生故障的同类设备。

③在出现异常缺陷后需要及时安排全面的检查和分析,确保不留隐患。

④SPV 设备发生故障或出现明显的性能降级,需要重新审查 SPV 设备缓解策略分析。

⑤对于停堆、机事件的原因分析中,要审查设备分级、设备监督方案、维修策略的合理性,审查知识、技能是否满足要求。

18.1.4 SPV 设备的人员管理要求

每个 SPV 设备的设备工程师设置 AB 角,原则上 AB 角每专业各一人。SPV 设备的设备工程师要求有 5 年及以上本专业工作经验。针对大小修等特定时间段,设备管理责任处室可以临时授权一些设备工程师来协助 SPV 设备工程师完成现场见证和验证工作。

核电厂设备管理归口部门负责组织编制和升版 SPV 设备工程师清单,SPV 设备工程师清单按核电厂编制。SPV 设备工程师清单由设备管理归口处室编制、校核、审核,设备管理责任处室会签,设备管理归口处室负责人批准。

设备管理责任处室负责确定本处室 SPV 设备工程师,负责 EAM 系统设备信息中设备工程师的更新维护。

SPV 设备工程师清单没有定期升版要求,人员有调整时,应及时升版。设备管理责任处室根据升版后的 SPV 设备工程师清单修改生产管理系统(EAM)中的设备工程师信息。

1. SPV 设备工程师职责

SPV 设备工程师作为 SPV 设备管理的主要负责人,负责 SPV 设备的统一管理。

2. SPV 设备工程师授权规定

5 年及以上本专业工作经验。

3. SPV 设备现场 QC 规定

(1)质量计划选点规定

SPV 设备维修质量计划的 QC 选点人由该 SPV 设备的设备工程师承担。

(2)质量计划执行和见证规定

SPV 设备的 QC 人员应由该 SPV 设备的设备工程师承担。针对大小修等特定时间段，设备管理责任处室可以临时授权一些设备工程师来承担 SPV 设备的 QC 见证工作。

(3)质量控制点放弃见证规定

停工待检点(H 点)是特定的质量控制点，必须由独立验证人员书面放行才允许进行该控制点以后的工作。SPV 设备质量计划中的 H 点不得放弃。H 点需由 QC 人员在现场对结果进行复验，复验合格后签点放行。

18.1.5 非 SPV 设备管理授权

1. 设备管理概述

与 SPV 设备管理类似，技术部门承担着非 SPV 设备管理归口职责处室和 SPV 设备管理责任处室双重职责。

2. 技术部门非 SPV 设备管理职责

(1)设备管理归口处室职责

①负责核电厂设备管理目标计划和专项计划的编制；

②负责核电厂设备基础数据库、预防性维修大纲等归口管理；

③负责核电厂设备工程师的业务指导、资格与授权支持、绩效评价支持；

④负责核电厂设备管理实施效果的评价；

⑤负责核电厂设备管理中共性问题的分析与处理；

⑥负责核电厂重要设备的振动测量和分析。

(2)设备管理责任处室职责

①承担具体设备管理职责，包括设备基础数据管理、预防性维修大纲管理、备件管理、设备可靠性管理、QDR 管理、SPV 设备维修质量控制等；

②负责开展设备管理工作，审查相关技术文件；

③负责设备工程师的培训、授权与绩效评价。

3. 技术部门非 SPV 设备管理要求

(1)必须进行设备工作环境和工作频度的分级识别；

(2)应开展设备的可靠性管理，采取预防为主的维修策略，避免非预期故障的发生；

(3)针对机组功率运行期间出现的设备故障，应视现场的紧急情况加以处理，必要时列入紧急缺陷进行即时处理；

(4)对于重要设备发生的故障，通过 C 类状态报告进行跟踪分析；

(5)应根据需要开展设备性能监督工作；

(6)维修工作应进行充分的准备；

(7)必须有充足的备品备件储备，按照备品备件管理要求建立必要的储备定额；

(8)维修活动必须按照质量管理要求进行质量控制；

(9)需要通过维修后试验来验证维修质量的，必须进行维修后试验。

18.2 设备的人员管理要求

18.2.1 设备管理工程师职责

设备管理工程师是直接承担设备管理工作的基本单元,由设备工程师(包括构筑物工程师)和系统工程师组成,他们相辅相成、扬长避短,共同开展设备管理工作,是构筑物、系统、设备的技术负责人。设备工程师(含构筑物工程师)作为核心承担设备管理工作,系统工程师则以系统的角度协助设备工程师开展提高设备可靠性的工作。

设备工程师负责设备状态管理,及时安排合适的措施维持或提高设备的可靠性,具体职责如下:

(1)设备预防性维修大纲制订、优化及应用评价,设备日常及大修预防性维修项目确定,模板工单备件需求确定,预防性维修等效分析,预防性维修执行偏差风险评估;

(2)设备 NCR 技术方案、QDR 及 SPV 设备维修质量控制;

(3)重要设备故障的根本原因分析和纠正措施制订;

(4)设备修后试验管理;

(5)设备维修效果分析(修前状态记录分析);

(6)设备历史数据收集与维护;

(7)设备监督及性能趋势分析;

(8)设备信息库建立和维护;

(9)设备备件技术管理,包括定额制订、采购申请、采购技术规范编制、专项保养要求制定,监造、验收、修复件技术鉴定、替代及国产化等工作;

(10)设备固定资产技术鉴定;

(11)设备变更设计,系统变更审查参与。

系统工程师负责系统状态管理,及时安排合适的措施维持系统的可靠性,具体职责有:

(1)系统监督及性能监测和趋势分析、健康评价;

(2)系统设备监督试验及性能试验管理;

(3)系统变更设计,参与设备变更审查;

(4)参与或牵头系统相关的重大故障分析、处理;

(5)系统配置文件管理(系统参数定值);

(6)系统相关技术支持,包括系统风险控制、安全分析、组织系统化、优化预防性维修大纲等。

18.2.2 设备管理工程师工作授权

设备工程师工作授权和公司岗位授权等效,即取得公司技术部门设备管理岗位正式授权。

18.2.3 QC 人员资格和培训授权

1. QC 人员的资格要求

(1)QC 人员必须具有高中(或者等同于高中的中专、技校、职高等)及以上的学历;

(2)熟悉本专业的设备和工作,要求至少有3年本专业工作经验,有较强的技术能力和沟通能力;

(3)役检专业的QC人员必须持有或曾经持有与所监督方法相应的Ⅱ级及以上资格证书。

QC人员所在管理部门需对其进行资格审查,审查通过后QC人员方可申请QC培训和授权。

2. QC人员培训和授权

QC人员(包括大修QC经理、QC组长)都必须取得QC授权,在授权前需要完成QC基础专业知识的培训,掌握核电厂质量控制的要求和工作方法。

由各处室在秦山核电管理支持平台中发起QC授权申请,申请处室培训工程师核查QC培训合格和资质符合要求后,提交申请科室负责人审核,然后由安全质量处质保监督科科长或具有主监察员资质的质保工程师审查,最后由安全质量处负责人批准授权。

QC人员授权到期前3个月,由安全质量处提醒QC人员所在处室。各处室确认需要继续维持QC授权的人员,将名单报给各技术处,各技术处策划组织QC培训。QC人员培训后需在6个月内完成QC授权申请,超期则视为成绩无效。完成培训后两周内,各处室组织QC申请授权人员在秦山核电管理支持平台中发起QC资格保持申请,经处室培训工程师、申请科室负责人、质保监督科审核后,由安全质量处负责人批准。

QC人员每次授权的有效期不超过2年。对于QC授权到期未申请QC授权保持的人员,其QC授权到期自动失效,以后如果从事QC工作,则需重新培训授权。

QC人员授权在秦山地区各生产单元内通用。

3. QC质量控制点

(1)质量控制点介绍

质量监督过程中,公司选定的质量控制点如下。

停工待检点(H点):是特定的质量控制点,必须经独立验证人员书面放行才允许进行该控制点以后的工作。H点需QC人员在现场对结果进行复验,复验合格后签点放行。

见证点(W点):是工作次序中特定的某个步骤。在此要求指定人员对该步骤的作业过程进行见证或检查,目的是验证该步骤的工作是否已按批准的控制程序完成。W点需QC人员对实施过程进行见证,不可越点。

文件审查点(R点):是工作记录审查点。R点由工作负责人对现场的实际工艺步骤或者校验数据进行照片取证,由QC人员事后审查照片以验证现场工艺数据是否符合质量要求。R点的照片以附件的形式跟随工作包存放在生产平台(如EAM)。R点的照片文件命名为:质量计划序号 - 质量计划工序步骤号 - R - 三位流水号。比如132483 - 02 - R - 001,显示的就是132483这份质量计划中选取02工序、编号为001的R点记录照片。

(2)选点要求

①出现质量问题后不能进行复检或复检非常困难的工序设为H点。

②出现的质量问题不能通过返工加以纠正或将付出巨大代价才能纠正的工序设为H点。例如,确定某些加工件尺寸、加工标准的环节和加工过程的环节。

③验证是否符合工艺技术标准的关键环节设为H点。

④设备回装前的内部异物检查,防异物分级高的设为H点。设备扣盖时密封面检查可与内部异物检查的H点同时进行。

⑤与主要故障模式相关的密封部位检查及试验工序应设为 H 点(后续无法检查的部位)或 W 点(后续还可检查的部位)。

⑥根据以往经验,容易出现质量问题的环节或者使用不常用工艺技术的环节设为 W 点。

⑦需要见证过程的和需要到现场观察的点不能设置为 R 点;其他通过记录数据可以定量进行合格性判断的点可以设置为 R 点。

(3)选点注意事项

①通用设备的选点包含机械、电气、仪控专业常见设备类型。各核电厂在准备质量计划过程中可根据需要增加相应的工序、选点。未涵盖的设备类型根据工作包准备要求自行设置工序并进行选点。

②一般的典型设备选点是根据设备的结构和主要影响质量的关键工序而定的。具体设备的维修工作,则需要根据该设备的维修工作文件识别出影响质量的关键工序写到质量计划中,在此基础上再根据上述要求进行选点。

③各专业典型设备选点可参考《质量计划编写和技术选点指导》。

18.3 绩 效 评 价

18.3.1 绩效管理原则

1. 战略导向、目标一致原则

处室和员工的绩效计划紧密围绕公司战略目标和规划而制订,确保公司全员绩效目标与公司战略导向保持一致,实现员工绩效对公司战略目标的有力支撑。

2. 横向到边、纵向到底原则

全员绩效管理体系纵深覆盖公司每一位员工。公司战略目标任务、JYK 考核指标及处室重点工作,通过逐级承接、层层分解、层层覆盖,最终落实到员工个人,实现公司战略目标任务的有效分解和完整落地,以及公司绩效管理与提升的全员参与。

3. 客观公正原则

对员工的绩效评估应建立明确的评价标准,以事实为依据,客观反映员工实际情况,避免因评估人员的主观因素影响绩效评估的结果。

4. 有效激励原则

绩效评估结果用于员工的薪酬奖励、职业发展、岗位晋升、员工培训等,体现责任、贡献与价值大小,激励先进,鞭策后进,引导员工创先争优。

5. 逐步完善原则

全员绩效管理需要结合公司规划和管理提升的要求持续改进和优化,逐步完善各个具体环节,形成科学、合理、可操作的全员绩效管理体系。

18.3.2 绩效评估原则

年度绩效评估周期内,员工有下列情形之一者,可以直接评定为优秀,且不占用所在处室优秀指标,上报材料时需说明情况并提供证明材料。

(1)享受国务院政府特殊津贴的;

(2)获得国防科工局有突出贡献中青年专家荣誉称号的;
(3)入选“511 工程”“111 计划”专家名单的;
(4)获评中核集团及以上技术能手的;
(5)当选公司级及以上劳动模范、首席专家、学术带头人、首席技师的。
年度绩效评估周期内,有下列情形之一的,不得评为“良好”及以上:
(1)受到公司纪律处分或组织处理的;
(2)有旷工记录的;
(3)有 2 次及以上迟到、早退记录的;
(4)全年实际出勤天数不足应出勤天数三分之二的;
(5)严重违反公司管理规定且形成处理意见的;
(6)因涉嫌违法违纪,处于调查或待处理阶段的。
年度绩效评估周期内,有下列情形之一的,评为“不称职”:
(1)绩效评估最终得分低于 60 分的;
(2)违反国家法律法规,被追究刑事责任或受到治安管理处罚的;
(3)违反党纪党规及廉洁从业有关规定中一票否决事项的;
(4)违反公司有关规定受到警告及以上处分的;
(5)工作弄虚作假、隐瞒不报事件或事故有关信息的;
(6)二级以上运行事件、较大及以上人身伤亡事故、重大火灾事故和放射源丢失事件等“一票否决”事项的直接责任人;
(7)经所在处室提出并经公司全员绩效考核领导小组审议,确定为“不称职”的。
年度绩效评估周期内,有下列情形之一的,应评为“基本称职”,可评为“不称职”:
(1)在岗履职能力差,能力水平不足以胜任本职工作,且拒绝接受改进提升的;
(2)工作态度消极,不服从工作安排,反复出现推诿搪塞,造成不良影响的;
(3)团队合作能力差,无故制造事端,煽动人员负面情绪,影响团队氛围的;
(4)全年实际出勤天数不足应出勤天数三分之一(不包括产假、哺乳假)的。

18.3.3 绩效评估方式

1. 内部测评

各评估组组织开展内部测评。每名员工填写一张内部测评互评表(表 18 - 1)。测评完成后,经统计计算,获得本测评组人员内部测评得分。

表 18 - 1 内部测评互评表

序号	姓名	职工号	评价档次
1			
2			
3			
4			
5			

表 18－1(续)

序号	姓名	职工号	评价档次
6			
7			
8			
9			
10			
...			

填写说明:测评以分档评价的方式进行。各评估组在表 18－1 中正确填入本测评组员工姓名和职工编号后,将其打印并发放给每名参评员工。每名参评员工填写一张互评表,按 A～D 共 4 档对同组人员(含本人)的年度工作绩效进行评价。其中 A 档为最高档,D 档为最低档。各档次可选择人数比例限制见表 18－2。

表 18－2 各档次可选择人数比例限制

档次	A	B	C	D
比例	不高于 20%	A＋B 不高于 50%		

注:人数按四舍五入计算。

计分方法:员工测评时只需在“评价档次”栏中按自己的评价填写 A、B、C、D 即可。测评完成后由评估组按照以下对应分值计算参评人员得分,见表 18－3。

表 18－3 对应分值

档次	A	B	C	D
对应分值	7	5	3	1

最终得分:最后根据组内参评人员得分排序,按以下分布获得本测评组被测评人员内部测评环节的最终得分,见表 18－4。

表 18－4 得分分布表

排名	前 20%	20% ～40%	40% ～60%	60% ～80%	后 20%
得分	94	92	90	88	86

注:

1. 人数按四舍五入计算;

2. 如遇特殊情况无法区分人员排名,则最高得 90 分。

2. 评估组评价

各评估组组织开展对评估对象的评价。按照“年度绩效评分表”（表 18－5）各项目内容，根据员工工作表现给出评价得分。打分方式由各处室评估组自行确定，可采取评估组成员共同商定的方式打分，也可采取各成员分别打分后加权平均的方式打分。

表 18－5　年度绩效评分表

<table>
<tr><td colspan="2">姓名</td><td colspan="2"></td><td>岗位</td><td></td><td>职称</td><td></td></tr>
<tr><td colspan="2">职工编号</td><td colspan="2"></td><td>学历</td><td></td><td>参加工作时间</td><td></td></tr>
<tr><td colspan="2">评估项目</td><td>分值</td><td colspan="4">评估指标描述</td><td>评分</td></tr>
<tr><td rowspan="4">1</td><td rowspan="4">工作业绩</td><td rowspan="4">16</td><td colspan="4">工作目标达成情况</td><td rowspan="4"></td></tr>
<tr><td colspan="4">所承担的工作总量</td></tr>
<tr><td colspan="4">是否提前、按时、拖期或不完成工作</td></tr>
<tr><td colspan="4">工作中有无差错及出现差错的频率等</td></tr>
<tr><td rowspan="4">2</td><td rowspan="4">专业技能</td><td rowspan="4">14</td><td colspan="4">对工作的流程、制度熟悉程度</td><td rowspan="4"></td></tr>
<tr><td colspan="4">专业知识、经验积累程度</td></tr>
<tr><td colspan="4">学习和掌握新知识、新技能的能力；对于参加脱产培训的员工，还需重点考核学习成绩及成效</td></tr>
<tr><td colspan="4">对岗位所需要的国家政策法规和公司的工作要求熟悉程度</td></tr>
<tr><td rowspan="4">3</td><td rowspan="4">安全意识</td><td rowspan="4">14</td><td colspan="4">在工作中的核安全意识</td><td rowspan="4"></td></tr>
<tr><td colspan="4">有无违反安全管理制度、作业规程及次数</td></tr>
<tr><td colspan="4">风险分析的意识，能否有效分析、预见风险点</td></tr>
<tr><td colspan="4">能否采取有效措施防范、处理风险</td></tr>
<tr><td rowspan="4">4</td><td rowspan="4">工作态度</td><td rowspan="4">12</td><td colspan="4">对工作任务的响应速度</td><td rowspan="4"></td></tr>
<tr><td colspan="4">执行上级决策、计划的力度</td></tr>
<tr><td colspan="4">工作自觉性、积极性</td></tr>
<tr><td colspan="4">工作中的进取心、勤奋度、责任心</td></tr>
<tr><td rowspan="4">5</td><td rowspan="4">工作思路</td><td rowspan="4">12</td><td colspan="4">善于发现问题，思考问题根源、解决办法</td><td rowspan="4"></td></tr>
<tr><td colspan="4">迅速理解并把握复杂的事物，发现关键问题，找到解决办法</td></tr>
<tr><td colspan="4">工作中能不断提出新想法、新措施和好建议</td></tr>
<tr><td colspan="4">考虑问题的全面性、遗漏率</td></tr>
</table>

表 18－5(续)

<table>
<tr><td rowspan="4">6</td><td rowspan="4">组织协调</td><td rowspan="4">12</td><td>对牵头开展的工作,是否能充分发挥各方优势,按既定目标完成</td><td rowspan="4"></td></tr>
<tr><td>是否善于沟通,在同事之间建立相互信任与良好的协作关系</td></tr>
<tr><td>与他人合作共事是否顺利,能否获得一定支持</td></tr>
<tr><td>对突发业务事件是否能快速拿出解决方案,能否从容安排、处理得当</td></tr>
<tr><td rowspan="4">7</td><td rowspan="4">团队表现</td><td rowspan="4">10</td><td>全局观意识,从整体出发考虑处理问题的表现</td><td rowspan="4"></td></tr>
<tr><td>帮助团队完成任务、实现业绩的表现</td></tr>
<tr><td>与团队分享技能和知识,帮助团队提升的表现</td></tr>
<tr><td>配合他人工作的主动性</td></tr>
<tr><td rowspan="4">8</td><td rowspan="4">行为规范</td><td rowspan="4">10</td><td>遵守国家法律法规情况,有无违法行为</td><td rowspan="4"></td></tr>
<tr><td>遵守公司劳动纪律、规章制度情况,有无迟到、早退等行为</td></tr>
<tr><td>讲文明,言谈举止是否自觉维护公司形象</td></tr>
<tr><td>廉洁、诚信,是否具有职业道德</td></tr>
<tr><td colspan="4">总分</td><td></td></tr>
<tr><td colspan="4">评估(小)组成员:</td><td>组长签字:</td></tr>
</table>

3. 评估结果确定

员工最终评估得分由内部测评分和评估组评价分共同组成,按照内部测评分的30%、评估组评价分的70%汇总计算评估总分,并据此确定评估结果。确定结果时遵循的原则见表18－6。

表 18－6 确定结果时遵循的原则

<table>
<tr><td>类别</td><td>优秀</td><td>良好</td><td>称职</td><td>基本称职</td><td>不称职</td></tr>
<tr><td rowspan="2">比例</td><td>不高于15%</td><td></td><td colspan="3" rowspan="2">/</td></tr>
<tr><td colspan="2">不高于35%</td></tr>
<tr><td>参考得分</td><td>90分及以上</td><td>80分及以上</td><td>70分及以上</td><td>60分及以上</td><td>60分以下</td></tr>
</table>

说明:

(1)各处室“优秀”“良好”人员名额由公司统一下达,各处室不得超出名额指标;分组开展评估的处室,名额由处室内部分配,总名额应不超出公司下达的名额指标。

(2)各处室在开展绩效评估过程中,应注重考虑员工履行岗位职责的情况,依据员工所处不同发展阶段,考量员工与当前所在岗位的匹配程度,兼顾表现较好的成长期人员。

18.4 绩效评价结果应用

（1）绩效结果可与员工的薪酬职级、岗位调整、员工培训等紧密联系，体现责任、贡献大小，激励先进，鞭策后进，引导员工创先争优。

（2）员工绩效考核结果作为绩效工资分配的依据，其中员工绩效考核结果为“优秀”的，应适当给予绩效奖励；“基本称职”“不称职”的，按适当方式核减绩效工资。

（3）年度绩效考核结果为“基本称职”的，薪档就近下调一个档次，已在一档的在低一职级就近就低定薪。当年年度考核结果为“不称职”或连续两年年度考核结果为“基本称职”的，下调到低一职级，薪档不变。连续两年考核结果为“不称职”或连续三年年度考核结果为“基本称职”的，视情况经公司党委会或总办会同意后予以调整岗位、降职或免职处理。

（4）作为干部选拔及员工调配的参考依据。

（5）作为公司对员工组织实施有针对性培训的依据，绩效结果为“优秀”的员工应优先获得培训机会。

（6）全员绩效考核结果的具体应用依据《岗位资格与岗位授权管理》《专业技术职务评聘管理》《职业资格鉴定及评聘管理》《政工专业职务评聘管理》《职位晋升管理》《干部岗位竞聘管理》《员工薪酬管理》等管理程序执行。

第19章　办公软件使用

19.1　ERP

19.1.1　ERP简介

ERP是Enterprise Resources Planning的英文缩写，中文名称是企业资源计划。ERP是由美国高德纳咨询公司(Gartner Group)在20世纪90年代初提出的一整套企业管理系统体系标准，是综合应用了网络通信等多种信息产业成果的软件产品，同时也是集成了管理理念、业务流程、人力物力、计算机软硬件于一体的企业资源管理系统。

ERP是管理理念上的创新，实施ERP系统是将信息、业务、人资等全局资源进行有机集成，使得流程得以疏通并实现标准化，提升管理效率，确保公司各项管理控制程序的执行，提供决策支持。

N1－ERP即中国核电人财物一体化信息系统。

19.1.2　ERP主要功能

ERP主要功能见表19－1。

表19－1　ERP主要功能

功能模块	主要功能
人力资源管理	基础建设:组织管理、人事管理、薪酬管理。 深化应用:招聘管理、培训管理、绩效管理、员工发展、自助服务
财务管理	基础建设:总账管理、应收应付管理、固定资产管理、成本会计。 深化应用:资金管理、预算管理(预算编制、控制、分析等)、报表合并
采购与仓储管理	基础建设:需求管理、采购管理、库存管理、质量管理、供应商管理。 深化应用:电子采购平台
项目管理	基础建设:项目立项管理、项目概预算、项目成本管理、项目移交转资管理、项目进度管理。 深化应用:项目施工管理、项目调试管理、项目后评价管理
决策支持系统	基础建设:基于各单位实施的财务、物资功能模块及设备管理系统，构建业务管理报表体系和主题分析体系，初步形成经营管控信息平台。 深化应用:围绕核心业务，建立全面绩效指标分析体系、管理驾驶舱等高级分析手段，进一步完善报表、绩效指标等，从多个维度、多种角度，为高层领导提供更加切实有效、丰富多样的科学决策支持工具

19.1.3 立项简要操作流程

1. 紧急立项

网页 ERP—立项计划中台—计划未立项:紧急立项。

(1)点击新增行,填写带 * 号的必填字段,同时在计划相关数据下"是否紧急",选择紧急,点击保存生成计划编号;

(2)回到计划未立项界面刷新,选中计划行,点击加入购物车;

(3)点击进入购物车,选中计划行,维护预算编码后点击立项处理;

(4)界面跳转至立项申请界面,将立项名称、立项理由、项目大类、项目小类等必填字段维护后,添加附件、会签,点击数据校验,提示校验成功后,点击提交即可;

(5)发起审批后,联系公司计划员根据计划编号分配至采购员,去操作寻源、授标,即询报价流程可与立项审批流程同步进行。

2. 普通立项

网页 ERP—立项计划—计划未立项:普通立项。

(1)点击新增行,将带 * 号的必填字段填写完后,点击保存生成计划编号;

(2)回到计划未立项界面刷新,选中计划行,点击加入购物车;

(3)点击进入购物车,选中计划行,维护预算编码后点击立项处理;

(4)界面跳转至立项申请界面,将立项名称、立项理由、项目大类、项目小类等必填字段维护后,添加附件、会签,点击数据校验,提示校验成功后,点击提交即可。

19.1.4 需求申报简要操作流程

1. 备件定额需求申报

网页 ERP—经营计划—备件管理—备件定额需求申报。

(1)设备工程师登录网页 ERP,找到发起备件定额需求申报的磁贴;

(2)设备工程师选择工厂,输入联系方式,选择输入查询条件,点击查询;

(3)设备工程师对查询出来的备件定额需求行项目进行编辑,输入必输字段;

(4)发起备件定额需求申报流程。

2. 工单备件申报

网页 ERP—经营计划—备件管理—工单备件需求申报。

(1)设备工程师登录网页 ERP,找到发起工单备件需求申报磁贴;

(2)设备工程师选择工厂,输入联系方式,选择输入查询条件,点击查询;

(3)设备工程师对查询出来的工单备件行项目进行编辑,输入必输字段;

(4)发起工单备件需求申报流程。

19.2 EAM

19.2.1 EAM 简介

EAM 是 Enterprise Asset Management 的英文缩写,中文名称是企业资产管理。EAM 系统是在资产比重较大的企业,在资产建设、维护中减少维护成本,提高资产运营效率,通过现代信息技术减少停机时间,增加产量的一套企业资源计划系统。EAM系统既是面向资产密集型企业的信息化解决方案的总称,也是以企业资产管理为核心的商品化应用软件。

现在我们通常所说的EAM,是指从美国VENTYX公司购买的EAM软件系统,包含两个独立的软件产品:Asset Suite(简称AS)和eSOMS(发音"伊桑姆斯")。

19.2.2 EAM主要功能

EAM主要包括基础管理、工单管理、预防性维修管理、资产管理、作业计划管理、安全管理、库存管理、采购管理、报表管理、检修管理、数据采集管理等基本功能模块,以及工作流管理、决策分析等可选模块。

EAM以资产模型、设备台账为基础,强化成本核算的管理思想,以工单的创建、审批、执行、关闭为主线,合理、优化地安排相关的人、财、物资源,将传统的被动检修转变为积极主动的预防性维修,与实时的数据采集系统集成,可以实现预防性维修。通过跟踪记录企业全过程的维修历史活动,将维修人员的个人知识转化为企业范围的智力资本。集成的工业流程与业务流程配置功能,使用户可以方便地进行系统的授权管理和应用的客户化改造工作,如图19-1所示。

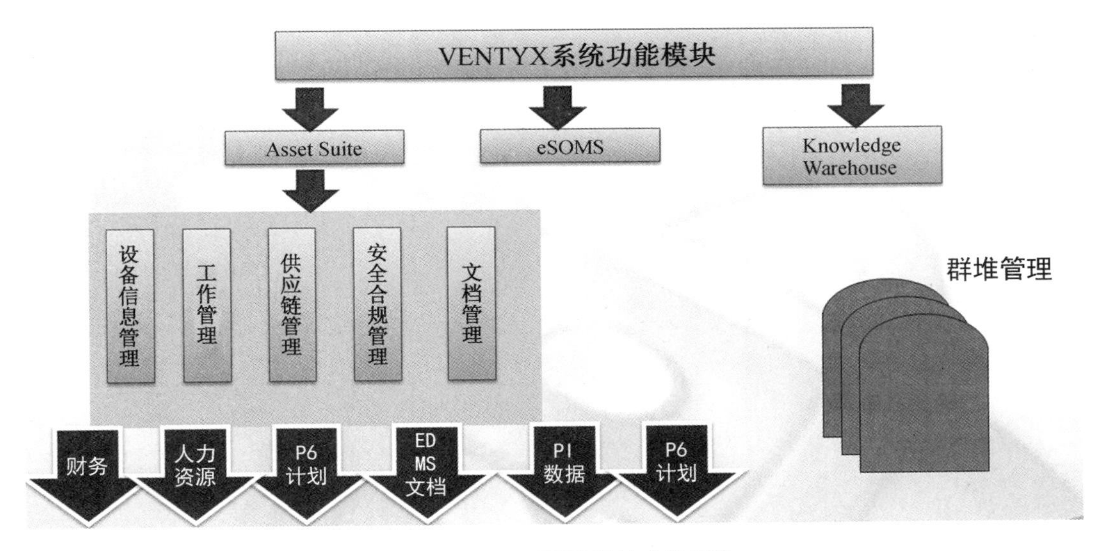

图19-1 VENTYX系统功能模块

19.3 ECM

19.3.1 ECM简介

ECM是Enterprise Content Management的英文缩写,中文名称是企业内容管理系统。企业内容管理的对象,也就是"企业内容管理"中的"内容",泛指各类结构化和非结构化数据的数字内容,包括数据库中的信息,企业的各种文档、报表、账单、网页、图片、传真,甚至多媒体音频、视频等各种信息载体和模式。与业务信息系统中大量用于交易记录、流程控制和统计分析的数据相比,“内容”具有某种特定和持续的价值,这种价值在共享、检索、分析等使用过程中得以产生和放大,并最终对企业业务和战略产生影响。企业内容管理的功能覆盖内容采集、创建、加工、存储、发布(出版)、检索和分析等,并随着技术发展和业务创新而不断演化。

内容管理从2000年开始成为企业信息化建设一个重要的应用领域,通过对企业各种类型数字资产的产生、管理、增值和再利用来改善组织的运行效率和企业的竞争能力。

19.3.2 ECM主要功能

ECM具有六大核心功能:

(1)文档管理,包括文档发布和获取、版本控制、安全性检验以及对商业文件提供存储检索服务;

(2)记录管理,为每条单独的企业信息分配专门的生命周期记录,从信息产生、接收、维护、使用直到最后的处理都将被记录下来;

(3)支持商业流程和内容传递的工作流,配置工作任务和状态,并创建查找索引;

(4)资料库服务与存档管理,从系统中卸载内容到外部的存档装置或系统中,以便长期安全存放,并在需要时检索;

(5)个性化与门户功能,对信息资源进行收集、整理和分类,向用户提供和推荐相关信息;

(6)协作管理,为企业内部组织提供文档共享与可支持的文档中心协同写作功能。

第20章　成果申报

20.1　科技论文

科技论文是某一科学课题在实验性、理论性或观测性上具有新的科学研究成果或创新见解和知识的科学记录；或是某种已知原理应用于实际中取得新进展的科学总结，用以在学术会议上宣读或讨论，或在学术刊物上发表，或做其他用途的书面文件。科技论文应提供新的科技信息，其内容应有所发展、有所发明、有所创造、有所前进，而不是重复、模仿、抄袭前人工作。本章的编写目的是规范秦山核电职工科技论文对外发表与交流，鼓励员工发表技术论文，保护科技成果知识产权、专有技术，保守商业秘密。

20.1.1　科技论文审查流程

论文作者在对外发表论文之前，必须按流程通过本（部门）处室审查、公司保密办审查和科技创新处审查。科技论文审查流程如图20－1所示。

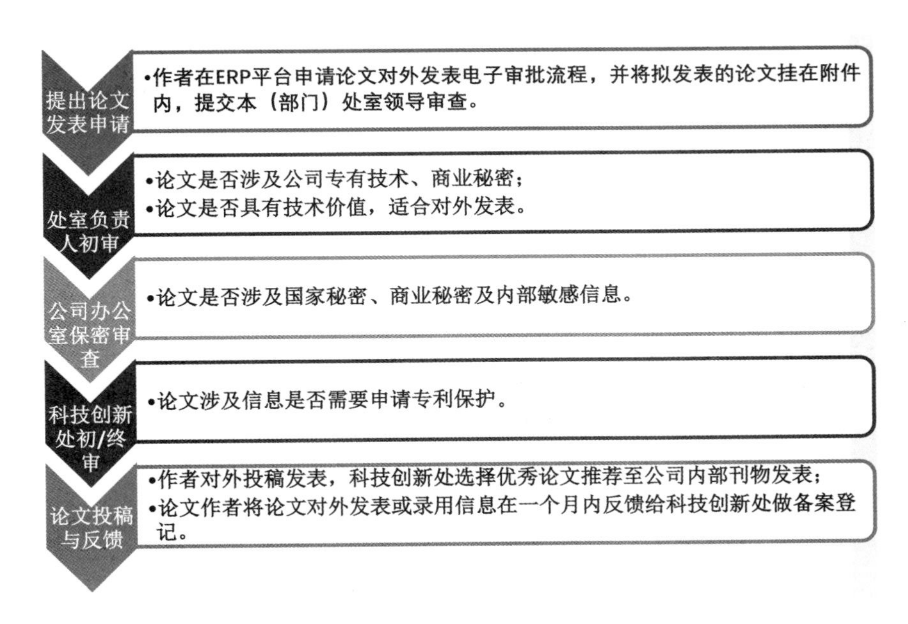

图20－1　科技论文审查流程

1．科技论文作者提出论文发表申请

作者在ERP平台申请的路径：科研项目管理中台—科研信息库管理—论文/资料申报。根据要求填报相关信息，并将拟发表的论文挂在附件内，提交本（部门）处室领导审查。

2. 作者所在处室负责人初审

作者所在单位处室领导对科技论文进行初步审查,其要素包括但不限于:论文是否涉及公司专有技术、商业秘密;论文是否具有技术价值,适合对外发表。

3. 公司办公室保密审查

公司办公室(保密办)进行保密审查并签署意见,其要素包括但不限于:论文是否涉及国家秘密或商业秘密及内部敏感信息。

4. 科技创新处初/终审

科技创新处对知识产权保护进行审查并签署意见,其要素包括但不限于:论文涉及信息是否需要申请专利保护。

5. 论文投稿与反馈

完成外部刊物科技论文审查流程的论文由作者对外投稿发表,科技创新处选择优秀论文推荐至公司内部刊物发表。论文作者将论文对外发表或录用信息在一个月内反馈给科技创新处做备案登记。

20.1.2 科技论文投稿要求

科技论文包括科技管理论文和技术论文。投稿论文必须满足论文编写的基本格式与内容,遵循所投刊物或交流会议的具体要求,论文必要的组成部分如下:

1. 题名

论文题名用字不宜超过 20 个汉字,外文题名不宜超过 10 个实词。使用简短题名而语意未尽时,可借助副标题名以补充论文的下层次内容。

2. 作者

作者的姓名应给出真实姓名的全名。合写论文的诸作者应按论文工作贡献的大小顺序排列。同时还应给出作者完成研究工作的单位或作者所在的工作单位或通信地址,以便读者在需要时可与作者联系。

3. 摘要

摘要是以提供论文内容梗概为目的,不加评论和补充解释,简明确切地记述论文重要内容的短文。中文摘要一般不超过 300 字,外文摘要一般不超过 250 个实词。如遇特殊需要,字数可以略多。中文论文一般要求同时有中、英文摘要。

4. 关键词

为了便于读者从大量文献中寻找论文文献,特别是为适应计算机自动检索的需要,一般为 3 ~ 8 个关键词。中文论文一般要求同时有中、英文关键词。

5. 正文

正文是论文的主体,正文应包括论点、论据、论证过程和结论。

6. 参考文献

应按照参考文献的先后顺序注明文献作者、题名和出处等。参考文献著录的条目以小于正文的字号编排在文末。

7. 引言、结论、附录

论文还可以根据情况在正文前加入引言,在正文后加入结论,可加入附录等,但不作为必要的组成部分。

公司内部刊物的论文投稿,按公司内部刊物有关规定和要求执行。

20.2 专利、著作权申请

20.2.1 定义

知识产权是指权利人对其智力劳动所创作的成果和经营活动中标记、信誉所依法享有的权利。知识产权一般包括著作权和工业产权。著作权主要指计算机软件著作权和作品登记;工业产权主要包括专利权和商标权:作品;发明、实用新型、外观设计;商标;地理标志;商业秘密;集成电路布图设计;植物新品种;法律规定的其他客体。

本书中知识产权特指依照国家有关法律法规或者合同约定,属于秦山核电享有或与他人共同享有的知识产权所属本单位员工完成的职务智力劳动成果,以及根据国家有关法律规定取得的或者合同约定享有的权利,主要包括专利权、商标权、商业秘密(含技术秘密)、著作权(含计算机软件、作品登记)、法律法规规定的其他知识产权。

专利是受法律保护的发明创造,指经国家专利主管机关依照专利法规定的审批程序审查合格后向专利申请人授予的在规定的时间内对该项发明享有的专有权。

20.2.2 类型

1. 专利

专利分为发明、实用新型和外观设计三种类型。

(1)发明,是指对产品、方法或者其改进所提出的新的技术方案。

(2)实用新型,是指对产品的形状、构造或者其结合所提出的适于实用的新的技术方案。

(3)外观设计,是指对产品的形状、图案或者其结合以及色彩与形状、图案的结合所做出的富有美感并适于工业应用的新设计。

2. 著作权

著作权作品包括以下列形式创作的文学、艺术和自然科学、社会科学、工程技术等作品。

(1)文字作品;

(2)口述作品;

(3)音乐、戏剧、曲艺、舞蹈、杂技艺术作品;

(4)美术、建筑作品;

(5)摄影作品;

(6)电影作品和以类似摄制电影的方法创作的作品;

(7)工程设计图、产品设计图、地图、示意图等图形作品和模型作品;

(8)计算机软件;

(9)法律、行政法规规定的其他作品。

20.2.3 材料撰写

1. 专利申请材料撰写

专利申请材料包括秦山核电专利(著作权登记)申请内部审批表和专利技术交底书。

秦山核电专利(著作权登记)申请内部审批表填写说明:

(1)内部审批表中,所有发明人必须签字(列入名单中);

(2)联合申请专利,必须将联合申请单位名称、发明人姓名填写清楚并进行排序,联合申请专利同时提供知识产权合同或协议等;

(3)专利申请前,可以利用微信小程序“专利大王”对其进行检索,以便确定是申请发明专利还是实用新型专利,两者区别就在于“新颖性”;

(4)统一项目中专利申请与论文发表有冲突,注意申请顺序(专利受理后便可进行论文发表);

(5)技术交底书最后两页的“填写说明”(供填写参考),请删减后再打印,以节约纸张。

专利技术交底书填写说明:

(1)发明创造名称

发明创造名称应简明、准确地说明发明创造类型,即产品或方法名称。名称中不应含有非技术性词语,不得使用商标、型号、人名、地名或商品名称等。一般不得超过25个字。

(2)技术领域

简要说明发明创造的直接所属技术领域或直接应用技术领域。

(3)背景技术

背景技术,是指对发明创造的理解、检索、审查有用的现有技术。描述与本专利申请的技术方案相比最接近的国内外现有技术的具体内容,必要时结合附图加以说明。一般要以文献检索为依据,最好提供现有技术的文献复印件。

具体内容,可以参照下面具体实施方式中的一种或者一种以上类型分别描述:其结构组成、各部件之间的连接关系;方法步骤、工艺步骤、流程及其条件参数等,并简要说明其工作原理或动态作用。

(4)发明内容

包括:目的、技术方案和有益效果。

目的:指出上述现有技术的不足之处或者存在的问题,或者阐述本专利申请所要解决的技术问题。

技术方案:描述克服发明目的中的现有技术不足或者解决发明目的中的技术问题所采用的技术手段。按照技术手段的重要程度,按重要在前、次要在后依次描述。

效果:描述每一项技术手段在本发明中所起的作用以及产生的有益效果。填写时可以采用结构特点的分析和理论说明的方法,或者采用实验数据说明的方法,而不能只断言本发明具有什么优点或积极效果,也不得采用广告式宣传用语。采用实验数据说明时应给出必要的实验条件和方法。

(5)附图说明

附图应按照各类制图规范绘制,图形线条为黑色,图上不得着色。

每一附图中的部件要采用阿拉伯数字顺序进行统一标号,并列出标号所对应的部件名称。多幅附图时,各幅图中的同一部件应使用相同的标号。每一附图的下面,应写明图名。

(6)具体实施方式

结合附图对本专利申请的技术方案进行完整说明,既包括现有技术中未改进部分(或者留用的部分)的技术内容,也包括改进部分的技术内容。

如果技术方案涉及下列一种或一种以上,请按各类型要求提交相应材料。

①机械结构、物理结构、电路结构或层状结构等产品。

需要结合其附图描述各部件名称和标号(如螺栓1、螺母2)之间的相互连接关系、作用关系或者工作关系,并说明该产品如何使用。

层状产品,需要给出不同层的材料和厚度,厚度要给出其适用的上下限范围,并分别给出上限、下限和上下限之间具有代表性数据或者中间值的具体实例。

②化合物产品。

化合物结构确定的,需要提交该化合物的名称(学名)、结构式或分子式。

化合物结构不确定的,不能用化学名称、结构式表述此化合物的,需要提交发明的化合物的物化参数。

物化参数包括分子量,元素分析,熔点,核磁共振数据,比旋光度,紫外(UV)数据,在溶剂中的溶解度,显色反应,碱性、酸性、中性的区别,物质的颜色等。

注:以上物化参数是常用的,如用新参数则一定要有说服力的说明;化合物结构不确定的,也不能用上述参数表示,需要提交制备方法,可再加上物化参数。

③组合物产品。

需要提交组合物的组分和用量,用量可以用份额表示或用百分含量表示。

注意,用百分含量表示的必须满足:任意一种组分的含量上限加上其他所有组分的含量下限小于100%;任意一种组分的含量下限加上其他所有组分的含量上限大于100%。

④方法(包括计算机程序、软件)或者工艺。

如控制方法、测试(检测、测量)方法、处理方法、生产(制备、制造)工艺等需要提交流程图,按照流程的时间顺序,以自然语言对各步骤进行描述,并提供各步骤中的技术条件参数的上下限范围,并给出上限、下限和上下限之间具有代表性数据或者中间值的具体实例。

注意,凡是为了解决技术问题,利用技术手段,并可以获得技术效果的涉及计算机程序的发明专利申请书可给予专利权保护。具体包括:用于工业过程控制的、用于测量或测试过程控制的、用于外部数据处理的以及涉及计算机内部运行性能改善的涉及计算机程序。

⑤用途发明,提交该产品的用途是什么,如何使用。

20.2.4 著作权登记申请材料撰写

1. 计算机软件著作权登记申请

(1)申请资料

①秦山核电专利(著作权登记)内部审批表,需要科室负责人和部门负责人签字,其中“软著(作品登记)项目组成员”必须填写准确、完整(作为以后的业绩证明)。填写好先将电子版材料发给知识产权工程师,待审核没问题打印出来签字(打印内部审批表、软著登记申请表即可,其他材料不需打印),交到科技创新处进行审核。

②软著申请文件包括源代码、＊＊＊软件登记申请表、＊＊＊用户使用手册(操作说明书)三种。

(2)申请资料填写注意事项

①标红的必填,由申请人填写;

②申请人必须填写清楚(特别是联合开发单位);

③联系人为科技创新处知识产权工程师。

(3)申请文件格式要求

①所提交的纸介质申请文件和证明文件需复印在 A4 纸上。

②提交的各类表格应当使用中国版权保护中心制订的统一表格(可以是原表格的复制件)。填写内容应当使用钢笔或签字笔填写或者打印,字迹应当整齐清楚,不得涂改。

③申请表格内容应当使用中文填写,并由申请者盖章(签名)。

④提交的各种证件和证明文件是外文的,应当附送中文译本。

⑤所提交的申请文件应当为一份。

(4)申请资料各类申请的文件交存要求

①按照要求填写的计算机软件著作权申请表。

②提交申请者身份证明材料(复印件)。

法人或其他组织身份证明——企业法人:营业执照副本;事业法人:事业法人证书;其他组织:当地民政机关或主管部门批文。

台湾地区法人应提供营业执照公证书(由当地法院或相关机构开具);香港和澳门特别行政区法人应提供营业执照复印件及公证认证书;外国公司应提供营业执照复印件及公证认证书(经中华人民共和国驻所在国大使馆认证)。

自然人身份证明——中国公民居民身份证复印件或其他证明复印件;外国个人需提交护照复印件或个人身份证明认证件(经中华人民共和国驻所在国大使馆认证)。

鉴别材料:

①源程序前、后各连续 30 页,共 60 页。源程序每页不少于 50 行(结束页除外),右上角标注页号 1 ~60;

②文档(用户手册、设计说明书、使用说明书等任选一种)前、后各连续 30 页,共 60 页。每页不少于 30 行(结束页除外),右上角标注页号 1 ~60。

申请软件著作权登记,可以选择以下方式之一对鉴别材料做例外交存:

• 源程序前、后各连续 30 页,其中的机密部分用黑色宽斜线覆盖,但覆盖部分不得超过交存源程序的 50%;

• 源程序连续的前 10 页,加上源程序的任何部分的连续 50 页;

• 目标程序前、后各连续 30 页,加上源程序的任何部分的连续 20 页。文档做例外交存的,参照前款规定处理;

• 申请人可申请将源程序、文档或者样品进行封存,除申请人或者司法机关外,任何人不得启封。

注:已办理软件著作权登记的,其著作权发生继承、受让、承受时,当事人应当出具软件著作权登记证书(复印件),无须提交鉴别材料。

其他软件权属证明文件:

①软件权属证明委托开发——合作开发:合同书或协议书,软件委托开发协议或合同书;下达任务开发:下达任务开发软件任务书,利用他人软件开发的软件许可证明。

②继承、受让、承受软件著作权的申请人,提交以下证明文件。

•“继承”专指原著作权人(自然人)发生死亡,而由合法的继承人(自然人)依法继承软件著作权的情况。继承人申请软件著作权登记时,提交合法的继承证明(经公证的遗嘱或者法院的判决等)。

· "受让"指通过自然人之间、自然人与法人或者其他组织之间、法人之间、法人或者其他组织之间转让后,取得软件著作权的情况。受让人申请软件著作权登记的,提交依法签订的著作权转让合同或者相关证明。

· "承受"指法人或其他组织发生变更(如改制)、终止(如合并),而由其他法人或者其他组织享有软件著作权的情况。当法人或者其他组织以权利承受人申请登记的,提交著作权承受证明。

· 著作权承受证明——法人或者其他组织的工商变更证明;国有法人或者其他组织的上级主管机构的行政批复。

版本说明:

申请登记软件 V1.0 以上的高版本或以其他符号作为版本号进行原创软件登记时,应提交版本说明。

若由代理人代理,需要提供如下资料:

· 填写软件登记申请表中的相关信息;

· 法人或其他组织身份证明,如事业单位,需提供事业单位法人证书(副本),并加盖公章;

· 软件说明书,最好有软件使用界面截图,注意:软件界面上出现的名称与软件登记填写的相关信息保持一致;

· 软件代码,尽量多提供,方便代理人修改、排版。

2. 作品登记申请

申请材料:

(1)《作品著作权登记申请表》;

(2)申请人身份证明文件复印件;

(3)权利归属证明文件;

(4)作品的样本(可以提交纸介质或者电子介质作品样本);

(5)作品说明书(请从创作目的、创作过程、作品独创性三方面写,并附申请人签章,标明签章日期);

(6)委托他人代为申请时,代理人应提交申请人的授权书(代理委托书)及代理人身份证明文件复印件。

20.2.5 专利、著作权登记申请流程

1. 专利申请流程

(1)按照专利申请材料填写要求,完成《秦山核电专利、著作权登记申请》内部审批表和专利技术交底书填写。

(2)将填写好的申请材料可编辑版发送给知识产权工程师进行初审,然后由专利审查小组进行审核;合格后告知发明人进行 ERP 电子审批流程审批。

(3)科技创新处流程审批后,申请材料提交至专利代理机构。

(4)专利代理师对申报材料进行修改后(或无法受理),提交国家知识产权局。

(5)等待国家知识产权局代理人审核并最后决定是否授权。其中发明专利需要经过初

审、实质审查、公开，实用新型专利只需经过初审便可决定是否授权，如图 20－2 所示。

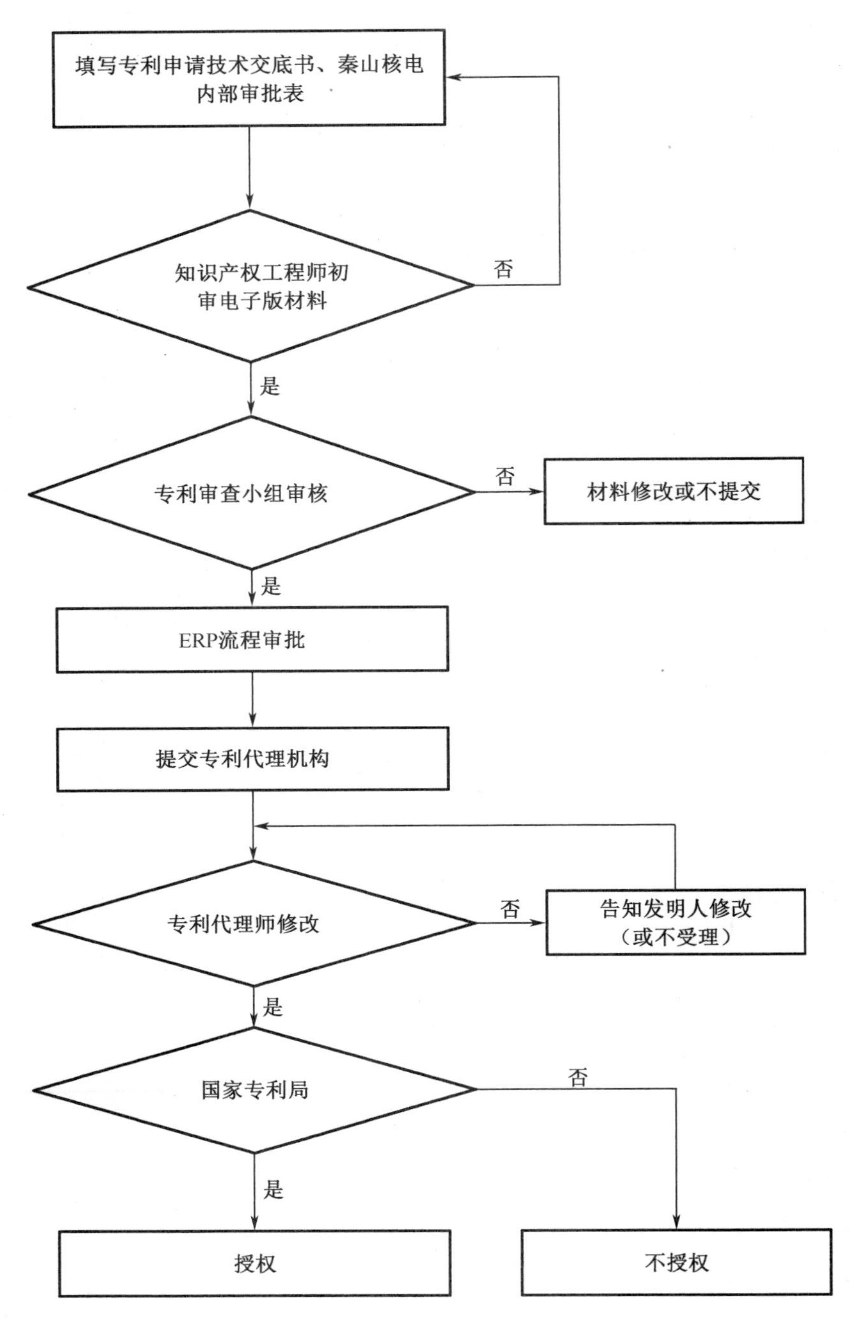

图 20－2　专利申请流程图

发明专利审核流程如图 20－3 至图 20－7 所示。

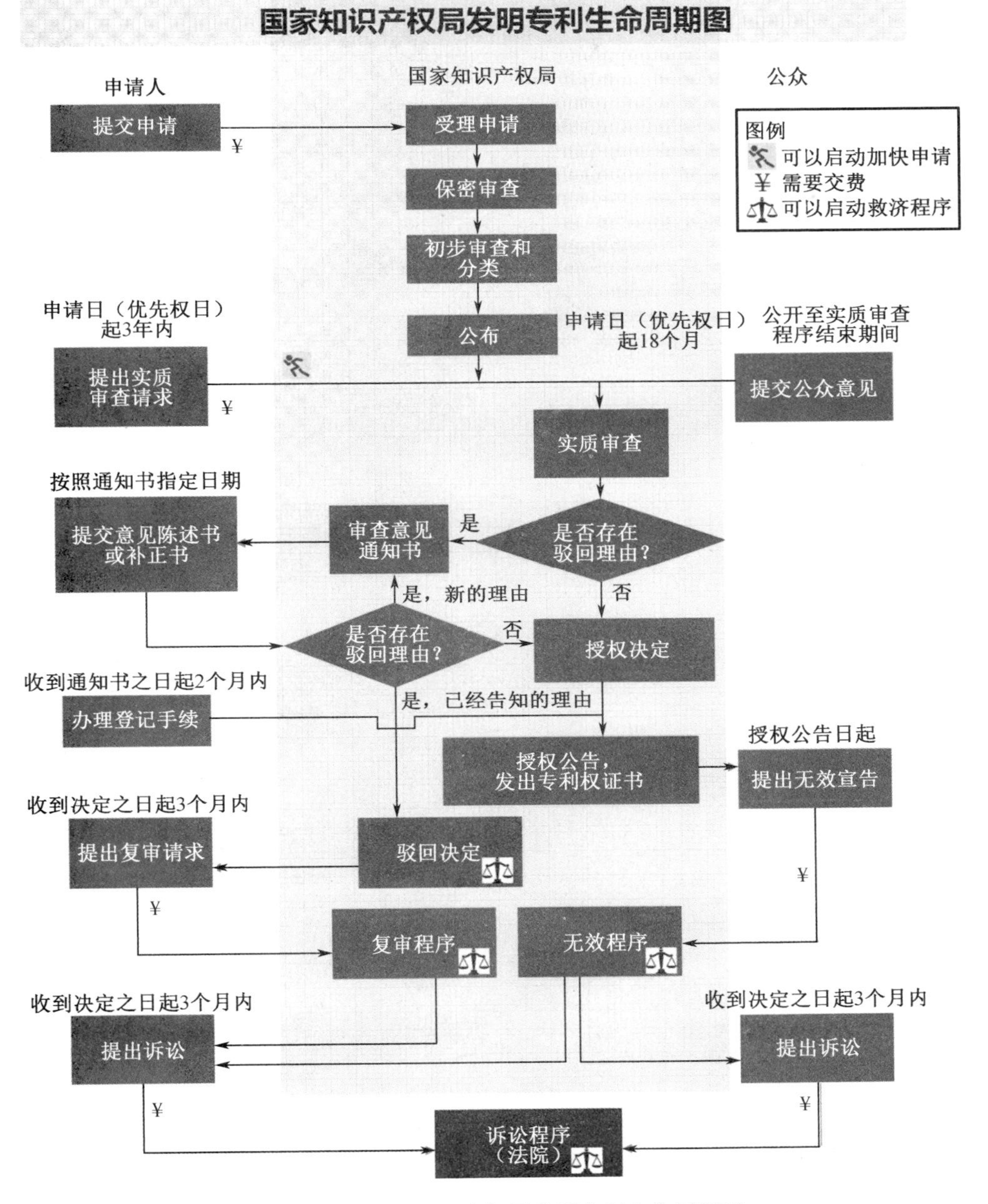

图 20－3　国家知识产权局发明专利生命周期图

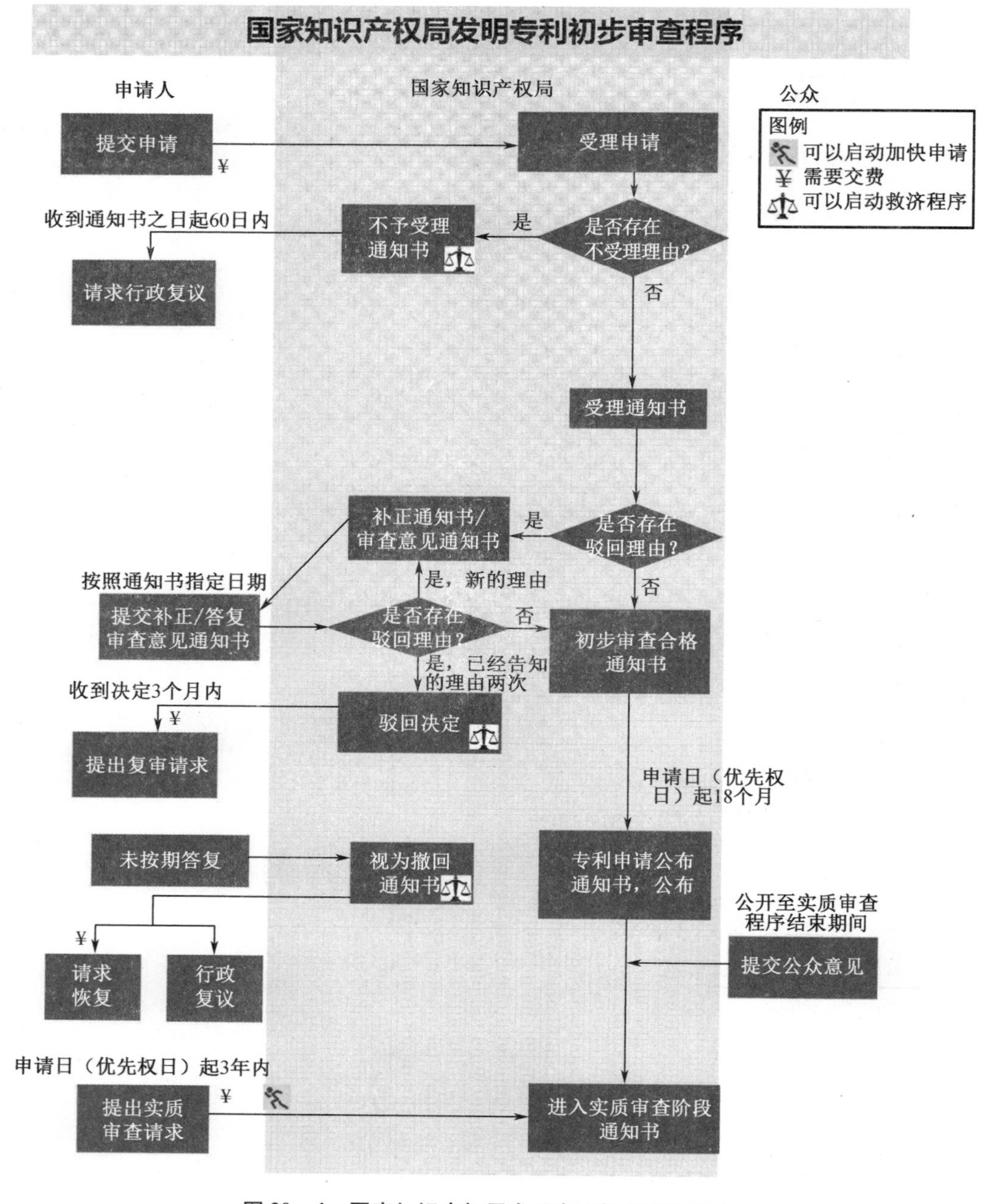

图 20－4　国家知识产权局发明专利初步审查程序

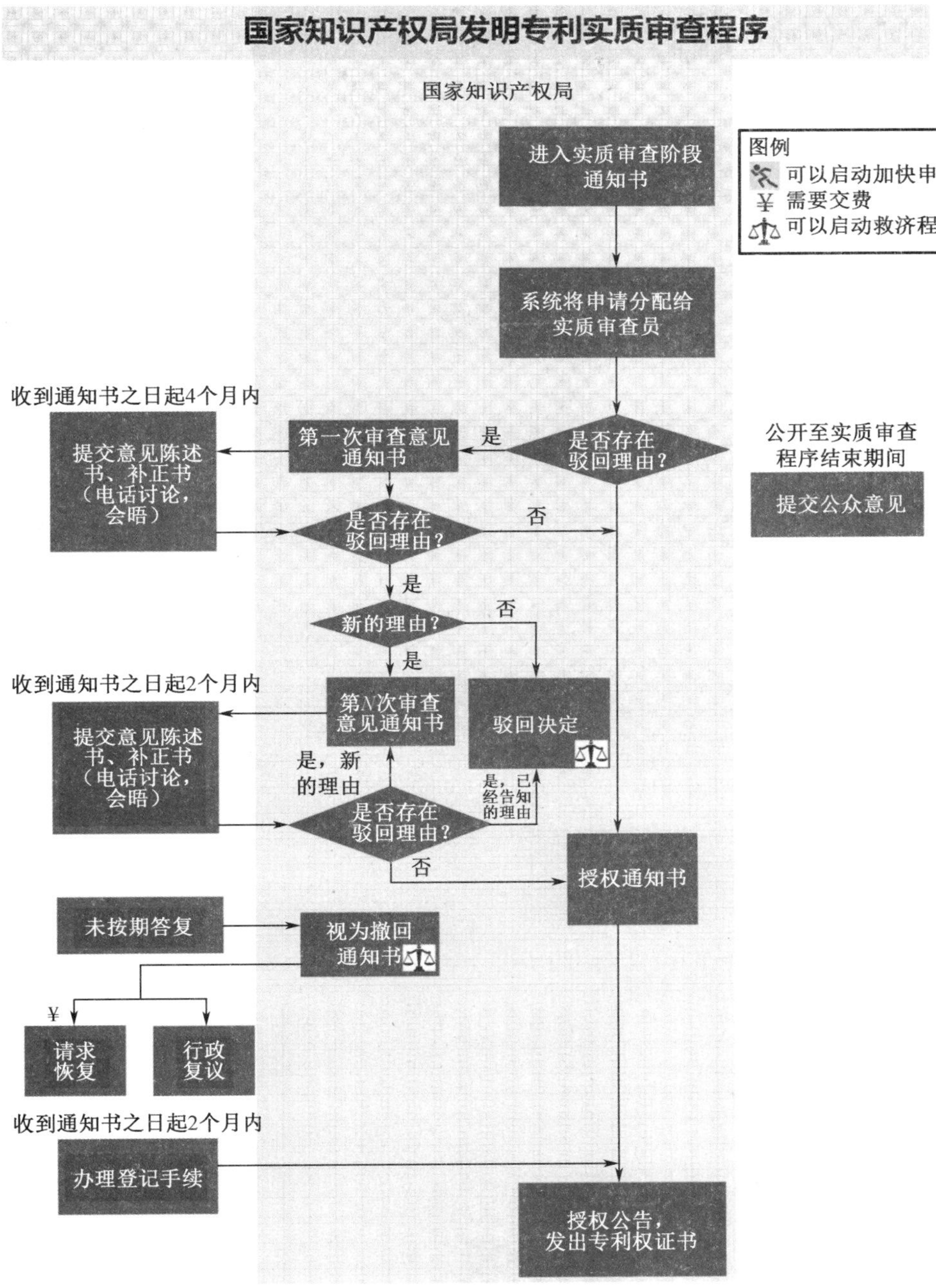

国家知识产权局发明专利实质审查程序

国家知识产权局

进入实质审查阶段通知书

图例
可以启动加快申请
¥ 需要交费
可以启动救济程序

系统将申请分配给实质审查员

是否存在驳回理由？

是

第一次审查意见通知书

收到通知书之日起4个月内

提交意见陈述书、补正书（电话讨论，会晤）

公开至实质审查程序结束期间

提交公众意见

是否存在驳回理由？

否

是

新的理由？

否

是

收到通知书之日起2个月内

第N次审查意见通知书

提交意见陈述书、补正书（电话讨论，会晤）

驳回决定

是，新的理由

是，已经告知的理由

是否存在驳回理由？

否

授权通知书

未按期答复

视为撤回通知书

¥

请求恢复

行政复议

收到通知书之日起2个月内

办理登记手续

授权公告，发出专利权证书

图 20－5 国家知识产权局发明专利实质审查程序

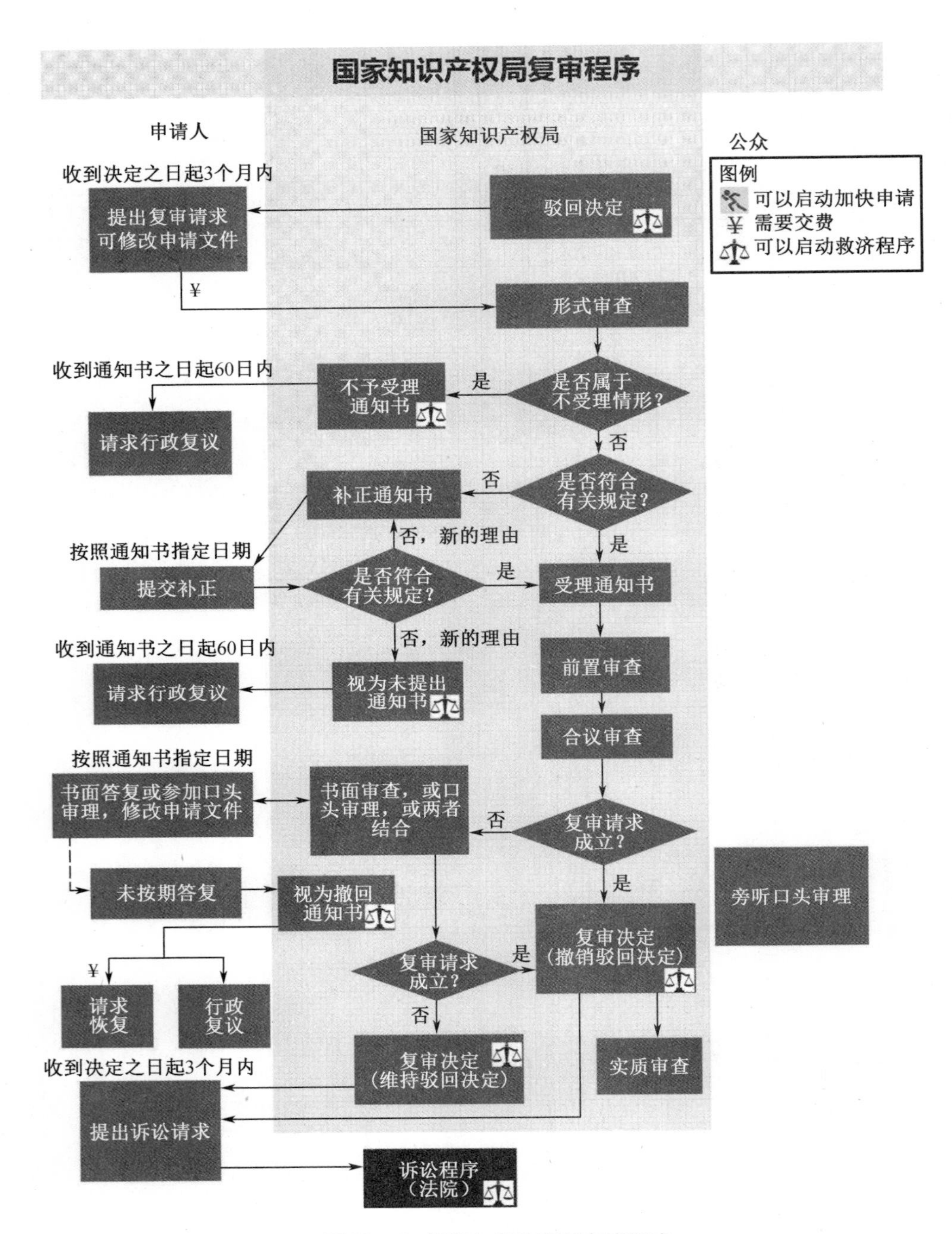

图 20－6　国家知识产权局复审程序

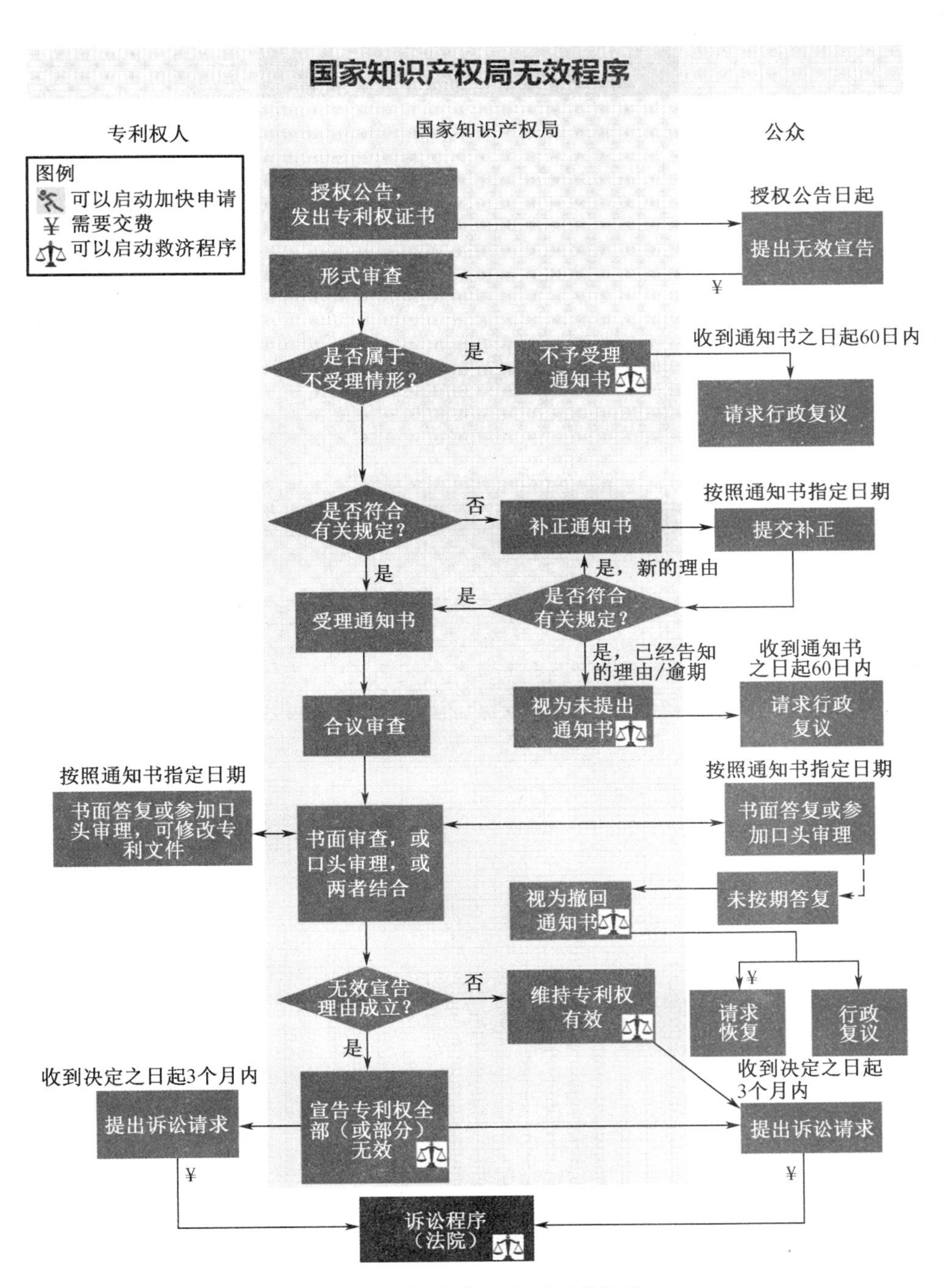

图 20－7 国家知识产权局无效程序

20.2.6 计算机软件著作权登记申请流程

(1)发明人根据申请材料及填写要求完成《秦山核电专利、著作权登记申请内部审批表》、计算机软著申请登记表、源代码、操作手册(说明)的填写;

(2)将填写好的申请材料打包发送给知识产权管理人员;

(3)审核通过后,打印秦山核电内部审批表并签字扫描,与其他软著申报材料一并走 ERP 电子审批流程;

(4)知识产权管理人员提交材料至专利代理机构;

(5)由专利代理机构和知识产权管理人员共同完成在国家版权保护中心网站上的著作权登记申请流程。

计算机软著申请授权如图 20-8 所示。

20.2.7 作品登记申请流程

(1)发明人根据作品登记申请材料模板,完成《秦山核电专利、著作权登记申请内部审批表》、作品著作权登记申请表、权利归属证明文件、作品的样本(可以提交纸介质或者电子介质作品样本)、作品说明书(请从创作目的、创作过程、作品独创性三方面写,并附申请人签章,标明签章日期)、委托他人代为申请时,代理人应提交申请人的授权书(代理委托书)及代理人身份证明文件复印件、申请人身份证明文件复印件等材料的填写;

(2)将电子版材料发送给知识产权管理人员进行初审,审核通过后打印内部审批表签字扫描,与其他材料同时进行 ERP 电子审批流程(所有用印都由科技创新处办理);

(3)知识产权管理人员将电子版材料(盖好章的扫描版)提交专利代理机构;

(4)等待国家版权局授权,如图 20-9 所示。

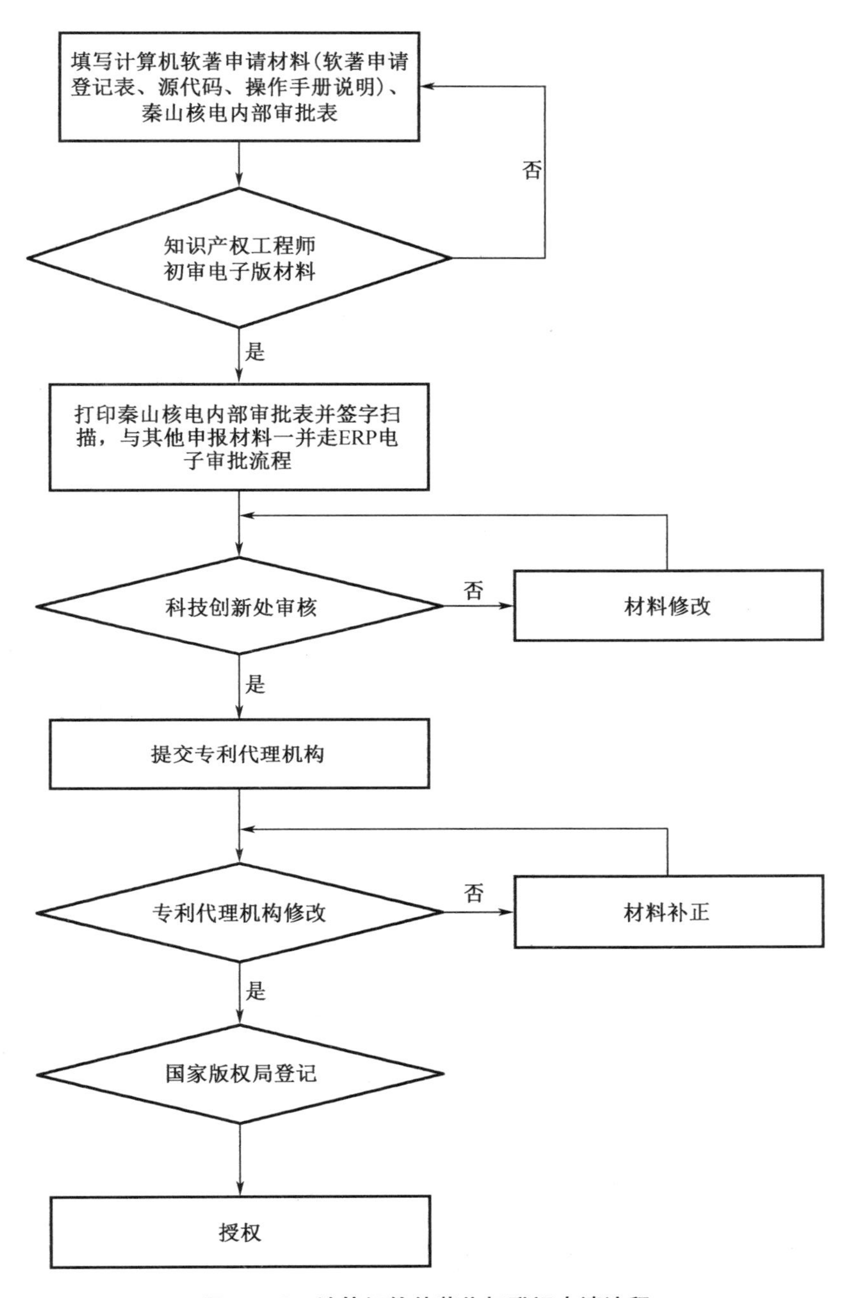

图 20－8 计算机软件著作权登记申请流程

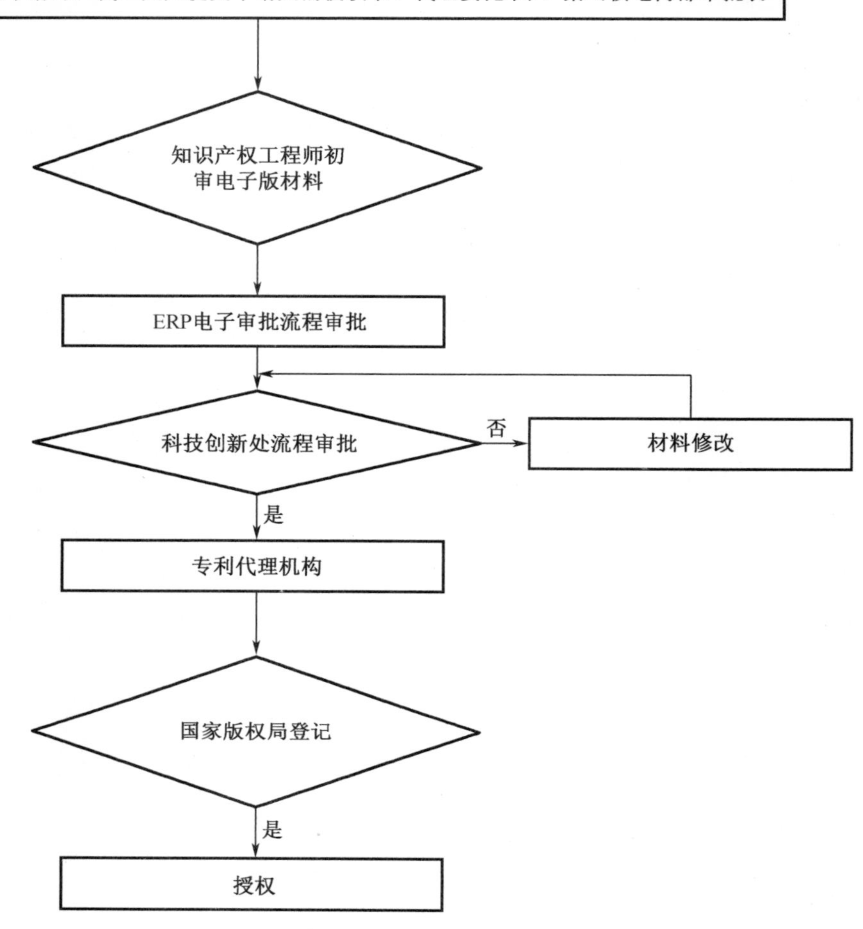

图 20－9　作品登记申请流程

第21章　项目管理

项目管理作为一门专业已经得到广泛认可,这表明知识、过程、技能、工具和技术的应用对项目的成功有显著、积极影响。《项目管理知识体系指南》PMBOK 中,将项目定义为创造独特的产品、服务或成果而进行的临时性工作。每个项目都会创造独特的产品、服务或成果,并有明确的起点和终点。项目管理就是将知识、技能、工具与技术应用于项目活动,以满足项目的要求。项目具有生命周期,总体分为启动、规划、执行、监控、收尾五大过程组,以及整合管理、范围管理、进度管理、成本管理、质量管理、资源管理、沟通管理、风险管理、采购管理、相关方管理十大知识领域,关键组成部分在项目中的相互关系如图 21－1 所示。

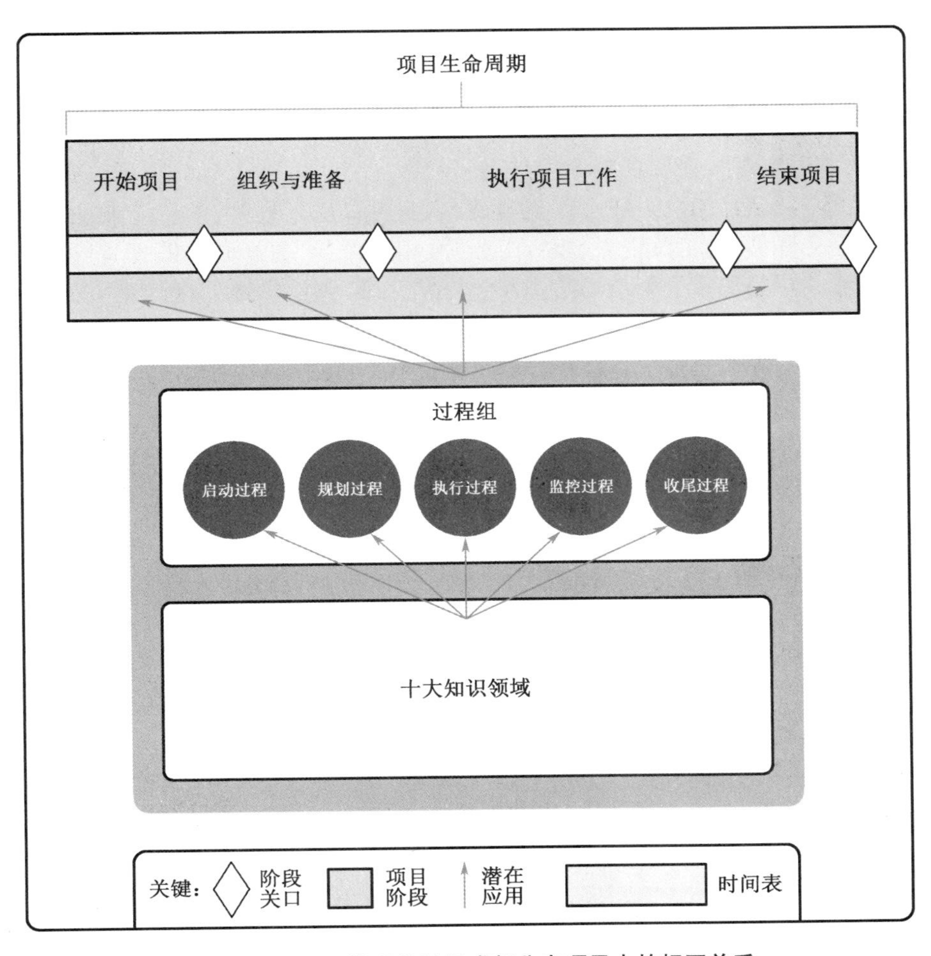

图 21－1　项目管理关键组成部分在项目中的相互关系

在核电厂的生产活动中，很多技术活动（如技术改造、国产化科研、重大技术问题整治）都具有项目的独特性、临时性等特性，普遍适用项目管理的工具和方法。结合技术改造项目管理实践，选取团队建设、沟通管理、风险管理三个较为通用的项目管理知识领域应用进行介绍和说明。其他技术活动可以参照推广使用。

技术改造项目实行项目管理制，项目组成员主要由变更责任工程师、变更施工负责人、运行工程师等组成，原则上项目经理由变更责任工程师担任，也可以根据书面授权由更高级别的人员担任。总体分工上变更责任工程师负责项目技术方案，变更施工负责人负责组织项目实施。对于大型变更，如项目涉及机电仪、材料防腐、焊接、役检、土建、化学、采购等配合专业，由责任处室指定相应专业人员参加项目组。项目组成员代表本部门参与项目，负责处理并协调涉及本部门事宜。变更项目组负责设计、采购、施工、验收、配置文件修改、变更关闭等变更的全过程管理，负责项目安全、质量、进度、预算的控制。一般跨专业的大型变更必须成立项目组，推进项目进展。

21.1 团队建设

团队建设是提高工作能力、促进团队成员互动、改善团队整体氛围，以提高项目绩效的过程。本过程的主要作用是改进团队协作、增强人际关系技能、激励员工、减少摩擦以及提升整体项目绩效。本过程需要在整个项目期间开展。

对于变更项目，项目团队一般由变更申请人、变更责任工程师、配合专业的技术责任工程师、变更管理工程师、施工负责人、运行工程师、相关设备工程师、采购工程师等组成。项目干系人（能影响项目决策、活动或结果的个人或组织）包括内部的设计审批人员、设计院的设计工程师、供货厂家的技术人员、安全重要修改的审评人员等组成。对于成立项目组的大型变更，项目组成员和分工在项目计划书中进行明确。

项目经理应能够定义、建立、维护、激励、领导和鼓舞项目团队，使团队高效运行，并实现项目目标。团队协作是项目成功的关键因素，而建设高效的项目团队是项目经理的主要职责之一。项目经理应创建一个能促进团队协作的环境，并通过给予挑战与机会、提供及时反馈与所需支持，以及认可与奖励优秀绩效，不断激励团队通过以下行为实现团队的高效运行：

(1)开放与有效的沟通；

(2)创造团队建设机遇；

(3)建立团队成员间的信任；

(4)以建设性方式解决冲突；

(5)鼓励合作型的问题解决方法；

(6)鼓励合作型的决策方法。

项目管理团队在整个项目生命周期中致力于发展和维护项目团队，并促进在相互信任的氛围中充分协作；通过建设项目团队，可以改进人际技巧、技术能力、团队环境及项目绩效。在整个项目生命周期中，团队成员之间都要保持明确、及时、有效（包括效果和效率两个方面）的沟通。建设项目团队的目标包括：

(1)提高团队成员的知识和技能，以提高他们完成项目可交付成果的能力，并降低成本、缩短工期和提高质量。

(2)提高团队成员之间的信任和认同感,以提高士气、减少冲突和增进团队协作。

(3)创建富有生气、凝聚力和协作性的团队文化,从而:

①提高个人和团队生产率,振奋团队精神,促进团队合作;

②促进团队成员之间的交叉培训和辅导,以分享知识和经验。

(4)提高团队参与决策的能力,使他们承担起对解决方案的责任,从而提高团队的生产效率,获得更有效和高效的成果。

有一种关于团队发展的模型叫作塔克曼阶梯理论,其中包括团队建设通常要经过的五个阶段。

形成阶段。在本阶段,团队成员相互认识,了解项目情况及他们在项目中的正式角色与职责。在这一阶段,团队成员倾向于相互独立,不一定开诚布公。

震荡阶段。在本阶段,团队开始从事项目工作、制定技术决策和讨论项目管理方法。如果团队成员不能用合作和开放的态度对待不同观点和意见,团队环境可能变得事与愿违。

规范阶段。在规范阶段,团队成员开始协同工作,并调整各自的工作习惯和行为来支持团队,团队成员学习相互信任。

成熟阶段。进入这一阶段后,团队就像一个组织有序的单位那样工作,团队成员之间相互依靠,平稳高效地解决问题。

解散阶段。在解散阶段,团队完成所有工作,团队成员离开项目。通常在项目可交付成果完成之后,释放人员,解散团队。

某个阶段持续时间的长短,取决于团队活力、团队规模和团队领导力。项目经理应该对团队活力有较好的理解,以便有效地带领团队经历所有阶段。

下面重点介绍建设团队的输入、工具与技术、输出,如图21-2所示。

建设团队

输入

1. 项目管理计划
   • 资源管理计划
2. 项目文件
   • 经验教训登记册
   • 项目进度计划
   • 项目团队派工单
   • 资源日历
   • 团队章程
3. 事业环境因素
4. 组织过程资产

工具与技术

1. 集中办公
2. 虚拟团队
3. 沟通技术
4. 人际关系与团队技能
   • 冲突管理
   • 影响力
   • 激励
   • 谈判
   • 团队建设
5. 认可与奖励
6. 培训
7. 个人和团队评估
8. 会议

输出

1. 团队绩效评价
2. 变更请求
3. 项目管理计划更新
   • 资源管理计划
4. 项目文件更新
   • 经验教训登记册
   • 项目进度计划
   • 项目团队派工单
   • 资源日历
   • 团队章程
5. 事业环境因素更新
6. 组织过程资产更新

图21-2 建设团队的输入、工具与技术和输出

21.1.1 建设团队:输入

1. 项目管理计划

项目管理计划组件包括资源管理计划。资源管理计划为如何通过团队绩效评价和其他形式的团队管理活动,为项目团队成员提供奖励、提出反馈、增加培训或采取惩罚措施提供了指南。资源管理计划可能包括团队绩效评价标准。

2. 项目文件

可作为本过程输入的项目文件包括:

(1)经验教训登记册。项目早期与团队建设有关的经验教训可以运用到项目后期阶段,以提高团队绩效。

(2)项目进度计划。项目进度计划定义了如何以及何时为项目团队提供培训,以培养不同阶段所需的能力,并根据项目执行期间的任何差异(如有)识别需要的团队建设策略。

(3)资源日历。资源日历定义了项目团队成员何时能参与团队建设活动,有助于说明团队在整个项目期间的可用性。

(4)团队章程。团队章程包含团队工作指南。团队价值观和工作指南为描述团队的合作方式提供了架构。

3. 事业环境因素

能够影响建设团队过程的事业环境因素包括:

(1)有关雇用和解雇的人力资源管理政策、员工绩效审查、员工发展与培训记录,以及认可与奖励;

(2)团队成员的技能、能力和特定知识。

4. 组织过程资产

能够影响建设团队过程的组织过程资产包括历史信息和经验教训知识库。

21.1.2 建设团队:工具与技术

1. 集中办公

集中办公是指把许多或全部最活跃的项目团队成员安排在同一个物理地点工作,以增强团队的工作能力。集中办公既可以是临时的(如仅在项目特别重要的时期),也可以贯穿整个项目。实施集中办公策略,可借助团队会议室、张贴进度计划的场所,以及其他能增进沟通和集体感的设施。

2. 虚拟团队

虚拟团队的使用能带来很多好处,例如,使用更多技术熟练的资源、降低成本、减少出差及搬迁费用,以及拉近团队成员与供应商、客户或其他重要相关方的距离。虚拟团队可以利用技术来营造在线团队环境,以供团队存储文件、使用在线对话来讨论问题,以及保存团队日历。

3. 沟通技术

在解决集中办公或虚拟团队的团队建设问题方面,沟通技术至关重要。它有助于为集中办公团队营造一个融洽的环境,促进虚拟团队(尤其是团队成员分散在不同时区的团队)更好地相互理解。可采用的沟通技术包括:

(1)共享门户。共享信息库(如网站、协作软件或内部网)对虚拟项目团队很有帮助。

(2)视频会议。视频会议是一种可有效地与虚拟团队沟通的重要技术。

(3)音频会议。音频会议有助于与虚拟团队建立融洽的相互信任的关系。

(4)电子邮件/聊天软件。使用电子邮件和聊天软件定期沟通也是一种有效的方式。

4. 人际关系与团队技能

适用于本过程的人际关系与团队技能包括:

(1)冲突管理。项目经理应及时地以建设性方式解决冲突,从而创建高绩效团队。

(2)影响力。本过程的影响力技能收集相关的关键信息,在维护相互信任的关系时,来解决重要问题并达成一致意见。

(3)激励。激励为某人采取行动提供了理由。提高团队参与决策的能力并鼓励他们独立工作。

(4)谈判。团队成员之间的谈判旨在就项目需求达成共识。谈判有助于在团队成员之间建立融洽的相互信任的关系。

(5)团队建设。团队建设是通过举办各种活动,强化团队的社交关系,打造积极合作的工作环境。

团队建设活动既可以是项目专题会上的5分钟议程,也可以是为改善人际关系而设计的、在非工作场所专门举办的专业提升活动。团队建设活动旨在帮助各团队成员更加有效地协同工作。

非正式的沟通和活动有助于建立信任和良好的工作关系。团队建设在项目前期必不可少,但它更是个持续的过程。项目环境的变化不可避免,要有效应对这些变化,就需要持续不断地开展团队建设。项目经理应该持续地监督团队机能和绩效,确定是否需要采取措施来预防或纠正各种团队问题。

5. 认可与奖励

在建设项目团队过程中,需要对成员的优良行为给予认可与奖励。最初的奖励计划是在规划资源管理过程中编制的,只有能满足被奖励者的某个重要需求的奖励,才是有效的奖励。在管理项目团队过程中,可以正式或非正式的方式做出奖励决定,但在决定认可与奖励时,应考虑文化差异。

当人们感受到自己在组织中的价值,并且可以通过获得奖励来体现这种价值时,他们就会受到激励。通常,金钱是奖励制度中的有形奖励,然而也存在各种同样有效甚至更加有效的无形奖励。大多数项目团队成员会因得到成长机会、获得成就感、得到赞赏以及用专业技能迎接新挑战而受到激励。项目经理应该在整个项目生命周期中尽可能地给予表彰,而不是等到项目完成时。

6. 培训

培训包括旨在提高项目团队成员能力的全部活动,可以是正式或非正式的,方式包括课堂培训、在线培训、计算机辅助培训、在岗培训、辅导及训练。如果项目团队成员缺乏必要的管理或技术技能,可以把对这种技能的培养作为项目工作的一部分。项目经理应该按资源管理计划中的安排来实施预定的培训,也应该根据管理项目团队过程中的观察、交谈和项目绩效评估的结果,来开展必要的计划外培训,培训成本通常应该包含在项目预算中,或者如果增加的技能有利于未来的项目,则由执行组织承担。培训可以由内部或外部培训师来执行。

7. 个人和团队评估

个人和团队评估工具能让项目经理和项目团队洞察成员的优势和劣势。这些工具可帮助项目经理评估团队成员的偏好和愿望,帮助团队成员处理和整理信息、制定决策,帮助团队成员与他人打交道。有各种可用的工具,如态度调查、专项评估、结构化访谈、能力测试及焦点小组。这些工具有利于增进团队成员间的理解、信任、承诺和沟通,在整个项目期间不断提高团队成效。

8. 会议

可以用会议来讨论和解决有关团队建设的问题,参会者包括项目经理和项目团队。会议类型包括项目说明会、团队建设会议以及团队发展会议等。

21.1.3 建设团队:输出

1. 团队绩效评价

随着项目团队建设工作(如培训、团队建设和集中办公)的开展,项目管理团队应该对项目团队的有效性进行正式或非正式的评价。有效的团队建设策略和活动可以提高团队绩效,从而提高实现项目目标的可能性。

评价团队有效性的指标包括:

(1)个人技能的改进,从而使成员更有效地完成工作任务。

(2)团队能力的改进,从而使团队成员更好地开展工作。

(3)团队成员离职率的降低。

(4)团队凝聚力的加强,从而使团队成员公开分享信息和经验,并互相帮助来提高项目绩效。

(5)通过对团队整体绩效的评价,项目管理团队能够识别出所需的特殊培训、教练、辅导、协助或改变,以提高团队绩效。项目管理团队也应该识别出合适或所需的资源,以执行和实现在绩效评价过程中提出的改进建议。

2. 项目管理计划更新

项目管理计划的任何变更都以变更请求的形式提出,且通过组织的变更控制过程进行处理。可能需要变更的项目管理计划组成部分包括资源管理计划。

3. 项目文件更新

可在本过程更新的项目文件包括:

(1)经验教训登记册。项目中遇到的挑战、本可以规避这些挑战的方法,以及良好的团队建设方式更新经验教训登记册中。

(2)项目进度计划。项目团队建设活动可能会导致项目进度的变更。

(3)资源日历。更新资源日历,以反映项目资源的可用性。

(4)团队章程。更新团队章程,以反映因团队建设对团队工作指南做出的变更。

21.2 沟通管理

沟通一直被认为是决定项目成败的重要原因之一。项目团队内部及项目经理、团队成员与外部干系人之间的有效沟通至关重要。开诚布公地沟通，是达到团队协作和有效绩效的有效途径。它可以改进项目团队成员之间的关系，建立信任。为实现有效沟通，项目经理应了解其他人的沟通风格、文化差异、关系、个性及整个情境等。倾听是沟通的重要部分。倾听技术（包括主动和被动）有助于洞察问题所在、谈判与冲突管理策略、决策方法和问题解决方法。

项目沟通管理包括为确保项目信息及时且恰当地规划、收集、生成、发布、存储、检索、管理、控制、监督和最终处置所需的各个过程。

项目经理的绝大多数时间都用于与团队成员和其他干系人的沟通。有效的沟通能够在项目干系人之间架起一座桥梁。这些干系人能影响项目的执行或结果。

项目经理的大多数时间用于与团队成员和其他项目相关方沟通，包括来自组织内部（组织的各个层级）和组织外部的人员。不同相关方可能有不同的文化和组织背景，以及不同的专业水平、观点和兴趣，而有效的沟通能够在他们之间架起一座桥梁。

成功的沟通包括两个部分。第一部分是根据项目及其相关方的需求而制订适当的沟通策略。从该策略出发，制定沟通管理计划，来确保用各种形式和手段把恰当的信息传递给相关方。这些信息构成项目沟通 - 成功沟通的第二部分。项目沟通是规划过程的产物，在沟通管理计划中有相关规定。

沟通管理计划定义了信息的收集、生成、发布、储存、检索、管理、追踪和处置。最终，沟通策略和沟通管理计划将成为监督沟通效果的依据。

在项目沟通中，需要尽力预防理解错误和沟通错误，并从规划过程所规定的各种方法、发送方、接收方和信息中做出谨慎选择。

在编制传统（非社交媒体）的书面或口头信息的时候，应用书面沟通的5C原则，可以减轻但无法消除理解错误。

（1）正确的语法和拼写。语法不当或拼写错误会分散注意力，还有可能扭曲信息含义，降低可信度。

（2）简洁的表述和无多余字。简洁且精心组织的信息能降低误解信息意图的可能性。

（3）清晰的目的和表述（适合读者的需要）。确保在信息中包含能满足受众需求与激发其兴趣的内容。

（4）连贯的思维逻辑。写作思路连贯，以及在整个书面文件中使用诸如“引言”和“小结”的小标题。

（5）受控的语句和想法承接。可能需要使用图表或小结来控制语句和想法的承接。书面沟通的5C原则需要用下列沟通技巧来配合：

①积极倾听。与说话人保持互动，并总结对话内容，以确保有效的信息交换。

②理解文化和个人差异。提升团队对文化及个人差异的认知，以减少误解并提升沟通能力。

③识别、设定并管理相关方期望。与相关方磋商，减少相关方社区中的自相矛盾的期望。

④强化技能。强化所有团队成员开展以下活动的技能：

a. 说服个人、团队或组织采取行动；

b. 激励和鼓励人们，或帮助人们重塑自信；

c. 指导人们改进绩效和取得期望结果；

d. 通过磋商达成共识以及减轻审批或决策延误；

e. 解决冲突，防止破坏性影响。

有效的沟通活动和工件创建具有如下基本属性：

(1)沟通目的明确；

(2)尽量了解沟通接收方，满足其需求及偏好；

(3)监督并衡量沟通的效果。

21.2.1 规划沟通

规划沟通管理是基于每个相关方或相关方群体的信息需求、可用的组织资产以及具体项目的需求，为项目沟通活动制订恰当的方法和计划的过程。本过程的主要作用是为及时向相关方提供相关信息，引导相关方有效参与项目而编制书面沟通计划。本过程应根据需要在整个项目期间定期开展，输入、工具与技术和输出如图 21－3 所示，数据流向如图 21－4所示。

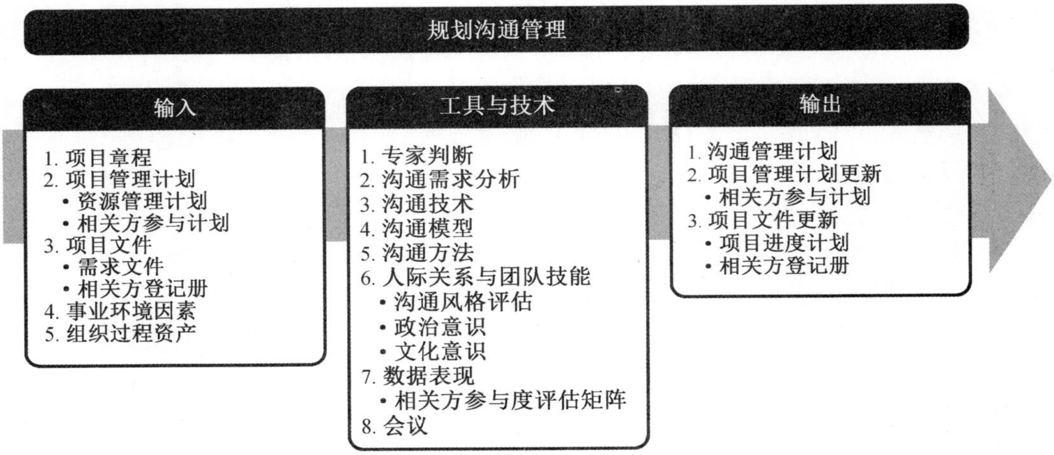

规划沟通管理

输入	工具与技术	输出
1. 项目章程 2. 项目管理计划 • 资源管理计划 • 相关方参与计划 3. 项目文件 • 需求文件 • 相关方登记册 4. 事业环境因素 5. 组织过程资产	1. 专家判断 2. 沟通需求分析 3. 沟通技术 4. 沟通模型 5. 沟通方法 6. 人际关系与团队技能 • 沟通风格评估 • 政治意识 • 文化意识 7. 数据表现 • 相关方参与度评估矩阵 8. 会议	1. 沟通管理计划 2. 项目管理计划更新 • 相关方参与计划 3. 项目文件更新 • 项目进度计划 • 相关方登记册

图 21－3 规划沟通输入、工具与技术和输出

需在项目生命周期的早期，针对项目相关方多样性的信息需求，制订有效的沟通管理计划。在大多数项目中，都需要很早就开展沟通规划工作，例如在识别相关方及制订项目管理计划期间。

1. 规划沟通的输入

(1)项目管理计划；

(2)干系人登记册；

(3)事业环境因素；

(4)组织过程资产。

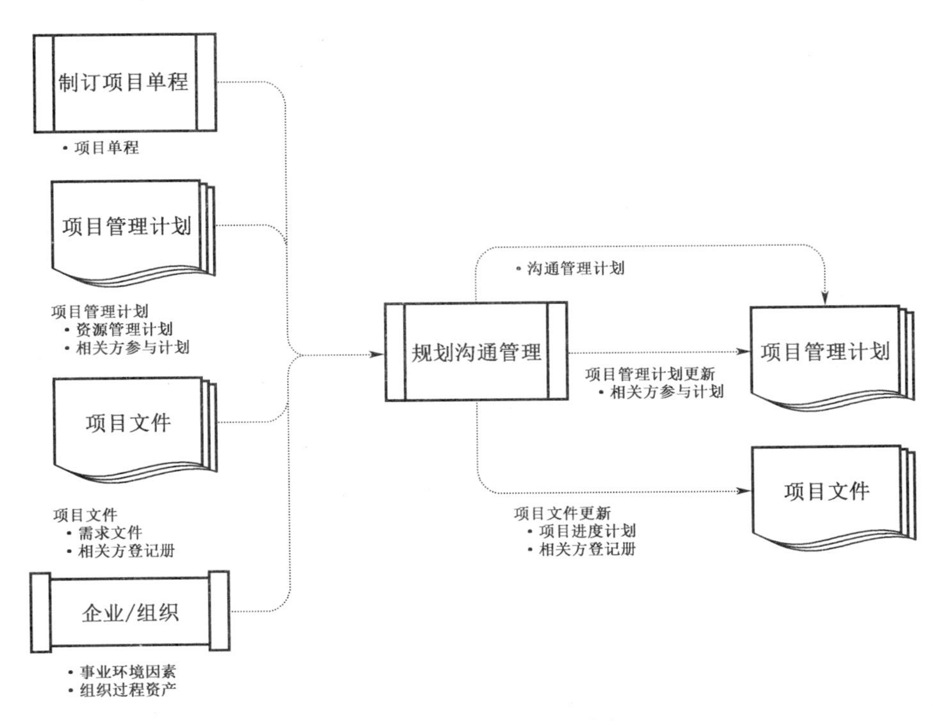

图 21－4 规划沟通数据流向

2. 规划沟通的工具和技术

(1)专家判断

专家判断是指基于某应用领域、知识领域、学科和行业等的专业知识而做出的关于当前活动的合理判断,这些专业知识可来自具有专业学历、知识、技能、经验或培训经历的任何小组或个人。应征求具备以下专业知识或接受过相关培训的个人或小组的意见:

①组织内的政治和权力结构;

②组织及其他客户组织的环境和文化;

③组织变革管理方法和实践;

④项目可交付成果所属的行业或类型;

⑤组织沟通技术;

⑥关于遵守与企业沟通有关的法律要求的组织政策与程序;

⑦与安全有关的组织政策与程序;

⑧相关方,包括客户或发起人。

(2)沟通需求分析

确定项目干系人的信息需求,包括所需信息的类型和格式,以及信息对干系人的价值。常用于识别和确定项目沟通需求的信息包括:

①相关方登记册及相关方参与计划中的相关信息和沟通需求;

②潜在沟通渠道或途径数量,包括一对一、一对多和多对多沟通;

③组织结构图;

④项目组织与相关方的职责、关系及相互依赖;

⑤开发方法；

⑥项目所涉及的学科、部门和专业；

⑦有多少人在什么地点参与项目；

⑧内部信息需要（如何时在组织内部沟通）；

⑨外部信息需要（如何时与媒体、公众或承包商沟通）；

⑩法律要求。

（3）沟通技术

用于在项目相关方之间传递信息的方法很多。信息交换和协作的常见方法包括对话、会议、书面文件、数据库、社交媒体和网站。

可能影响沟通技术选择的因素包括：

①信息需求的紧迫性。信息传递的紧迫性、频率和形式可能因项目而异，也可能因项目阶段而异。

②技术的可用性与可靠性。用于发布项目沟通工件的技术，应该在整个项目期间都具备兼容性和可得性，且对所有相关方都可用。

③易用性。沟通技术的选择应适合项目参与者，并且应在合适的时候安排适当的培训活动。

④项目环境。需要考虑的一些方面有：团队会议与工作是面对面还是在虚拟环境中开展，成员处于一个还是多个时区，他们是否使用多语种沟通，是否还有影响沟通效率的其他环境因素（如与文化有关的各个方面）。

⑤信息的敏感性和保密性。需要考虑的一些方面有：拟传递的信息是否属于敏感或机密信息，如果是，可能需要采取合理的安全措施；为员工制定社交媒体政策，以确保行为适当、信息安全和知识产权保护。

（4）沟通模型

其沟通模型可以是最基本的线性（发送方和接收方）沟通过程，也可以是增加了反馈元素（发送方、接收方和反馈）、更具互动性的沟通形式，甚至可以是融合了发送方或接收方的人性因素、试图考虑沟通复杂性的更加复杂的沟通模型。

基本的发送方和接收方沟通模型将沟通描述为一个过程，并由发送方和接收方两方参与；其关注的是确保信息送达，而非信息理解。基本沟通模型中的步骤顺序如下：

①编码。把信息编码为各种符号，如文本、声音或其他可供传递（发送）的形式。

②传递信息。通过沟通渠道发送信息。信息传递可能受各种物理因素的不利影响，如不熟悉的技术或不完备的基础设施。可能存在噪音和其他因素，导致信息传递和（或）接收过程中的信息损耗。

③解码。接收方将收到的数据还原为对自己有用的形式。

互动沟通模型示例。此模型也将沟通描述为由发送方与接收方参与的沟通过程，但它还强调确保信息理解的必要性。此模型包括任何可能干扰或阻碍信息理解的噪音，如接收方注意力分散，接收方的认知差异，或缺少适当的知识或兴趣。互动沟通模型中的新增步骤有：

①确认已收到。收到信息时，接收方需告知对方已收到信息（确认已收到）。这并不一定意味着同意或理解信息的内容，仅表示已收到信息。

②反馈/响应。对收到的信息进行解码并理解之后，接收方把还原出来的思想或观点

编码成信息,再传递给最初的发送方。如果发送方认为反馈与原来的信息相符,代表沟通已成功完成。在沟通中,可以通过积极倾听实现反馈。

作为沟通过程的一部分,发送方负责信息的传递,确保信息的清晰性和完整性,并确认信息已被正确理解;接收方负责确保完整地接收信息,正确地理解信息,并需要告知已收到或做出适当的回应。在发送方和接收方所处的环境中,都可能存在会干扰有效沟通的各种噪音和其他障碍。沟通模型数据流向如图 21 –5 所示。

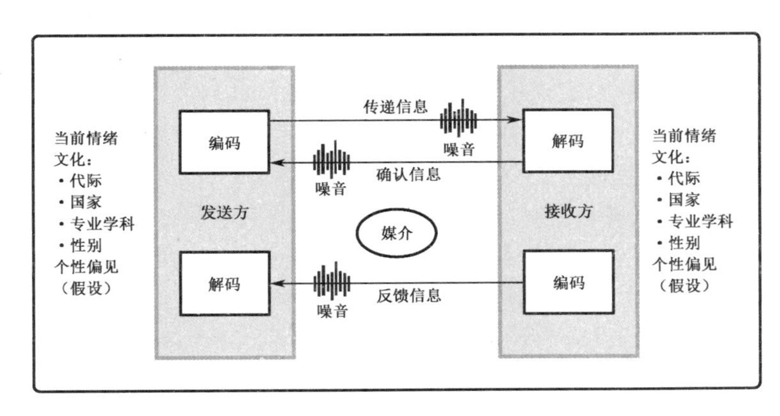

图 21 –5 沟通模型数据流向图

(5)沟通方法

项目相关方之间用于分享信息的沟通方法大致有以下几种:

①互动沟通。在两方或多方之间进行的实时多向信息交换。它使用诸如会议、电话、即时信息、社交媒体和视频会议等沟通工件。

②推式沟通。向需要接收信息的特定接收方发送或发布信息。这种方法可以确保信息的发送,但不能确保信息送达目标受众或被目标受众理解。在推式沟通中,可以采用的沟通工件包括信件、备忘录、报告、电子邮件、传真、语音邮件。

③拉式沟通。适用于大量复杂信息或大量信息受众的情况。它要求接收方在遵守有关安全规定的前提之下自行访问相关内容。这种方法包括门户网站、企业内网、电子在线课程、经验教训数据库或知识库。

应该采用不同方法来实现沟通管理计划所规定的主要沟通需求:

a. 人际沟通。个人之间交换信息,通常以面对面的方式进行。

b. 小组沟通。在 3 ~6 名人员的小组内部开展。

c. 公众沟通。单个演讲者面向一群人。

d. 大众传播。信息发送人员或小组与大量目标受众之间只有最低限度的联系。

e. 网络和社交工具沟通。借助社交工具和媒体,开展多对多的沟通。

可用的沟通工件和方法包括:

a. 新闻稿;

b. 年度报告;

c. 电子邮件和内部局域网;

d. 门户网站和其他信息库(适用于拉式沟通);

e. 电话交流;

f. 演示；

g. 团队简述或小组会议；

h. 焦点小组；

i. 相关方之间正式或非正式的面对面会议；

j. 咨询小组或员工论坛。

(6)人际关系与团队技能

适用于本过程的人际关系与团队技能包括：

①沟通风格评估。其是规划沟通活动时，用于评估沟通风格并识别偏好的沟通方法、形式和内容的一种技术，常用于不支持项目的相关方。可以先开展相关方参与度评估，再开展沟通风格评估。在相关方参与度评估中，找出相关方参与度的差距。为弥补这种差距，就需要特别裁剪沟通活动和工件。

②政治意识。政治意识是指对正式和非正式权力关系的认知，以及在这些关系中工作的意愿。政治意识有助于项目经理根据项目环境和组织的政治环境来规划沟通。理解组织战略，了解谁能行使权力和施加影响，以及培养与这些相关方沟通的能力，都属于政治意识的范畴。

③文化意识。文化意识指理解个人、群体和组织之间的差异，并据此调整项目的沟通策略。具有文化意识并采取后续行动，能够最小化因项目相关方社区内的文化差异而导致的理解错误和沟通错误。文化意识和文化敏感性有助于项目经理依据相关方和团队成员的文化差异和文化需求对沟通进行规划。

(7)数据表现

适用于本过程的数据表现技术包括相关方参与度评估矩阵。如表 21－1 所示，相关方参与度评估矩阵显示了个体相关方当前和期望参与度之间的差距。在本过程中，可进一步分析该评估矩阵，以便为填补参与度差距而识别额外的沟通需求。

表 21－1　相关方参与度评估矩阵

相关方	不知晓	抵制	中立	支持	领导
相关方 1	C			D	
相关方 2			C	D	
相关方 3				DC	

(8)会议

项目会议包括虚拟(网络)会议或面对面会议，且可用文档协同技术进行辅助，包括电子邮件信息和项目网站。在规划沟通管理过程中，需要与项目团队展开讨论，确定最合适的项目信息更新和传递方式，以及回应各相关方的信息请求的方式。

3. 规划沟通的输出

(1)沟通管理计划

沟通管理计划是项目管理计划的组成部分，描述将如何规划、结构化、执行与监督项目沟通，以提高沟通的有效性。该计划包括如下信息：

①相关方的沟通需求；

②需沟通的信息,包括语言、形式、内容和详细程度;

③上报步骤;

④发布信息的原因;

⑤发布所需信息,确认已收到,或做出回应(若适用)的时限和频率;

⑥负责沟通相关信息的人员;

⑦负责授权保密信息发布的人员;

⑧接收信息的人员或群体,包括他们的需要、需求和期望;

⑨用于传递信息的方法或技术,如备忘录、电子邮件、新闻稿和社交媒体;

⑩为沟通活动分配的资源,包括时间和预算;

⑪随着项目进展,如项目不同阶段相关方社区的变化,而更新与优化沟通管理计划的方法;

⑫通用术语表;

⑬项目信息流向图、工作流程(可能包含审批程序)、报告清单和会议计划等;

⑭来自法律法规、技术、组织政策等的制约因素。

沟通管理计划中还包括关于项目状态会议、项目团队会议、网络会议和电子邮件等的指南和模板。如果项目要使用项目网站和项目管理软件,就要把它们写进沟通管理计划。

(2)项目管理计划更新

项目管理计划的任何变更都以变更请求的形式提出,且通过组织的变更控制过程进行处理。可能需要变更的项目管理计划组件包括相关方参与计划。需要更新相关方参与计划,反映会影响相关方参与项目决策和执行的任何过程、程序、工具或技术。

(3)项目文件更新

可在本过程更新的项目文件包括(但不限于):

①项目进度计划。可能需要更新项目进度计划,以反映沟通活动。

②相关方登记册。可能需要更新相关方登记册,以反映计划好的沟通。

21.2.2 管理沟通

管理沟通是确保项目信息及时且恰当地收集、生成、发布、存储、检索、管理、监督和最终处置的过程。本过程的主要作用是促成项目团队与相关方之间的有效信息流动。本过程需要在整个项目期间开展。

管理沟通过程会涉及与开展有效沟通有关的所有方面,包括使用适当的技术、方法和技巧。此外,它还应允许沟通活动具有灵活性,允许对方法和技术进行调整,以满足相关方及项目不断变化的需求。其输入、工具与技术和输出如图21-6所示,数据流向如图21-7所示。

本过程不局限于发布相关信息,它还设法确保信息以适当的格式正确生成和送达目标受众。本过程也为相关方提供机会,允许其请求更多信息、澄清和讨论。有效的沟通管理需要借助相关技术并考虑相关事宜,包括(但不限于):

(1)发送方-接收方模型。运用反馈循环,为互动和参与提供机会,并清除妨碍有效沟通的障碍。

(2)媒介选择。为满足特定的项目需求而使用合理的沟通工件,例如,何时进行书面沟通或口头沟通,何时准备非正式备忘录或正式报告,何时使用推式或拉式沟通,以及该选择何种沟通技术。

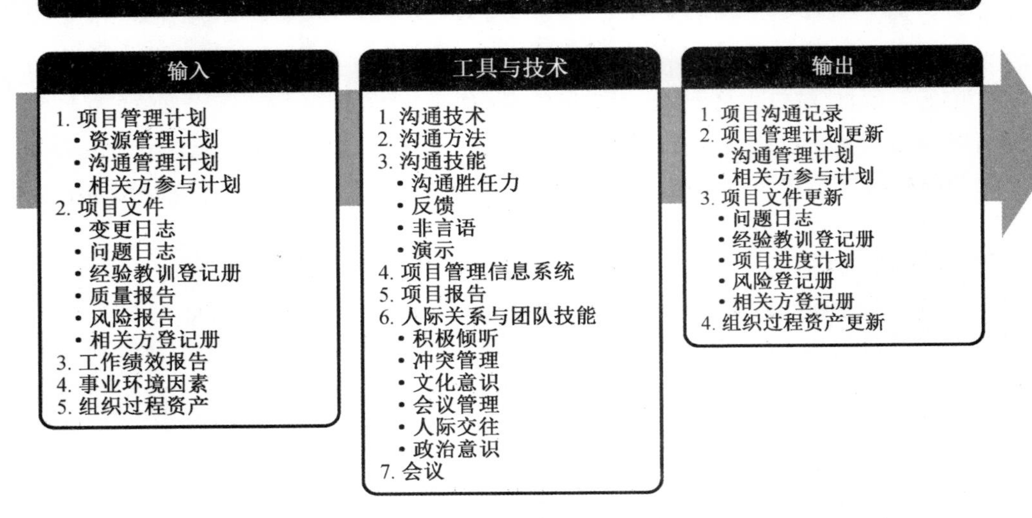

图 21－6　管理沟通输入、工具与技术和输出

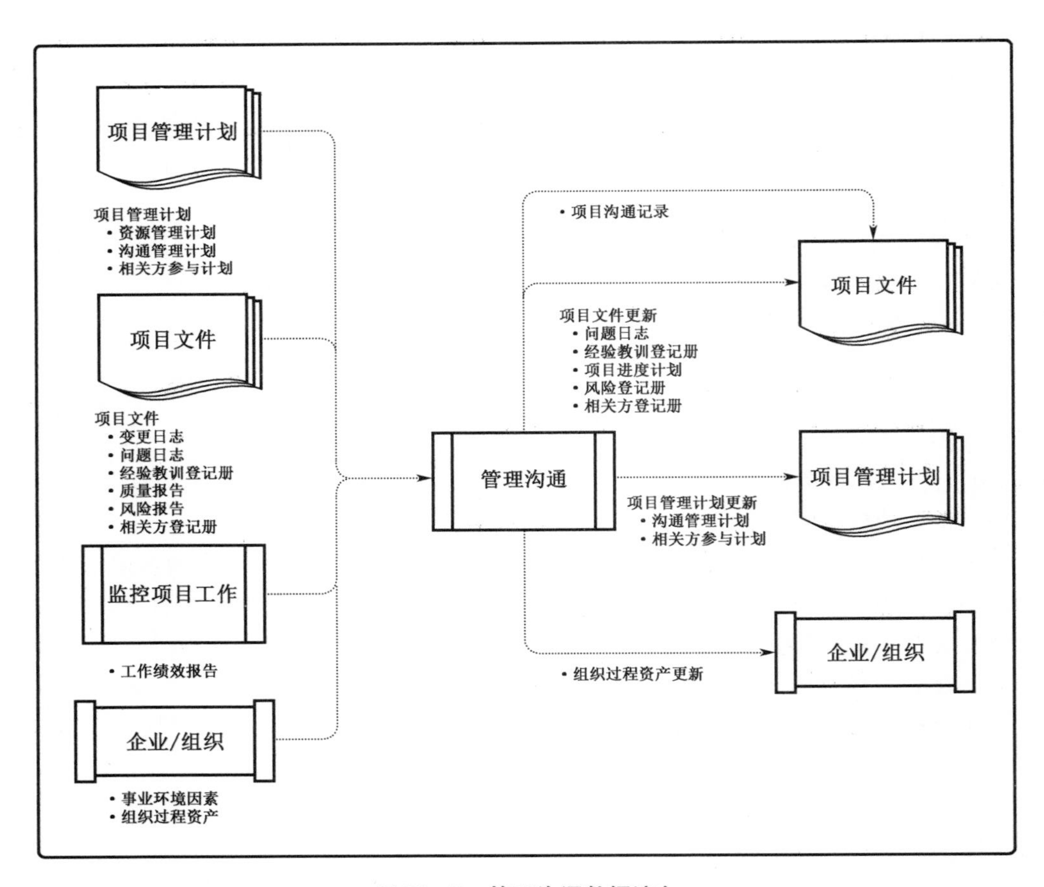

图 21－7　管理沟通数据流向

(3)写作风格。合理使用主动或被动语态、句子结构,以及合理选择词汇。

(4)会议管理。准备议程,邀请重要参会者并确保他们出席;处理会议现场发生的冲突,或因对会议纪要和后续行动跟进不力而导致的冲突,或因不当人员与会而导致的冲突。

(5)演示。了解肢体语言和视觉辅助设计的作用。

(6)引导。达成共识、克服障碍(如小组缺乏活力),以及维持小组成员的兴趣和热情。

(7)积极倾听。积极倾听包括告知已收到、澄清与确认信息、理解,以及消除妨碍理解的障碍。

1. 管理沟通的输入

(1)沟通管理计划,包括资源管理计划、沟通管理计划、相关方参与计划等;

(2)项目文件,主要指经验教训登记册、质量报告、风险报告等;

(3)工作绩效报告;

(4)事业环境因素,主要指人事管理政策等;

(5)组织过程资产,主要指公司的管理政策及程序等。

2. 管理沟通的工具与技术

(1)沟通技术

沟通技术会影响技术选用的因素,包括团队是否集中办公,需要分享的信息是否需要保密、团队成员的可用资源,以及组织文化会如何影响会议和讨论的正常开展。

(2)沟通方法

沟通方法的选择应具有灵活性,以应对相关方社区的成员变化,或成员的需求和期望变化。

(3)沟通技能

适用于本过程的沟通技能包括:

①沟通胜任力。经过裁剪的沟通技能的组合,有助于明确关键信息的目的、建立有效关系、实现信息共享和采取领导行为。

②反馈。反馈是关于沟通、可交付成果或情况的反应信息。反馈支持项目经理和团队及所有其他项目相关方之间的互动沟通。例如,指导、辅导和磋商。

③非口头技能。例如,通过示意、语调和面部表情等适当的肢体语言来表达意思。镜像模仿和眼神交流也是重要的技能。团队成员应该知道如何通过说什么和不说什么来表达自己的想法。

④演示。演示是信息和/或文档的正式交付。向项目相关方明确有效地演示项目信息可包括(但不限于):

a. 向相关方报告项目进度和信息更新;

b. 提供背景信息以支持决策制定;

c. 提供项目及其目标的通用信息,以提升项目工作和项目团队的形象;

d. 提供具体信息,以提升对项目工作和目标的理解和支持力度。

为获得演示成功,应该从内容和形式上考虑以下因素:

a. 受众及其期望和需求;

b. 项目和项目团队的需求及目标。

(4)项目管理信息系统

项目管理信息系统能够确保相关方及时便利地获取所需信息。

(5)项目报告发布

项目报告发布是收集和发布项目信息的行为。项目信息应发布给众多相关方群体。应针对每种相关方来调整项目信息发布的适当层次、形式和细节。从简单的沟通到详尽的定制报告和演示,报告的形式各不相同。

(6)人际关系与团队技能

适用于本过程的人际关系与团队技能包括:

①积极倾听。积极倾听技术包括告知已收到、澄清与确认信息、理解,以及消除妨碍理解的障碍。

②冲突管理。

③文化意识。

④会议管理。会议管理是指采取步骤确保会议有效并高效地达到预期目标。规划会议时应采取以下步骤:

a. 准备并发布会议议程(其中包含会议目标);

b. 确保会议在规定的时间开始和结束;

c. 确保适当参与者受邀并出席;

d. 切题;

e. 处理会议中的期望、问题和冲突;

f. 记录所有行动以及所分配的行动责任人。

⑤人际交往。人际交往是通过与他人互动交流信息、建立联系。人际交往有利于项目经理及其团队通过非正式组织解决问题,影响相关方的行动,以及提高相关方对项目工作和成果的支持,从而改善绩效。

⑥政治意识。政治意识有助于项目经理在项目进行期间引导相关方参与,以保持相关方的支持。

(7)会议

可以通过召开会议,支持沟通策略和沟通计划所定义的行动。

3. 管理沟通的输出

(1)项目沟通记录;

(2)项目管理计划更新;

(3)项目文件更新;

(4)组织过程资产更新。

21.2.3 监督沟通

监督沟通是确保满足项目及其相关方的信息需求的过程。本过程的主要作用是,按沟通管理计划和相关方参与计划的要求优化信息传递流程。本过程需要在整个项目期间开展,如图 21 - 8、图 21 - 9 所示。

通过监督沟通过程,来确定规划的沟通工件和沟通活动是否如预期提高或保持了相关方对项目可交付成果与预计结果的支持力度。项目沟通的影响和结果应该接受认真的评估和监督,以确保在正确的时间,通过正确的渠道,将正确的内容(发送方和接收方对其理解一致)传递给正确的受众。监督沟通可能需要采取各种方法,例如,开展客户满意度调查、整理经验教训、开展团队观察、审查问题日志中的数据,或评估相关方参与度评估矩阵中的变更。

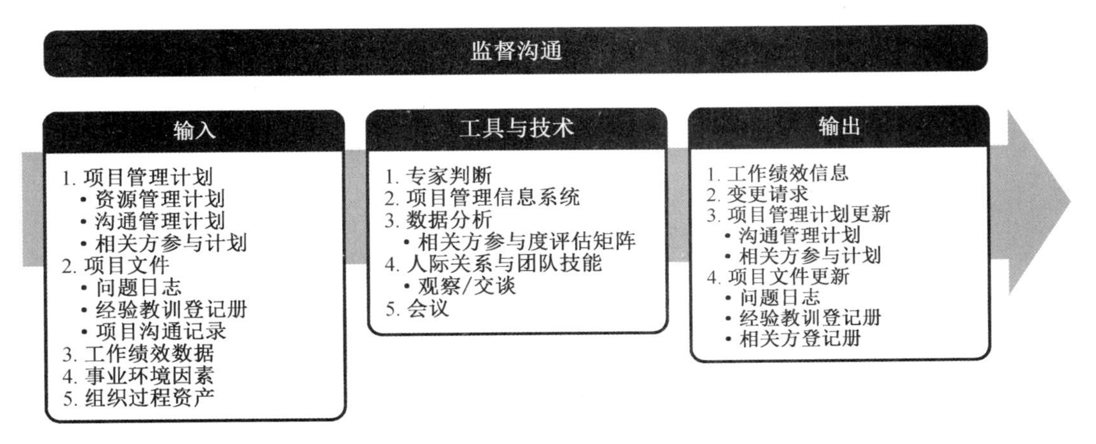

图 21 -8 监督沟通输入、工具与技术和输出

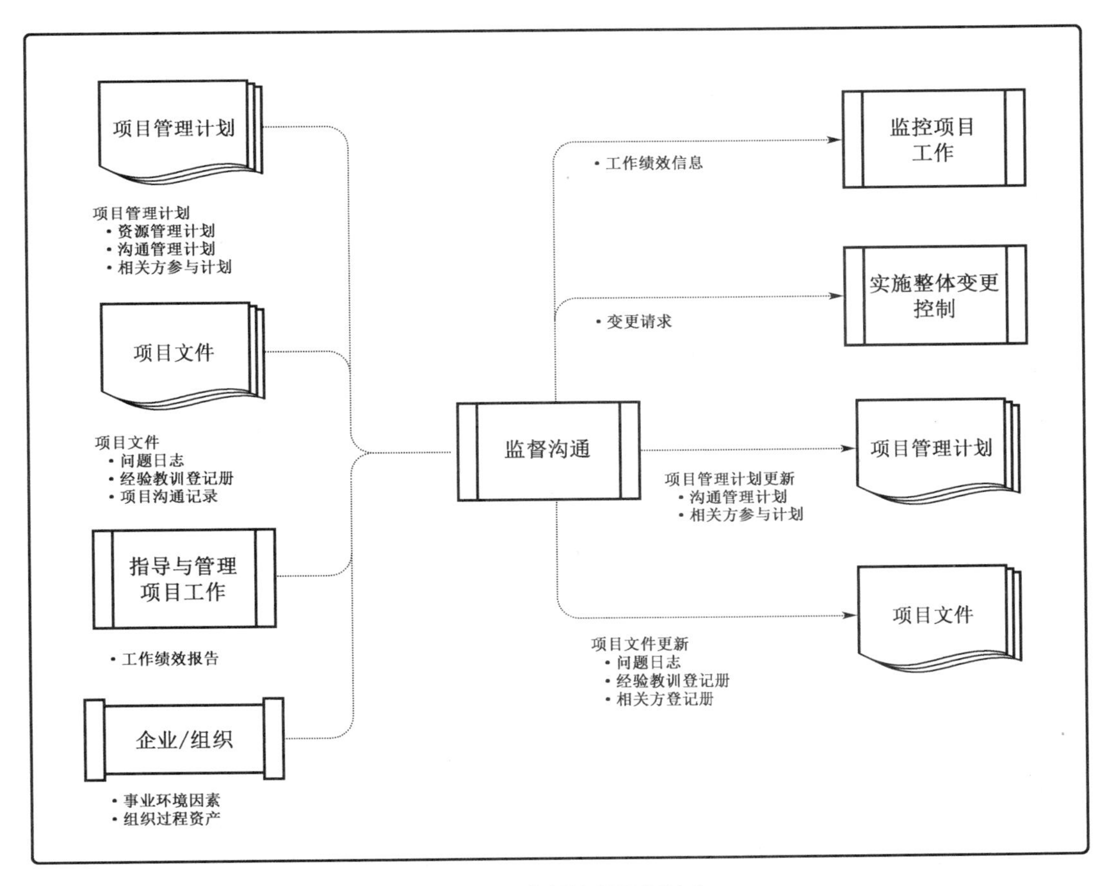

图 21 -9 监督沟通数据流向

监督沟通过程可能触发规划沟通管理和(或)管理沟通过程的迭代,以便修改沟通计划并开展额外的沟通活动来提升沟通的效果。这种迭代体现了项目沟通管理各过程的持续

性质。问题、关键绩效指标、风险或冲突,都可能立即触发重新开展这些过程。

1. 监督沟通的输入

监督沟通的输入包括:

(1)项目管理计划;

(2)项目文件;

(3)工作绩效数据;

(4)事业环境因素;

(5)组织过程资产。

2. 监督沟通的工具与技术

(1)专家判断。来自拥有特定知识或受过特定培训的小组或个人,如组织中的其他部门、顾问、干系人、专业或技术协会、行业团体等。

(2)项目管理信息管理系统。

(3)数据表现。适用的数据表现技术包括(但不限于)相关方参与度评估矩阵。

(4)人际关系与团队技能。适用于本过程的人际关系与团队技能包括观察和交谈。与项目团队展开讨论和对话,有助于确定最合适的方法,用于更新和沟通项目绩效,以及回应相关方的信息请求。通过观察和交谈,项目经理能够发现团队内的问题、人员间的冲突或个人绩效问题。

(5)会议。与项目团队展开讨论和对话,以确定最合适的方法,用于更新和沟通项目绩效。会议包括与供应商、卖方和其他项目干系人的讨论和对话。

3. 监督沟通的输出

(1)工作绩效信息。工作绩效信息包括与计划相比较的沟通的实际开展情况;也包括对沟通的反馈,例如关于沟通效果的调查结果。

(2)变更请求。监督沟通过程往往会导致需要对沟通管理计划所定义的沟通活动进行调整、采取行动和进行干预。变更请求需要通过实施整体变更控制过程进行处理。

(3)项目管理计划更新。项目管理计划的任何变更都以变更请求的形式提出,且通过组织的变更控制过程进行处理。

(4)项目文件更新。

21.3 风险管理

项目风险管理包括规划风险管理、识别风险、开展风险分析、规划风险应对、实施风险应对和监督风险的各个过程。项目风险管理的目标在于提高正面风险的概率和(或)影响,降低负面风险的概率和(或)影响,从而提高项目成功的可能性。

21.3.1 项目风险管理的过程

(1)规划风险管理。是指定义如何实施项目风险管理活动的过程。

(2)识别风险。是指识别单个项目风险以及整体项目风险的来源,并记录风险特征的过程。

(3)实施定性风险分析。是指通过评估单个项目风险发生的概率、影响以及其他特征,对风险进行优先级排序,从而为后续分析或行动提供基础的过程。

(4)实施定量风险分析。就已识别的单个项目风险和其他不确定性的来源对整体项目目标的综合影响进行定量分析的过程。

(5)规划风险应对。是指为处理整体项目风险敞口以及应对单个项目风险,而制订可选方案、选择应对策略并商定应对行动的过程。

(6)实施风险应对。是指执行商定的风险应对计划的过程。

(7)监督风险。是指在整个项目期间,监督商定的风险应对计划的实施、跟踪已识别风险、识别和分析新风险,以及评估风险管理有效性的过程。图 21－10 概括了项目风险管理的各个过程。

项目风险管理概述

规划风险管理

1. 输入
   (1)项目章程
   (2)项目管理计划
   (3)项目文件
   (4)事业环境因素
   (5)组织过程资产
2. 工具与技术
   (1)专家判断
   (2)数据分析
   (3)会议
3. 输出
   风险管理计划

识别风险

1. 输入
   (1)项目管理计划
   (2)项目文件
   (3)协议
   (4)采购文档
   (5)事业环境因素
   (6)组织过程资产
2. 工具与技术
   (1)专家判断
   (2)数据收集
   (3)数据分析
   (4)人际关系与团队技能
   (5)提示清单
   (6)会议
3. 输出
   (1)风险登记册
   (2)风险报告
   (3)项目文件更新

实施定性风险分析

1. 输入
   (1)项目管理计划
   (2)项目文件
   (3)事业环境因素
   (4)组织过程资产
2. 工具与技术
   (1)专家判断
   (2)数据收集
   (3)数据分析
   (4)人际关系与团队技能
   (5)风险分类
   (6)数据表现
   (7)会议
3. 输出
   项目文件更新

实施定量风险分析

1. 输入
   (1)项目管理计划
   (2)项目文件
   (3)事业环境因素
   (4)组织过程资产
2. 工具与技术
   (1)专家判断
   (2)数据收集
   (3)人际关系与团队技能
   (4)不确定性表现方式
   (5)数据分析
3. 输出
   项目文件更新

规划风险应对

1. 输入
   (1)项目管理计划
   (2)项目文件
   (3)事业环境因素
   (4)组织过程资产
2. 工具与技术
   (1)专家判断
   (2)数据收集
   (3)人际关系与团队技能
   (4)威胁应对策略
   (5)机会应对策略
   (6)应急应对策略
   (7)整体项目风险应对策略
   (8)数据分析
   (9)决策
3. 输出
   (1)变更请求
   (2)项目管理计划更新
   (3)项目文件更新

实施风险应对

1. 输入
   (1)项目管理计划
   (2)项目文件
   (3)组织过程资产
2. 工具与技术
   (1)专家判断
   (2)人际关系与团队技能
   (3)项目管理信息系统
3. 输出
   (1)变更请求
   (2)项目文件更新

监督风险

1. 输入
   (1)项目管理计划
   (2)项目文件
   (3)工作绩效数据
   (4)工作绩效报告
2. 工具与技术
   (1)数据分析
   (2)审计
   (3)会议
3. 输出
   (1)工作绩效信息
   (2)变更请求
   (3)项目管理计划更新
   (4)项目文件更新
   (5)组织过程资产更新

图 21－10 项目风险管理概述

21.3.2 项目风险管理的核心概念

既然项目是为交付收益而开展的、具有不同复杂程度的独特性工作,那自然就会充满风险。开展项目,不仅要面对各种制约因素和假设条件,还要应对可能相互冲突和不断变化的相关方期望。组织应该有目的地以可控方式去管理项目风险,以便平衡风险和回报,并创造价值。

项目风险管理旨在识别和管理未被其他项目管理过程所管理的风险。如果不妥善管理,这些风险有可能导致项目偏离计划,无法达成既定的项目目标。因此,项目风险管理的有效性直接关乎项目成功与否。

每个项目都在两个层面上存在风险。每个项目都会有影响项目达成目标的单个风险,以及由单个项目风险和不确定性的其他来源联合导致的整体项目风险。考虑整体项目风险也非常重要。项目风险管理过程同时兼顾这两个层面的风险。它们的定义如下:

(1)单个项目风险是指一旦发生,会对一个或多个项目目标产生正面或负面影响的不确定事件或条件。

(2)整体项目风险是指不确定性对项目整体的影响,是相关方面临的项目结果正面和负面变异区间。它源于包括单个风险在内的所有不确定性。

一旦发生,单个项目风险会对项目目标产生正面或负面的影响。项目风险管理旨在利用或强化正面风险(机会),规避或减轻负面风险(威胁)。未妥善管理的威胁可能引发各种问题,如工期延误、成本超支、绩效不佳或声誉受损。把握好机会则能够获得众多好处,如工期缩短、成本节约、绩效改善或声誉提升。

整体项目风险也有正面或负面之分。管理整体项目风险旨在通过削弱负面变异的驱动因素,加强正面变异的驱动因素,以及最大化实现整体项目目标的概率,把项目风险敞口保持在可接受的范围内。

因为风险会在项目生命周期内持续发生,所以项目风险管理过程也应不断迭代开展。在项目规划期间,就应该通过调整项目策略对风险做初步处理。接着,应该随着项目进展,监督和管理风险,确保项目处于正轨,并且突发性风险也得到处理。

为有效管理特定项目的风险,项目团队需要知道相对于要追求的项目目标,可接受的风险敞口究竟是多大。这通常用可测量的风险临界值来定义。风险临界值反映了组织与项目相关方的风险偏好程度,是项目目标可接受的变异程度。应该明确规定风险临界,并传达给项目团队,同时反映在项目的风险影响级别定义中。

21.4 规划风险管理

规划风险管理是定义如何实施项目风险管理活动的过程。本过程的主要作用是，确保风险管理的水平、方法、可见度与项目风险程度，以及项目对组织和其他相关方的重要程度相匹配。本过程仅开展一次或仅在项目的预定义点开展，如图21－11、图21－12所示。

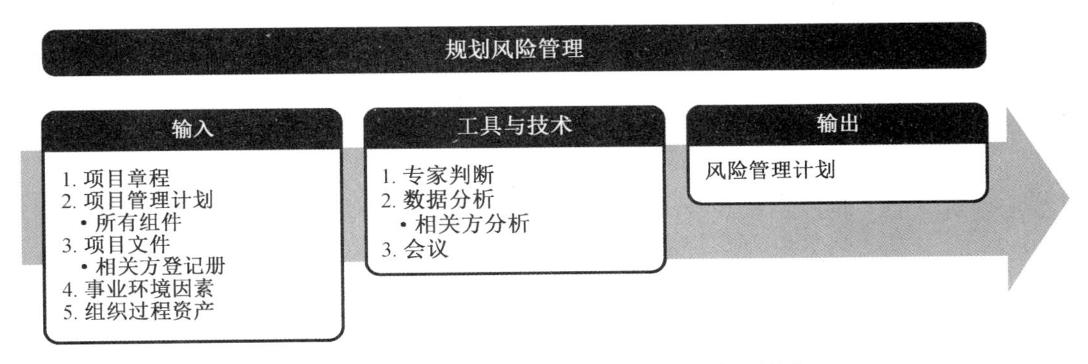

图21－11 规划风险管理输入、工具与技术和输出

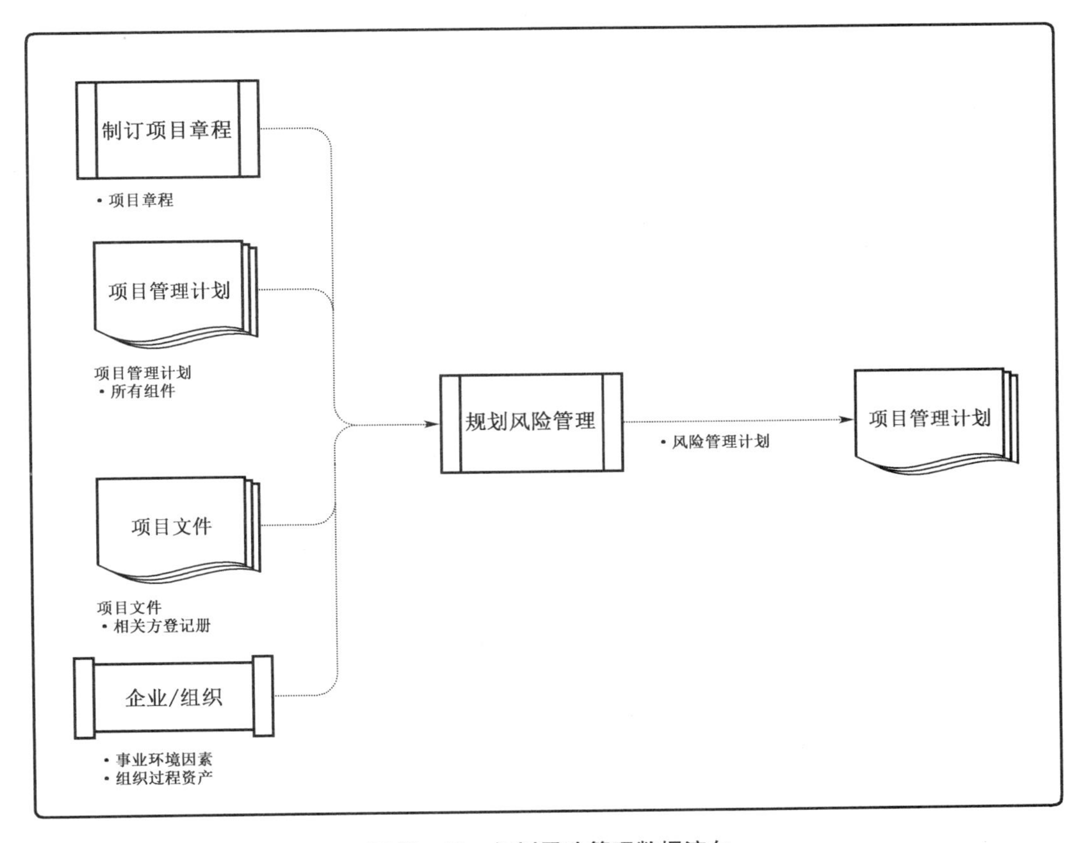

图21－12 规划风险管理数据流向

规划风险管理过程在项目构思阶段就应开始，并在项目早期完成。在项目生命周期的后期，可能有必要重新开展本过程。例如，在发生重大阶段变更时，在项目范围显著变化时，或者后续对风险管理有效性进行审查且确定需要调整项目风险管理过程时。

1. 规划风险管理的输入

规划风险管理的输入包括：

(1)项目管理计划；

(2)项目章程；

(3)项目文件；

(4)事业环境因素；

(5)组织过程资产。

2. 规划风险管理的工具与技术

(1)专家判断。如征求高层管理者、项目干系人、有经验的项目经理、特定业务或项目领域的专家、技术协会等组织或个人的意见，以编制完善、全面的风险管理计划。

(2)数据分析。可用于本过程的数据分析技术包括(但不限于)相关方分析。可通过相关方分析确定项目相关方的风险偏好。

(3)会议。风险管理计划的编制可以是项目开工会议上的一项工作，或者可以举办专门的规划会议来编制风险管理计划。参会者可能包括项目经理、指定项目团队成员、关键相关方，或负责项目风险管理过程的团队成员；如果需要，也可邀请其他外部人员参加，包括客户、卖方和监管机构。熟练的会议引导者能够帮助参会者专注于会议事项，就风险管理方法的关键方面达成共识，识别和克服偏见，以及解决任何可能出现的分歧。

3. 规划风险管理的输出

风险管理计划是项目管理计划的组成部分，描述如何安排与实施风险管理活动。风险管理计划可包括以下部分或全部内容：

(1)风险管理战略

用于描述管理本项目的风险的一般方法。

(2)方法论

用于开展本项目的风险管理的具体方法、工具及数据来源。

(3)角色与职责

确定每项风险管理活动的领导者、支持者和团队成员，并明确他们的职责。

(4)资金

确定开展项目风险管理活动所需的资金，并制订应急储备和管理储备的使用方案。

(5)时间安排

确定在项目生命周期中实施项目风险管理过程的时间和频率，确定风险管理活动并将其纳入项目进度计划。

(6)风险类别

确定对单个项目风险进行分类的方式。通常借助风险分解结构(RBS)来构建风险类别。风险分解结构是潜在风险来源的层级展现。风险分解结构有助于项目团队考虑单个项目风险的全部可能来源，对识别风险或归类已识别风险特别有用。组织可能有适用于所有项目的通用风险分解结构，也可能针对不同类型项目使用几种不同的风险分解结构框架，或者允许项目量身定制专用的风险分解结构。如果未使用风险分解结构，组织则可能采用某种常见的风险分类框架，既可以是简单的类别清单，也可以是基于项目目标的某种类别结构。风险分解结构示例见表21－2。

表21－2 风险分解结构示例

RBS 0级	RBS 1级	RBS 2级
项目风险所有来源	技术风险	范围定义
		需求定义
		估算、假设和制约因素
		技术过程
		技术
		技术联系
		等等
	管理风险	项目管理
		项目集/项目组合管理
		运营管理
		组织
		提供资源
		沟通
		等等
	商业风险	合同条款和条件
		内部采购
		供应商与卖方
		分包合同
		客户稳定性
		合伙企业与合资企业
		等等
	外部风险	法律
		汇率
		地点/设施
		环境/天气
		竞争
		监管
		等等

(7)相关方风险偏好

应在风险管理计划中记录项目关键相关方的风险偏好。其风险偏好会影响规划风险管理过程的细节。特别是，应该针对每个项目目标，把相关方的风险偏好表述成可测量的风险临界值。这些临界值不仅将联合决定可接受的整体项目风险敞口水平，也用于制订概率和影响定义。以后将根据概率和影响定义，对单个项目风险进行评估和排序。

(8)风险概率和影响定义

根据具体的项目环境，以及组织和关键相关方的风险偏好和临界值，来制订风险概率和影响定义。项目可能自行制订关于概率和影响级别的具体定义，或者用组织提供的通用定义作为出发点。应该根据拟开展项目风险管理过程的详细程度来确定概率和影响级别的数量，即更多级别（通常为五级）对应于更详细的风险管理方法，更少级别（通常为三级）对应于更简单的方法。表21－3中针对三个项目目标提供了概率和影响定义的示例。通过将影响定义为负面威胁（工期延误、成本增加和绩效不佳）和正面机会（工期缩短、成本节约和绩效改善），可同时评估威胁和机会。概率和影响定义示例见表21－3。

表21－3　概率和影响定义示例

量表	概率	+/－对项目目标的影响		
		时间	成本	质量
很高	>70%	>6个月	>500万美元	对整体功能影响非常重大
高	51%～70%	3～6个月	100万美元～500万美元	对整体功能影响重大
中	31%～50%	1～3个月	50万美元～100万美元	对关键功能领域有一些影响
低	11%～30%	1～4周	10万美元～50万美元	对整体功能有微小影响
很低	1%～10%	1周	<10万美元	对辅助功能有微小影响
零	<1%	不变	不变	功能不变

(9)概率和影响矩阵

组织可在项目开始前确定优先级排序规则，并将其纳入组织过程资产，或者也可为具体项目量身定制优先级排序规则。在常见的概率和影响矩阵中，会同时列出机会和威胁；以正面影响定义机会，以负面影响定义威胁。概率和影响可以用描述性术语（如很高、高、中、低和很低）或数值来表达。如果使用数值，就可以把两个数值相乘，得出每个风险的概率－影响分值，以便据此在每个优先级组别之内排列单个风险相对优先级。表21－4中所列是概率和影响矩阵的示例，其中也有数值风险评分的可能方法。概率和影响矩阵示例（有评分方法）见表21－4。

(10)报告格式

确定将如何记录、分析和沟通项目风险管理过程的结果。在这一部分，描述风险登记册、风险报告以及项目风险管理过程的其他输出的内容和格式。

(11)跟踪

跟踪是确定将如何记录风险活动，以及将如何审计风险的管理过程。

表 21－4 概率和影响矩阵示例

概率	威胁					机会					概率
很高 0.90	0.05	0.09	0.18	0.36	0.72	0.72	0.36	0.18	0.09	0.05	很高 0.90
高 0.70	0.04	0.07	0.14	0.28	0.56	0.56	0.28	0.14	0.07	0.04	高 0.70
中 0.50	0.03	0.05	0.10	0.20	0.40	0.40	0.20	0.10	0.05	0.03	中 0.50
低 0.30	0.02	0.03	0.06	0.12	0.24	0.24	0.12	0.06	0.03	0.02	低 0.30
很低 0.10	0.01	0.01	0.02	0.04	0.08	0.08	0.04	0.02	0.01	0.01	很低 0.10
	很低 0.05	低 0.10	中 0.20	高 0.40	很高 0.80	很高 0.80	高 0.40	中 0.20	低 0.10	很低 0.05	
	消极影响					积极影响					

21.5 识别风险

识别风险是识别单个项目风险以及整体项目风险的来源，并记录风险特征的过程。本过程的主要作用是，记录现有的单个项目风险以及整体项目风险的来源；同时，汇集相关信息，以便项目团队能够恰当应对已识别的风险。本过程需要在整个项目期间开展，如图 21－13、图 21－14 所示。

1. 识别风险的输入

（1）项目管理计划。

（2）项目文件。

（3）协议。如果需要从外部采购项目资源，协议所规定的里程碑日期、合同类型、验收标准和奖罚条款等，都可能造成威胁或创造机会。

（4）采购文档。如果需要从外部采购项目资源，就应该审查初始采购文档，因为从组织外部采购商品和服务可能提高或降低整体项目风险，并可能引发更多的单个项目风险。随着采购文档在项目期间的不断更新，还应该审查最新的文档，例如，卖方绩效报告、核准的变更请求和与检查相关的信息。

（5）事业环境因素。

（6）组织过程资产。

2. 识别风险的工具与技术

（1）专家判断

应考虑了解类似项目或业务领域的个人或小组的专业意见。项目经理应该选择相关专家，邀请他们根据以往经验和专业知识来考虑单个项目风险的方方面面，以及整体项目风险的各种来源。项目经理应该注意专家可能持有的偏见。

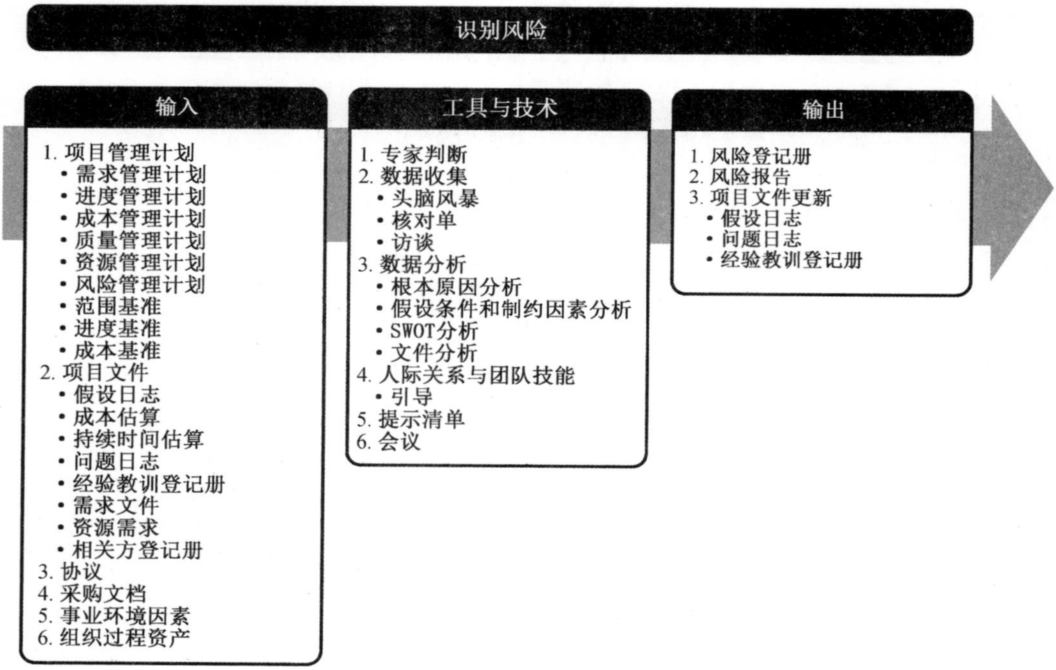

识别风险

输入	工具与技术	输出
1. 项目管理计划 • 需求管理计划 • 进度管理计划 • 成本管理计划 • 质量管理计划 • 资源管理计划 • 风险管理计划 • 范围基准 • 进度基准 • 成本基准 2. 项目文件 • 假设日志 • 成本估算 • 持续时间估算 • 问题日志 • 经验教训登记册 • 需求文件 • 资源需求 • 相关方登记册 3. 协议 4. 采购文档 5. 事业环境因素 6. 组织过程资产	1. 专家判断 2. 数据收集 • 头脑风暴 • 核对单 • 访谈 3. 数据分析 • 根本原因分析 • 假设条件和制约因素分析 • SWOT分析 • 文件分析 4. 人际关系与团队技能 • 引导 5. 提示清单 6. 会议	1. 风险登记册 2. 风险报告 3. 项目文件更新 • 假设日志 • 问题日志 • 经验教训登记册

图 21－13　识别风险输入、工具与技术和输出

(2)数据收集

适用于本过程的数据收集技术包括(但不限于)：

①头脑风暴。头脑风暴的目标是获取一份全面的单个项目风险和整体项目风险来源的清单。通常由项目团队开展头脑风暴,同时邀请团队以外的多学科专家参与。可以采用自由或结构化的形式开展头脑风暴,在引导者的指引下产生各种创意。可以用风险类别(如风险分解结构)作为识别风险的框架。因为头脑风暴生成的创意并不成形,所以应该特别注意对头脑风暴识别的风险进行清晰描述。

②核对单。核对单是包括需要考虑的项目、行动或要点的清单。它常被用作提醒。基于从类似项目和其他信息来源积累的历史信息和知识来编制核对单。编制核对单,列出过去曾出现且可能与当前项目相关的具体单个项目风险,这是吸取已完成的类似项目的经验教训的有效方式。组织可能基于自己已完成的项目来编制核对单,或者可能采用特定行业的通用风险核对单。核对单虽然简单易用,但它不可能穷尽所有风险,所以必须确保不用核对单来取代所需的风险识别工作;同时,项目团队也应该注意考察未在核对单中列出的事项。此外,还应该不时地审查核对单,增加新信息,删除或存档过时信息。

③访谈。可以通过对资深项目参与者、相关方和主题专家的访谈,来识别单个项目风险以及整体项目风险的来源。应该在信任和保密的环境下开展访谈,以获得真实可信、不带偏见的意见。

(3)数据分析

适用于本过程的数据分析技术包括：

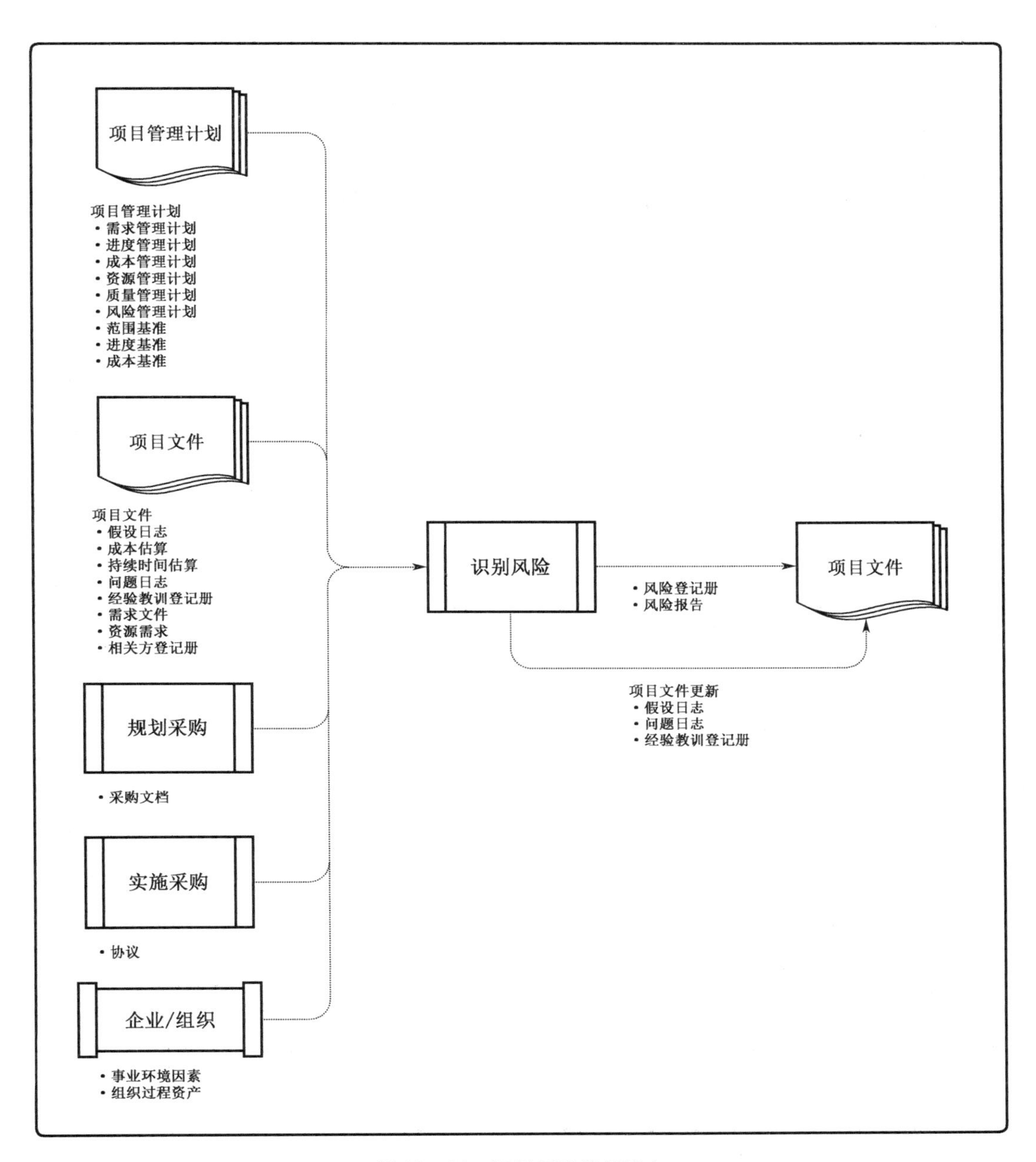

图 21－14　识别风险数据流向

①根本原因分析。根本原因分析常用于发现导致问题的深层原因并制订预防措施。可以用问题陈述(如项目可能延误或超支)作为出发点,来探讨哪些威胁可能导致该问题,从而识别出相应的威胁;也可以用收益陈述(如提前交付或低于预算)作为出发点,来探讨哪些机会可能有利于实现该效益,从而识别出相应的机会。

②假设条件和制约因素分析。每个项目及其项目管理计划的构思和开发都基于一系列的假设条件,并受一系列制约因素的限制。这些假设条件和制约因素往往都已纳入范围基准和项目估算。开展假设条件和制约因素分析,来探索假设条件和制约因素的有效性,

确定其中哪些会引发项目风险。从假设条件的不准确、不稳定、不一致或不完整,可以识别出威胁,通过清除或放松会影响项目或过程执行的制约因素,可以创造出机会。

③SWOT 分析。这是对项目的优势、劣势、机会和威胁(SWOT)进行逐个检查。在识别风险时,它会将内部产生的风险包含在内,从而拓宽识别风险的范围。首先,关注项目、组织或一般业务领域,识别出组织的优势和劣势;然后,找出组织优势可能为项目带来的机会,可能造成的威胁。还可以分析组织优势能在多大程度上克服威胁,组织劣势是否会妨碍机会的产生。

④文件分析。通过对项目文件的结构化审查,可以识别出一些风险。可供审查的文件包括(但不限于)计划、假设条件、制约因素、以往项目档案、合同、协议和技术文件。项目文件中的不确定性或模糊性,以及同一文件内部或不同文件之间的不一致,都可能是项目风险的指示信号。

(4)人际关系与团队技能

适用于本过程的人际关系与团队技能包括(但不限于)引导。引导能提高用于识别单个项目风险和整体项目风险来源的许多技术的有效性。熟练的引导者可以帮助参会者专注于风险识别任务、准确遵循与技术相关的方法,有助于确保风险描述清晰、找到并克服偏见,以及解决任何可能出现的分歧。

(5)提示清单

提示清单是关于可能引发单个项目风险以及可作为整体项目风险来源的风险类别的预设清单。在采用风险识别技术时,提示清单可作为框架用于协助项目团队形成想法。可以用风险分解结构底层的风险类别作为提示清单,来识别单个项目风险。某些常见的战略框架更适用于识别整体项目风险的来源,如 PESTLE(政治、经济、社会、技术、法律、环境)、TECOP(技术、环境、商业、运营、政治),或 VUCA(易变性、不确定性、复杂性、模糊性)。

(6)会议

为了开展风险识别工作,项目团队可能要召开专门的会议(通常称为风险研讨会)。在大多数风险研讨会中,都会开展某种形式的头脑风暴。根据风险管理计划中对开展风险管理过程的要求,还有可能采用其他风险识别技术。配备一名经验丰富的引导者将会提高会议的有效性;确保适当的人员参加风险研讨会也至关重要。对于较大型项目,可能需要邀请项目发起人、主题专家、卖方、客户代表或其他项目相关方参加会议;而对于较小型项目,可能仅限部分项目团队成员参加。

3. 识别风险的输出

(1)风险登记册

风险登记册记录已识别单个项目风险的详细信息。随着实施定性风险分析、规划风险应对、实施风险应对和监督风险等过程的开展,这些过程的结果也要记进风险登记册。风险登记册取决于具体的项目变量(如规模和复杂性),可能包含有限或广泛的风险信息。

(2)风险报告

风险报告提供关于整体项目风险的信息,以及关于已识别的单个项目风险的概述信息。在项目风险管理过程中,风险报告的编制是一项渐进式的工作。随着实施定性风险分析、实施定量风险分析、规划风险应对、实施风险应对和监督风险过程的完成,这些过程的结果也需要记录在风险登记册中。

21.6 实施定性风险分析

实施定性风险分析是通过评估单个项目风险发生的概率、影响以及其他特征,对风险进行优先级排序,从而为后续分析或行动提供基础的过程。本过程的主要作用是重点关注高优先级的风险。本过程需要在整个项目期间开展,如图 21－15、图 21－16 所示。

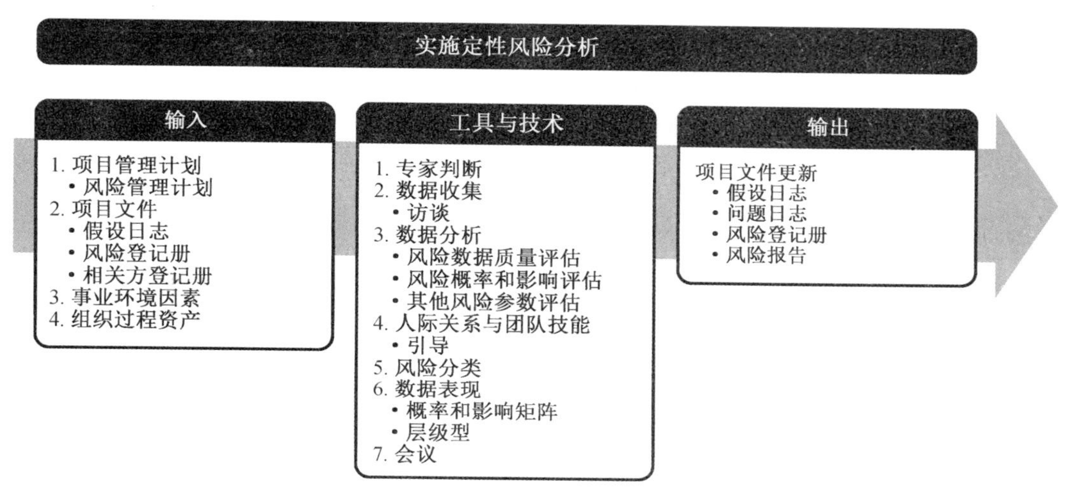

图 21－15 实施定性风险分析输入、工具与技术和输出

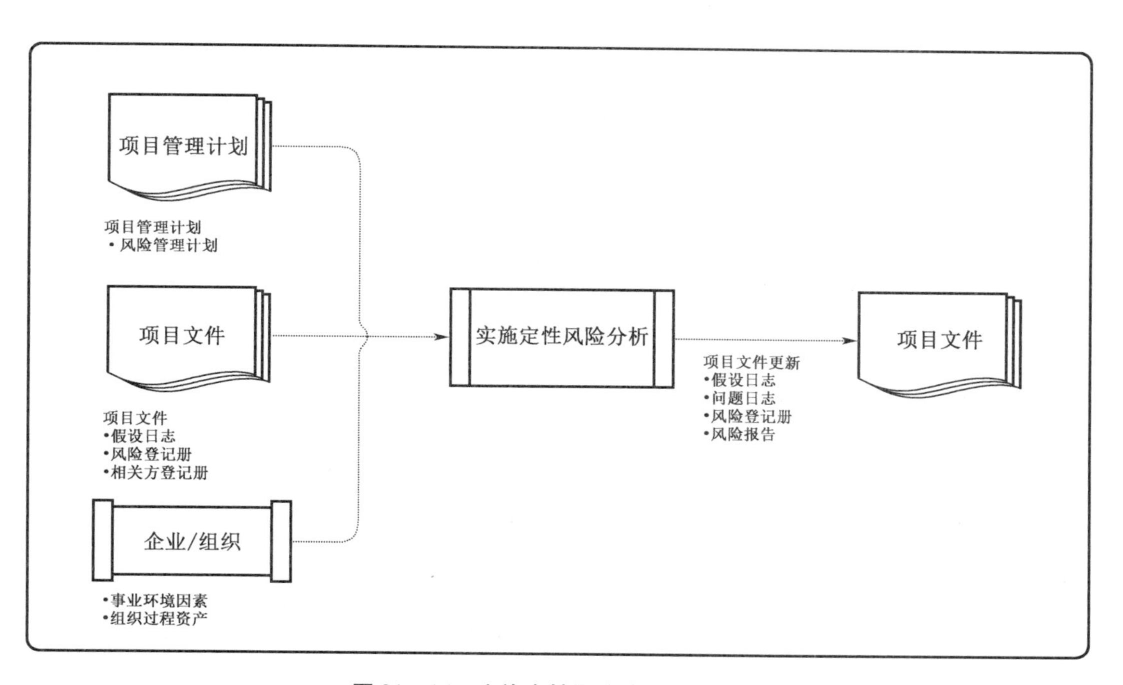

图 21－16 实施定性风险分析数据流向

实施定性风险分析，使用项目风险的发生概率、风险发生时对项目目标的相应影响以及其他因素，来评估已识别单个项目风险的优先级。这种评估基于项目团队和其他相关方对风险的感知程度，从而具有主观性。因此，为了实现有效评估，就需要认清和管理本过程关键参与者对风险所持的态度。风险感知会导致评估已识别风险时出现偏见，所以应该注意找出偏见并加以纠正。如果由引导者来引导本过程的开展，那么找出并纠正偏见就是该引导者的一项重要工作。同时，评估单个项目风险的现有信息的质量，也有助于澄清每个风险对项目的重要性的评估。

实施定性风险分析能为规划风险应对过程确定单个项目风险的相对优先级。本过程会为每个风险识别出责任人，以便由他们负责规划风险应对措施，并确保应对措施的实施。如果需要开展实施定量风险分析过程，那么实施定性风险分析也能为其奠定基础。

根据风险管理计划的规定，在整个项目生命周期中要定期开展实施定性风险分析过程。在敏捷开发环境中，实施定性风险分析过程通常要在每次迭代开始前进行。

1. 实施定性风险分析的输入

(1)项目管理计划；

(2)项目文件；

(3)事业环境因素；

(4)组织过程资产。

2. 实施定性风险分析的工具与技术

(1)专家判断

应考虑具备以下专业知识或接受过相关培训的个人或小组的意见：以往类似项目；定性风险分析。专家判断往往可通过引导式风险研讨会或访谈获取。应该注意专家可能持有偏见。

(2)数据收集

适用于本过程的数据收集技术包括访谈。结构化或半结构化的访谈可用于评估单个项目风险的概率、影响以及其他因素。访谈者应该营造信任和保密的访谈环境，以鼓励被访者提出诚实和无偏见的意见。

(3)数据分析

适用于本过程的数据分析技术包括(但不限于)：

①风险数据质量评估。风险数据是开展定性风险分析的基础。风险数据质量评估旨在评价关于单个项目风险的数据的准确性和可靠性。使用低质量的风险数据，可能导致定性风险分析对项目来说基本没用。如果数据质量不可接受，就可能需要收集更好的数据。可以开展问卷调查，了解项目相关方对数据质量各方面的评价，包括数据的完整性、客观性、相关性和及时性，进而对风险数据的质量进行综合评估。可以计算这些方面的加权平均数，将其作为数据质量的总体分数。

②风险概率和影响评估。风险概率评估考虑的是特定风险发生的可能性，而风险影响评估考虑的则是风险对一个或多个项目目标的潜在影响，如进度、成本、质量或绩效。威胁将产生负面的影响，机会将产生正面的影响。要对每个已识别的单个项目风险进行概率和影响评估。风险评估可以采用访谈或会议的形式，参加者将依照他们对风险登记册中所记录的风险类型的熟悉程度而定。项目团队成员和项目外部资深人员应该参加访谈或会议。在访谈或会议期间，评估每个风险的概率水平及其对每项目标的影响级别。如果相关方对

概率水平和影响级别的感知存在差异,则应对差异进行探讨。此外,还应记录相应的说明性细节,例如,确定概率水平或影响级别所依据的假设条件。应该采用风险管理计划中的概率和影响定义来评估风险的概率和影响。低概率和影响的风险将被列入风险登记册中的观察清单,以供未来监控。

③其他风险参数评估。为了方便未来分析和行动,在对单个项目风险进行优先级排序时,项目团队可能考虑(除概率和影响以外的)其他风险特征。此类特征可能包括(但不限于):

a. 紧迫性。即为有效应对风险而必须采取应对措施的时间段。时间短就说明紧迫性高。

b. 邻近性。即风险在多长时间后会影响一个或多个项目目标。时间短就说明邻近性高。

c. 潜伏期。即从风险发生到影响显现之间可能的时间段。时间短就说明潜伏期短。

d. 可管理性。即风险责任人(或责任组织)管理风险发生或影响的容易程度。如果容易管理,可管理性就高。

e. 可控性。即风险责任人(或责任组织)能够控制风险后果的程度。如果后果很容易控制,可控性就高。

f. 可监测性。即对风险发生或即将发生进行监测的容易程度。如果风险发生很容易监测,可监测性就高。

g. 连通性。即风险与其他单个项目风险存在关联的程度大小。如果风险与多个其他风险存在关联,连通性就高。

h. 战略影响力。即风险对组织战略目标潜在的正面或负面影响。如果风险对战略目标有重大影响,战略影响力就大。

i. 密切度。即风险被一名或多名相关方认为要紧的程度。被认为很要紧的风险,密切度就高。相对于仅评估概率和影响,考虑上述某些特征有助于进行更稳健的风险优先级排序。

(4)人际关系与团队技能

适用于本过程的人际关系与团队技能包括引导。开展引导,能够提高对单个项目风险的定性分析的有效性。熟练的引导者可以帮助参会者专注于风险分析任务,准确遵循与技术相关的方法,就概率和影响评估达成共识,找到并克服偏见,以及解决任何可能出现的分歧。

(5)风险分类

项目风险可依据风险来源(如采用 RBS)、受影响的项目领域(如采用 WBS)以及其他实用类别(如项目阶段、项目预算、角色和职责)来分类,确定哪些项目领域最容易被不确定性影响;风险还可以根据共同的根本原因进行分类。应该在风险管理计划中规定可用于项目的风险分类方法。

对风险进行分类,有助于把注意力和精力集中到风险敞口最大的领域,或针对一组相关的风险制订通用的风险应对措施,从而有利于更有效地开展风险应对。

(6)数据表现

适用于本过程的数据表现技术包括:

①概率和影响矩阵。概率和影响矩阵是把每个风险发生的概率和一旦发生对项目目

标的影响映射起来的表格。此矩阵对概率和影响进行组合，以便于把单个项目风险划分成不同的优先级组别。基于风险的概率和影响，对风险进行优先级排序，以便未来进一步分析并制订应对措施。采用风险管理计划中规定的风险概率和影响定义，逐一对单个项目风险的发生概率及其对一个或多个项目目标的影响(若发生)进行评估。然后，基于所得到的概率和影响的组合，使用概率和影响矩阵，来为单个项目风险分配优先级别。

组织可针对每个项目目标(如成本、时间和范围)制订单独的概率和影响矩阵，并用它们来评估风险针对每个目标的优先级别。组织还可以用不同的方法为每个风险确定一个总体优先级别。既可综合针对不同目标的评估结果，也可采用最高优先级别(无论针对哪个目标)，作为风险的总体优先级别。

②层级图。如果使用了两个以上的参数对风险进行分类，就不能使用概率和影响矩阵，而需要使用其他图形。例如，气泡图能显示三维数据。在气泡图中，把每个风险都绘制成一个气泡，并用 x 轴值、y 轴值和气泡大小来表示风险的三个参数。图中是气泡图的示例，其中，x 轴代表可监测性，y 轴代表邻近性，影响值则以气泡大小表示，如图 21－17 所示。

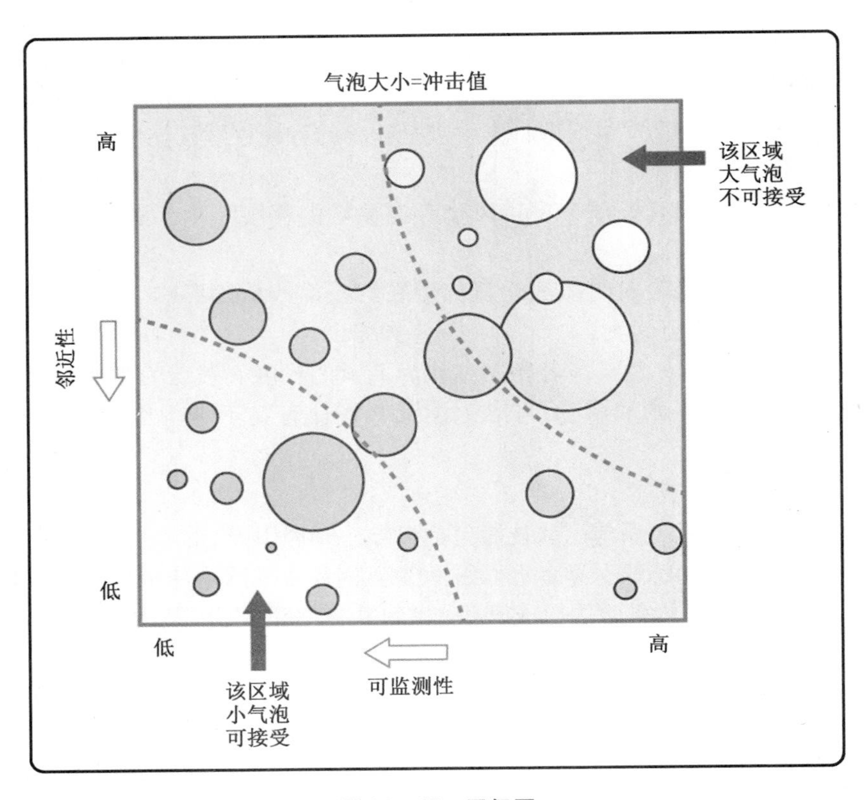

图 21－17　层级图

(7)会议

要开展定性风险分析，项目团队可能要召开专门会议(通常称为风险研讨会)，对已识别单个项目风险进行讨论。会议的目标包括审查已识别的风险、评估概率和影响(及其他可能的风险参数)、对风险进行分类和优先级排序。在实施定性风险分析过程中，要逐一为单个项目风险分配风险责任人。

之后，将由风险责任人负责规划风险应对措施和报告风险管理工作的进展情况。会议可从审查和确认拟使用的概率和影响量表开始。在会议讨论中，也可能识别出其他风险。应该记录这些风险，供后续分析。配备一名熟练的引导者能够提高会议的有效性。

3. 实施定性风险分析的输出

项目文件更新，包括风险登记册、风险报告。

21.7 实施定量风险分析

实施定量风险分析是就已识别的单个项目风险和不确定性的其他来源对整体项目目标的影响进行定量分析的过程。本过程的主要作用是量化整体项目风险敞口，并提供额外的定量风险信息，以支持风险应对规划。本过程并非每个项目必需的，但如果采用，它会在整个项目期间持续开展，如图21－18、图21－19所示。

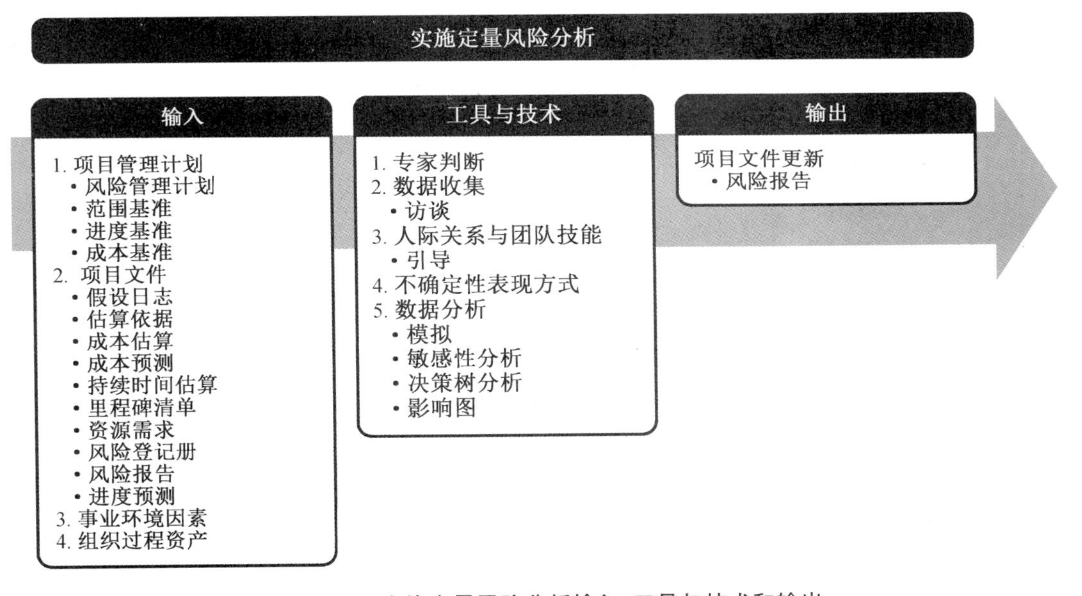

图21－18 实施定量风险分析输入、工具与技术和输出

并非所有项目都需要实施定量风险分析。能否开展稳健的分析取决于是否有关于单个项目风险和其他不确定性来源的高质量数据，以及与范围、进度和成本相关的扎实项目基准。定量风险分析通常需要运用专门的风险分析软件，以及编制和解释风险模式的专业知识，还需要额外的时间和成本投入。项目风险管理计划会规定是否需要使用定量风险分析。定量分析适用于大型或复杂的项目、具有战略重要性的项目、合同要求进行定量分析的项目，或主要相关方要求进行定量分析的项目。通过评估所有单个项目风险和其他不确定性来源对项目结果的综合影响，定量风险分析就成为评估整体项目风险的唯一可靠的方法。

在实施定量风险分析过程中，要使用被定性风险分析过程评估为对项目目标存在重大潜在影响的单个项目风险的信息。

实施定量风险分析过程的输出，则要用作规划风险应对过程的输入，特别是要据此为整体项目风险和关键单个项目风险推荐应对措施。定量风险分析也可以在规划风险应对过程之后开展,以分析已规划的应对措施对降低整体项目风险敞口的有效性。

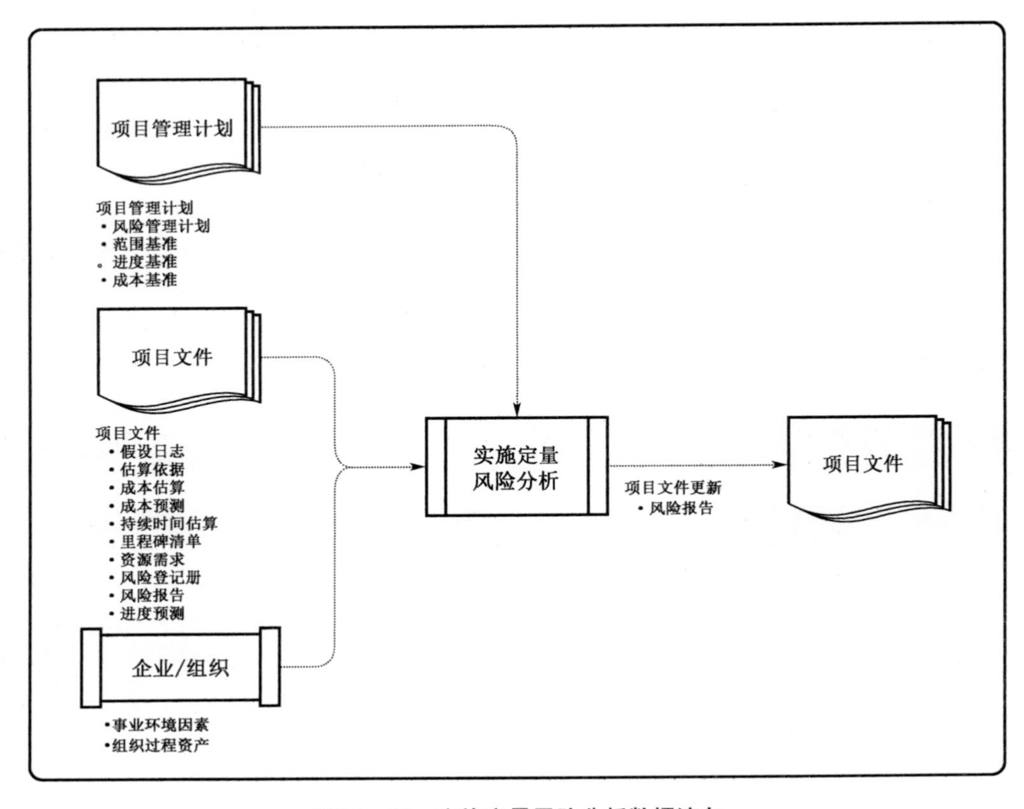

图 21－19　实施定量风险分析数据流向

1. 实施定量风险分析的输入

(1)项目管理计划;

(2)项目文件;

(3)事业环境因素;

(4)组织过程资产。

2. 实施定量风险分析的工具与技术

(1)专家判断

应征求具备以下专业知识或接受过相关培训的个人或小组的意见:

①将单个项目风险和其他不确定性来源的信息转化成用于定量风险分析模型的数值输入;

②选择最适当的方式表示不确定性,以便为特定风险或其他不确定性来源建立模型;

③用适合项目环境的技术建立模型;

④识别最适合所选建模技术的工具;

⑤解释定量风险分析的输出。

(2)数据收集

访谈可用于针对单个项目风险和其他不确定性来源,生成定量风险分析的输入。当需要向专家征求信息时,访谈尤其适用。访谈者应该营造信任和保密的访谈环境,以鼓励被访者提出诚实和无偏见的意见。

(3)人际关系与团队技能

适用于本过程的人际关系与团队技能包括引导。在由项目团队成员和其他相关方参加的专门风险研讨会中,配备一名熟练的引导者,有助于更好地收集输入数据。

可以通过阐明研讨会的目的,在参会者之间建立共识,确保持续关注任务,并以创新方式处理人际冲突或偏见来源,来增强引导式研讨会的有效性。

(4)不确定性表现方式

要开展定量风险分析,就需要建立能反映单个项目风险和其他不确定性来源的定量风险分析模型,并为之提供输入。

如果活动的持续时间、成本或资源需求是不确定的,就可以在模型中用概率分布来表示其数值的可能区间。概率分布有多种形式,最常用的是三角分布、正态分布、对数正态分布、贝塔分布、均匀分布或离散分布。应该谨慎选择用于表示活动数值的可能区间的概率分布形式。

单个项目风险可以用概率分布图表示,也可以作为概率分支包含在定量分析模型中。在后一种情况下,应在概率分支上添加风险发生的时间和(或)成本影响,以及在特定模拟中风险发生的概率情况。如果风险的发生与任何计划活动都没有关系,就最适合将其作为概率分支。如果风险之间存在相关性,例如有某个共同原因或某种逻辑依赖关系,那么应该在模型中考虑这种相关性。其他不确定性来源也可用概率分支来表示,以描述贯穿项目的其他路径。

(5)数据分析

适用于本过程的数据分析技术包括:

①模拟。在定量风险分析中,使用模型来模拟单个项目风险和其他不确定性来源的综合影响,以评估它们对项目目标的潜在影响。模拟通常采用蒙特卡洛分析。对成本风险进行蒙特卡洛分析时,使用项目成本估算作为模拟的输入;对进度风险进行蒙特卡洛分析时,使用进度网络图和持续时间估算作为模拟的输入。开展综合定量成本-进度风险分析时,同时使用这两种输入。其输出就是定量风险分析模型。用计算机软件数千次迭代运行定量风险分析模型。每次运行,都要随机选择输入值(如成本估算、持续时间估算或概率分支发生频率)。这些运行的输出构成了项目可能结果(如项目结束日期、项目完工成本)的区间。典型的输出包括:表示模拟得到特定结果的次数的直方图,或表示获得小于或等于特定数值的结果的累积概率分布曲线(S曲线)。蒙特卡洛成本风险分析所得到的S曲线示例如图21-20所示。

在定量进度风险分析中,还可以执行关键性分析,以确定风险模型的哪些活动对项目关键路径的影响最大。对风险模型中的每一项活动计算关键性指标,即:在全部模拟中,该活动出现在关键路径上的频率,通常以百分比表示。通过关键性分析,项目团队就能够重点针对那些对项目整体进度绩效存在最大潜在影响的活动,来规划风险应对措施。

②敏感性分析。敏感性分析有助于确定哪些单个项目风险或其他不确定性来源对项目结果具有最大的潜在影响。它在项目结果变异与定量风险分析模型中的要素变异之间建立联系。敏感性分析的结果通常用龙卷风图(图21-21)来表示。在该图中,标出定量风险分析模型中的每项要素与其能影响的项目结果之间的关联系数。这些要素可包括单个

项目风险、易变的项目活动，或具体的不明确性来源。每个要素按关联强度降序排列，形成典型的龙卷风形状，龙卷风图示例如图 21－21 所示。

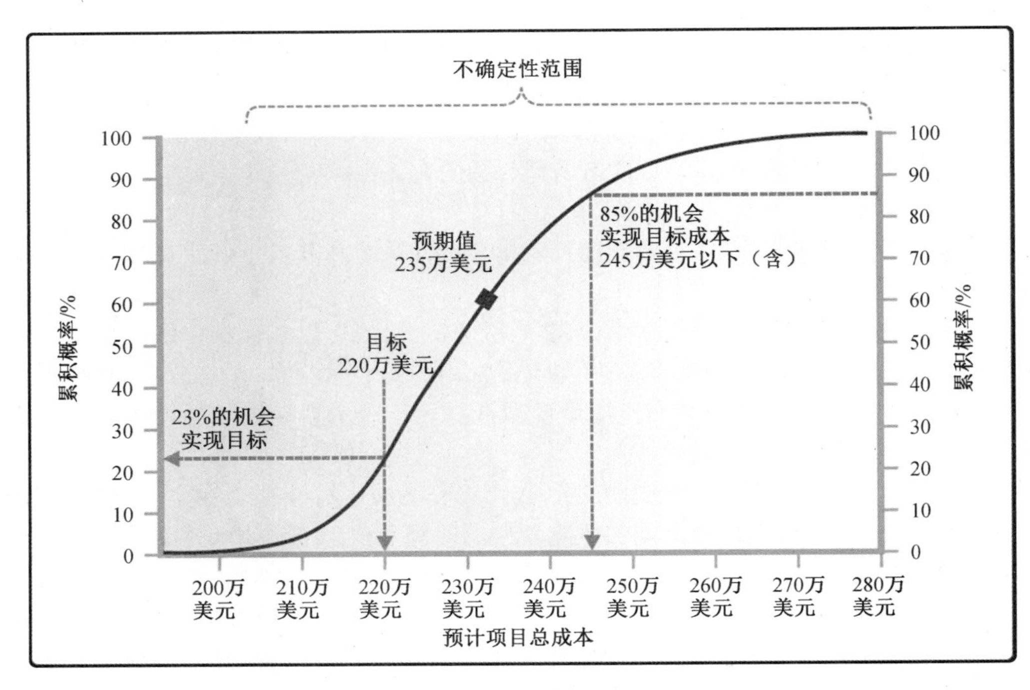

图 21－20　蒙特卡洛成本风险分析所得到的 S 曲线

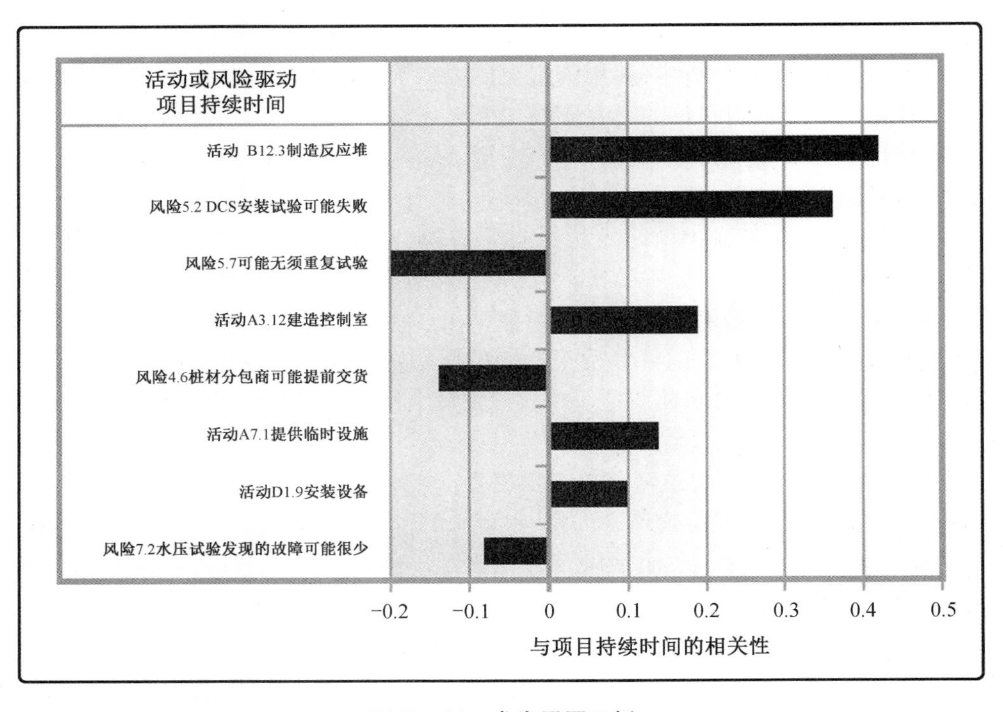

图 21－21　龙卷风图示例

③决策树分析。用决策树在若干备选行动方案中选择一个最佳方案。在决策树中,用不同的分支代表不同的决策或事件,即项目的备选路径。每个决策或事件都有相关的成本和单个项目风险(包括威胁和机会)。决策树分支的终点表示沿特定路径发展的最后结果,可以是负面或正面的结果。在决策树分析中,通过计算每条分支的预期货币价值,就可以选出最优的路径。决策树示例如图 21 -22 所示。

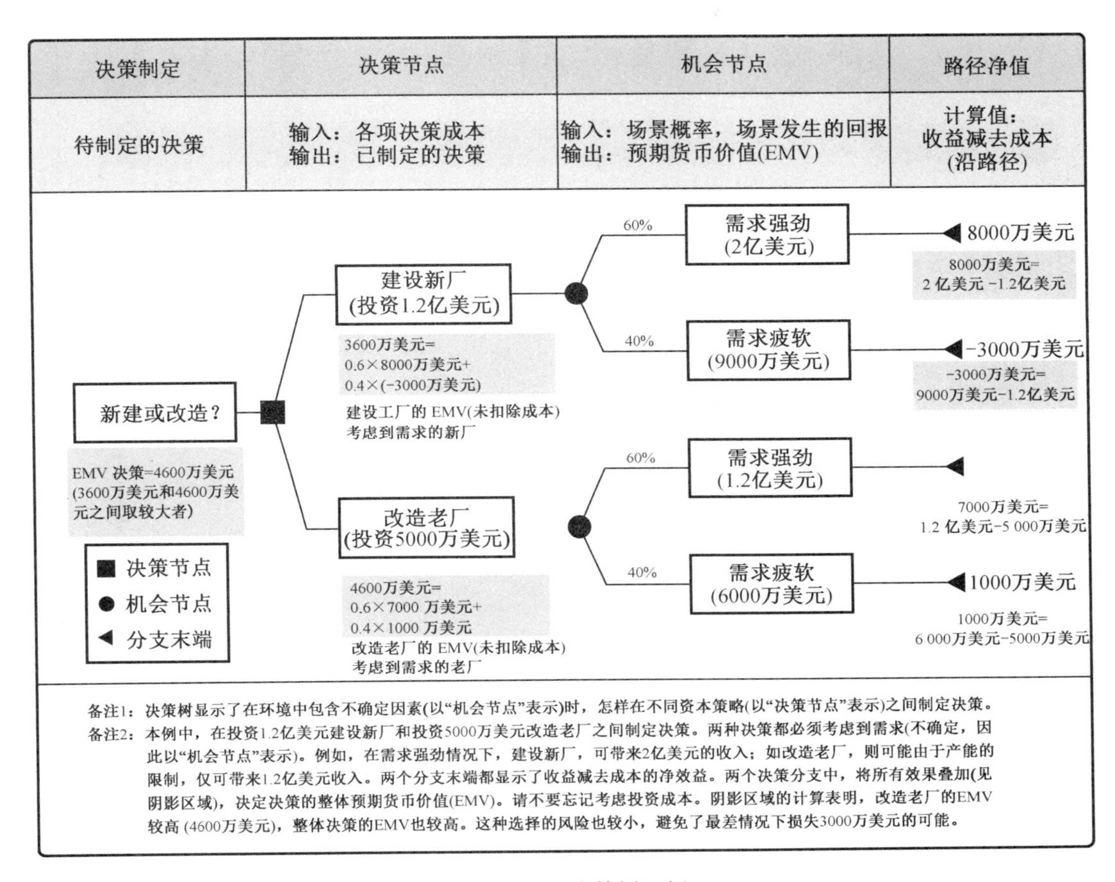

图 21 -22 决策树示例

④影响图。影响图是不确定条件下决策制定的图形辅助工具。它将一个项目或项目中的一种情境表现为一系列实体、结果和影响,以及它们之间的关系和相互影响。如果因为存在单个项目风险或其他不确定性来源而使影响图中的某些要素不确定,就在影响图中以区间或概率分布的形式表示这些要素;然后,借助模拟技术(如蒙特卡洛分析)来分析哪些要素对重要结果具有最大的影响。通过影响图分析,可以得出类似于其他定量风险分析的结果,如 S 曲线图和龙卷风图。

3. 实施定量风险分析的输出

项目文件更新:主要更新风险报告,反映定量风险分析的结果。

21.8 规划风险应对

规划风险应对是为处理整体项目风险敞口以及应对单个项目风险,而制订可选方案、选择应对策略并商定应对行动的过程。本过程的主要作用是制订应对整体项目风险和单个项目风险的适当方法;本过程还将分配资源,并根据需要将相关活动添加进项目文件和项目管理计划。本过程需要在整个项目期间开展,如图 21 – 23、图 21 – 24 所示。

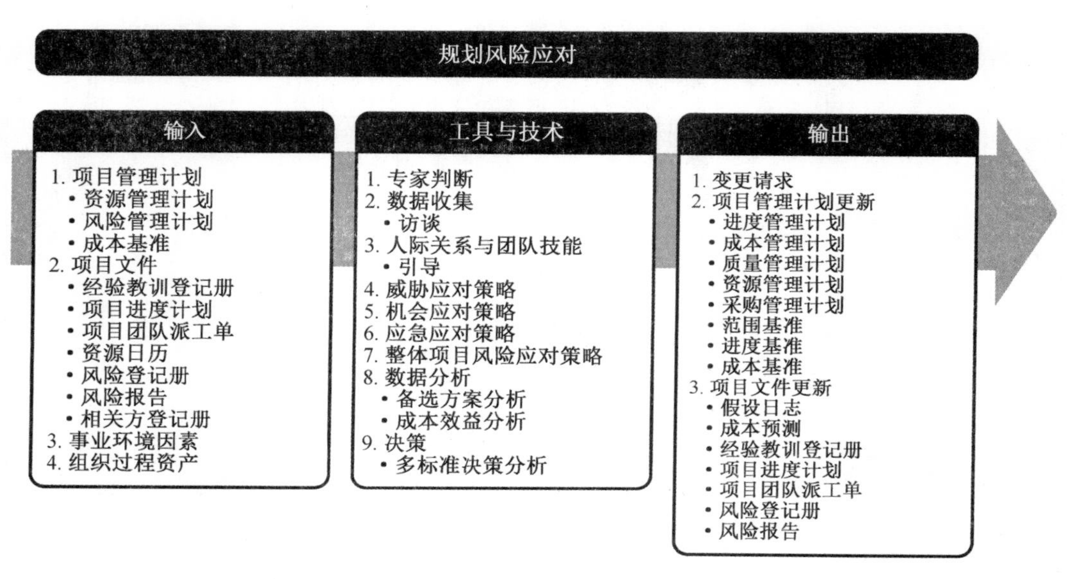

图 21 – 23 规划风险应对输入、工具与技术和输出

有效和适当的风险应对可以最小化单个威胁,最大化单个机会,并降低整体项目风险敞口;不恰当的风险应对则会适得其反。一旦完成对风险的识别、分析和排序,指定的风险责任人就应该编制计划,以应对项目团队认为足够重要的每项单个项目风险。这些风险会对项目目标的实现造成威胁或提供机会。项目经理也应该思考如何针对整体项目风险的当前级别做出适当的应对。

风险应对方案应该与风险的重要性相匹配,能经济有效地应对挑战,在当前项目背景下现实可行,能获得全体相关方的同意,并由一名责任人具体负责。往往需要从几套可选方案中选出最优的风险应对方案。应该为每个风险选择最可能有效的策略或策略组合。可用结构化的决策技术来选择最适当的应对策略。对于大型或复杂项目,可能需要以数学优化模型或实际方案分析为基础,进行更加稳健的备选风险应对策略经济分析。

要为实施商定的风险应对策略(包括主要策略和备用策略)制订具体的应对行动。如果选定的策略并不完全有效,或者发生了已接受的风险,就需要制订应急计划(或弹回计划)。同时,也需要识别次生风险。次生风险是实施风险应对措施而直接导致的风险。往往需要为风险分配时间或成本应急储备,并可能需要说明动用应急储备的条件。

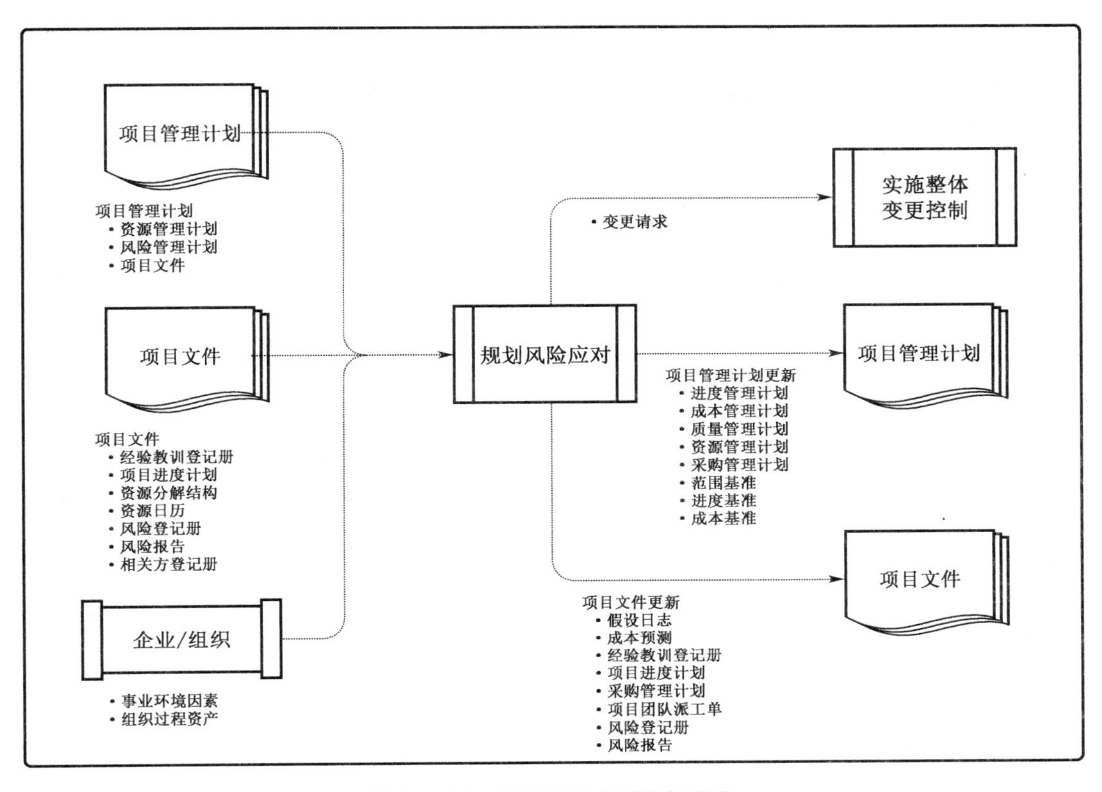

图 21－24 规划风险应对数据流向

1. 规划风险应对的输入

(1)项目管理计划；

(2)项目文件；

(3)事业环境因素；

(4)组织过程资产。

2. 规划风险应对的工具与技术

(1)专家判断

应征求具备以下专业知识的个人或小组的意见：

①威胁应对策略；

②机会应对策略；

③应急应对策略；

④整体项目风险应对策略。

可以就具体单个项目风险向特定主题专家征求意见,例如在需要专家的技术知识时。

(2)数据收集

适用于本过程的数据收集技术包括(但不限于)访谈。单个项目风险和整体项目风险的应对措施可以在与风险责任人的结构化或半结构化的访谈中制订。必要时,也可访谈其他相关方。访谈者应该营造信任和保密的访谈环境,以鼓励被访者提出诚实和无偏见的意见。

(3)人际关系与团队技能

适用于本过程的人际关系与团队技能包括引导。开展引导,能够提高单个项目风险和整体项目风险应对策略制定的有效性。熟练的引导者可以帮助风险责任人理解风险、识别并比较备选的风险应对策略,选择适当的应对策略,以及找到并克服偏见。

(4)威胁应对策略

针对威胁,可以考虑下列五种备选策略:

①上报。如果项目团队或项目发起人认为某威胁不在项目范围内,或提议的应对措施超出了项目经理的权限,就应该采用上报策略。被上报的风险将在项目集层面、项目组合层面或组织的其他相关部门加以管理,而不在项目层面。项目经理确定应就威胁通知哪些人员,并向该人员或组织部门传达关于该威胁的详细信息。对于被上报的威胁,组织中的相关人员必须愿意承担应对责任,这一点非常重要。威胁通常要上报给其目标会受该威胁影响的那个层级。威胁一旦上报,就不再由项目团队做进一步监督,虽然仍可出现在风险登记册中供参考。

②规避。风险规避是指项目团队采取行动来消除威胁,或保护项目免受威胁的影响。它可能适用于发生概率较高,且具有严重负面影响的高优先级威胁。规避策略可能涉及变更项目管理计划的某些方面,或改变会受负面影响的目标,以便于彻底消除威胁,将它的发生概率降低到零。

风险责任人也可以采取措施,来分离项目目标与风险万一发生的影响。规避措施可能包括消除威胁的原因、延长进度计划、改变项目策略或缩小范围。有些风险可以通过澄清需求、获取信息、改善沟通或取得专有技能来加以规避。

③转移。转移涉及将应对威胁的责任转移给第三方,让第三方管理风险并承担威胁发生的影响。采用转移策略,通常需要向承担威胁的一方支付风险转移费用。风险转移可能需要通过一系列行动才得以实现,包括(但不限于)购买保险、使用履约保函、使用担保书、使用保证书等。也可以通过签订协议,把具体风险的归属和责任转移给第三方。

④减轻。风险减轻是指采取措施来降低威胁发生的概率和(或)影响。提前采取减轻措施通常比威胁出现后尝试进行弥补更加有效。减轻措施包括采用较简单的流程,进行更多次测试,或者选用更可靠的卖方。还可能涉及原型开发,以降低从实验台模型放大到实际工艺或产品中的风险。如果无法降低概率,也许可以从决定风险严重性的因素入手,来减轻风险发生的影响。例如,在一个系统中加入冗余部件,可以减轻原始部件故障所造成的影响。

⑤接受。风险接受是指承认威胁的存在,但不主动采取措施。此策略可用于低优先级威胁,也可用于无法以任何其他方式加以经济有效地应对的威胁。接受策略又分为主动或被动方式。最常见的主动接受策略是建立应急储备,包括预留时间、资金或资源以应对出现的威胁;被动接受策略则不会主动采取行动,而只是定期对威胁进行审查,确保其并未发生重大改变。

(5)机会应对策略

针对机会,可以考虑下列五种备选策略:

①上报。如果项目团队或项目发起人认为某机会不在项目范围内,或提议的应对措施超出了项目经理的权限,就应该取用上报策略。被上报的机会将在项目集层面、项目组合层面或组织的其他相关部门加以管理,而不在项目层面。项目经理确定应就机会通知哪些

人员，并向该人员或组织部门传达关于该机会的详细信息。对于被上报的机会，组织中的相关人员必须愿意承担应对责任，这一点非常重要。机会通常要上报给其目标会受该机会影响的那个层级。机会一旦上报，就不再由项目团队做进一步监督，虽然仍可出现在风险登记册中供参考。

②开拓。如果组织想确保把握住高优先级的机会，就可以选择开拓策略。此策略将特定机会的出现概率提高到100%，确保其肯定出现，从而获得与其相关的收益。开拓措施可能包括：把组织中最有能力的资源分配给项目来缩短完工时间，或采用全新技术或技术升级来节约项目成本并缩短项目持续时间。

③分享。分享涉及将应对机会的责任转移给第三方，使其享有机会所带来的部分收益。必须认真为已分享的机会安排新的风险责任人，让那些最有能力为项目抓住机会的人担任新的风险责任人。采用风险分享策略，通常需要向承担机会应对责任的一方支付风险费用。分享措施包括建立合伙关系、合作团队、特殊公司或合资企业来分享机会。

④提高。提高策略用于提高机会出现的概率和（或）影响。提前采取提高措施通常比机会出现后尝试改善收益更加有效。通过关注其原因，可以提高机会出现的概率；如果无法提高概率，也许可以针对决定其潜在收益规模的因素来提高机会发生的影响。机会提高措施包括为早日完成活动而增加资源。

⑤接受。接受机会是指承认机会的存在，但不主动采取措施。此策略可用于低优先级机会，也可用于无法以任何其他方式加以经济有效地应对的机会。接受策略又分为主动或被动方式。最常见的主动接受策略是建立应急储备，包括预留时间、资金或资源，以便在机会出现时加以利用；被动接受策略则不会主动采取行动，而只是定期对机会进行审查，确保其并未发生重大改变。

（6）应急应对策略

可以设计一些仅在特定事件发生时才采用的应对措施。对于某些风险，如果项目团队相信其发生会有充分的预警信号，那么就应该制订仅在某些预定条件出现时才执行的应对计划。应该定义并跟踪应急应对策略的触发条件，例如，未实现中间的里程碑，或获得卖方更高程度的重视。采用此技术制订的风险应对计划，通常称为应急计划或弹回计划，其中包括已识别的、用于启动计划的触发事件。

（7）整体项目风险应对策略

风险应对措施的规划和实施不应只针对单个项目风险，还应针对整体项目风险。用于应对单个项目风险的策略也适用于整体项目风险：

①规避。如果整体项目风险有严重的负面影响，并已超出商定的项目风险临界值，就可以采用规避策略。此策略涉及采取集中行动，弱化不确定性对项目整体的负面影响，并将项目拉回到临界值以内。例如，取消项目范围中的高风险工作，就是一种整个项目层面的规避措施。如果无法将项目拉回到临界值以内，则可能取消项目。这是最极端的风险规避措施，仅适用于威胁的整体级别在当前和未来都不可接受。

②开拓。如果整体项目风险有显著的正面影响，并已超出商定的项目风险临界值，就可以采用开拓策略。此策略涉及采取集中行动，去获得不确定性对整体项目的正面影响。例如，在项目范围中增加高收益的工作，以提高项目对相关方的价值或效益；也可以与关键相关方协商修改项目的风险临界值，以便将机会包含在内。

③转移或分享。如果整体项目风险的级别很高，组织无法有效加以应对，就可能需要

让第三方代表组织对风险进行管理。若整体项目风险是负面的,就需要采取转移策略,这可能涉及支付风险费用;如果整体项目风险高度正面,则由多方分享,以获得相关收益。整体项目风险的转移和分享策略包括(但不限于):建立买方和卖方分享整体项目风险的协作式业务结构,成立合资企业或特殊目的公司,或对项目的关键工作进行分包。

④减轻或提高。本策略涉及变更整体项目风险的级别,以优化实现项目目标的可能性。减轻策略适用于负面的整体项目风险,而提高策略则适用于正面的整体项目风险。减轻或提高策略包括重新规划项目、改变项目范围和边界、调整项目优先级、改变资源配置、调整交付时间等。

⑤接受。若整体项目风险已超出商定的临界值,如果无法针对整体项目风险采取主动的应对策略,组织可能选择继续按当前的定义推动项目进展。接受策略又分为主动和被动方式。最常见的主动接受策略是为项目建立整体应急储备,包括预留时间、资金或资源,以便在项目风险超出临界值时使用;被动接受策略则不会主动采取行动,而只是定期对整体项目风险的级别进行审查,确保其未发生重大改变。

(8)数据分析

可以考虑多种备选风险应对策略。可用于选择首选风险应对策略的数据分析技术包括:

①备选方案分析。对备选风险应对方案的特征和要求进行简单比较,进而确定哪个应对方案最为适用。

②成本收益分析。如果能够把单个项目风险的影响进行货币量化,那么就可以通过成本收益分析来确定备选风险应对策略的成本有效性。把应对策略将导致的风险影响级别变更除以策略的实施成本,所得到的比率就代表了应对策略的成本有效性。比率越高,有效性就越高。

(9)决策

适用于风险应对策略选择的决策技术包括多标准决策分析,列入考虑范围的风险应对策略可能是一种或多种。决策技术有助于对多种风险应对策略进行优先级排序。

多标准决策分析借助决策矩阵,提供建立关键决策标准、评估备选方案并加以评级,以及选择首选方案的系统分析方法。风险应对策略的选择标准可能包括:应对成本、应对策略在改变概率和(或)影响方面的预计有效性、资源可用性、时间限制(紧迫性、邻近性和潜伏期)、风险发生的影响级别、应对措施对相关风险的作用、导致的次生风险等。如果原定的应对策略被证明无效,可在项目后期采取不同的应对策略。

3. 规划风险应对的输出

(1)项目管理计划更新;

(2)项目文件更新。

21.9 实施控制应对

实施风险应对是执行商定的风险应对计划的过程。本过程的主要作用是,确保按计划执行商定的风险应对措施来管理整体项目风险敞口、最小化单个项目威胁,以及最大化单个项目机会。本过程需要在整个项目期间开展,如图 21 - 25、图 21 - 26 所示。

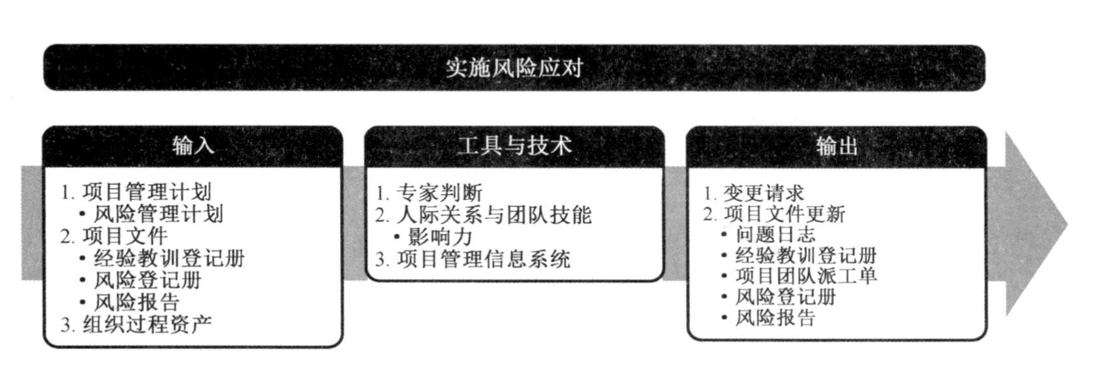

图 21－25 实施风险应对输入、工具与技术和输出

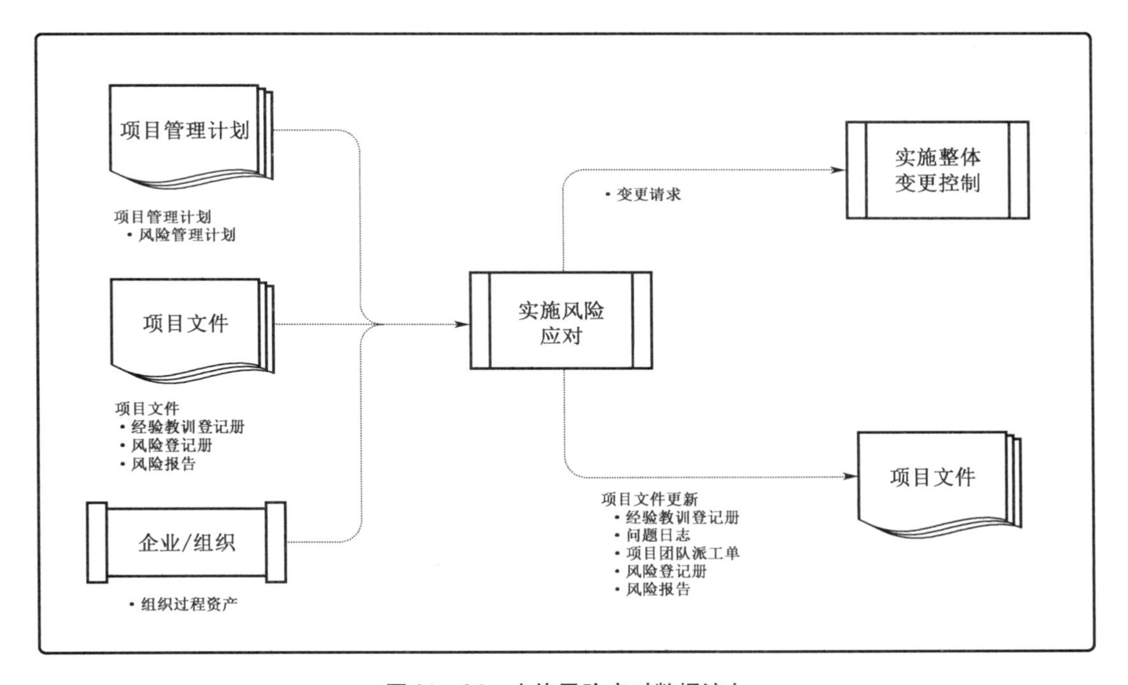

图 21－26 实施风险应对数据流向

适当关注实施风险应对过程，能够确保已商定的风险应对措施得到实际执行。项目风险管理的一个常见问题是，项目团队努力识别和分析风险并制订应对措施，然后把经商定的应对措施记录在风险登记册和风险报告中，但是不采取实际行动去管理风险。只有风险责任人以必要的努力去实施商定的应对措施，项目的整体风险敞口和单个威胁及机会才能得到主动管理。

1. 实施风险应对的输入

（1）项目管理计划；

（2）项目文件；

（3）组织过程资产。

2. 实施风险应对的工具与技术

(1)专家判断

在确认或修改风险应对措施,以及决定如何以最有效率和最有效果的方式加以实施时,应征求具备相应专业知识的个人或小组的意见。

(2)人际关系与团队技能

适用于本过程的人际关系与团队技能包括影响力。有些风险应对措施可能由直属项目团队以外的人员去执行,或由存在其他竞争性需求的人员去执行。这种情况下,负责引导风险管理过程的项目经理或人员就需要施展影响力,去鼓励指定的风险责任人采取所需的行动。

(3)项目管理信息系统

项目管理信息系统可能包括进度、资源和成本软件,用于确保把商定的风险应对计划及其相关活动,连同其他项目活动一并纳入整个项目。

3. 实施风险应对的输出

(1)变更请求。实施风险应对后,可能会就成本基准和进度基准,或项目管理计划的其他组件提出变更请求。

(2)项目文件更新。

21.10 监督风险

监督风险是在整个项目期间,监督商定的风险应对计划的实施、跟踪已识别风险、识别和分析新风险,以及评估风险管理有效性的过程。本过程的主要作用是,使项目决策都基于关于整体项目风险敞口和单个项目风险的当前信息。本过程需要在整个项目期间开展,如图 21－27、图 21－28 所示。

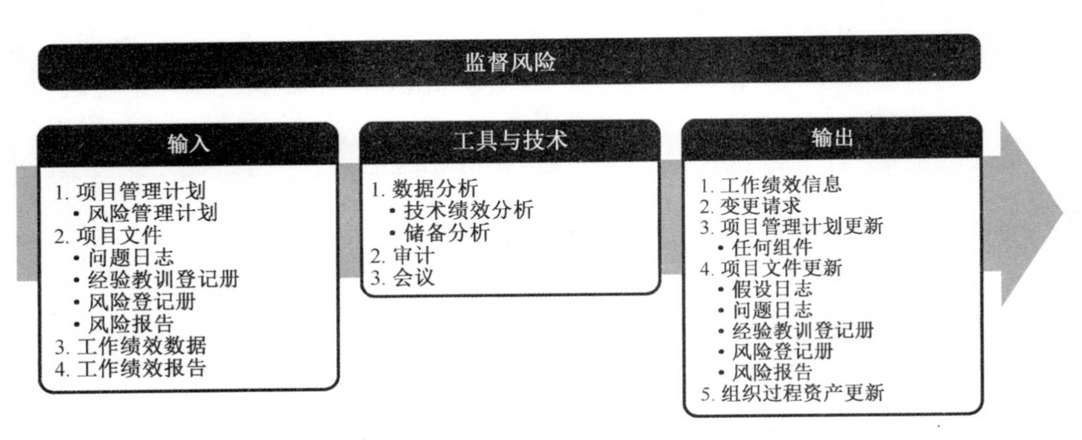

图 21－27 监督风险输入、工具与技术和输出

为了确保项目团队和关键相关方了解当前的风险敞口级别,应该通过监督风险过程对项目工作进行持续监督,来发现新出现、正变化和已过时的单个项目风险。监督风险过程采用项目执行期间生成的绩效信息,以确定:

(1)实施的风险应对是否有效;

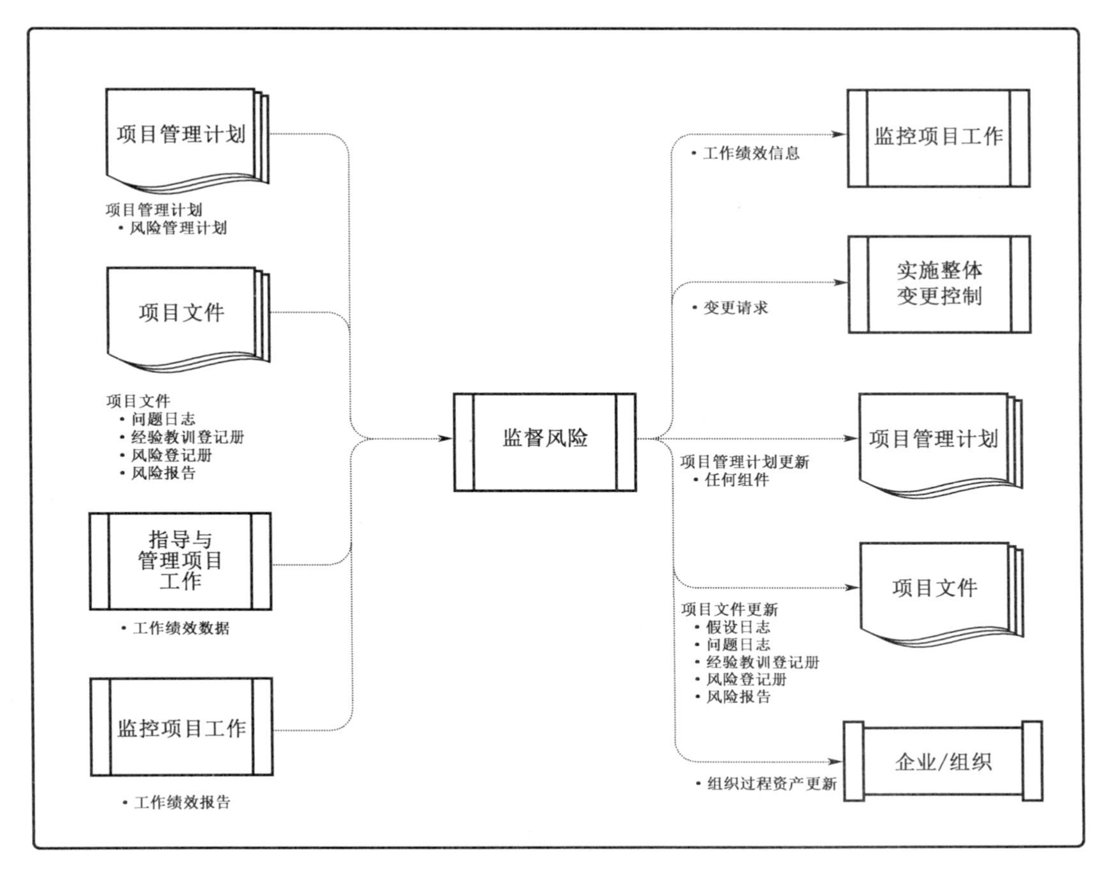

图 21－28 监督风险数据流向

(2)整体项目风险级别是否已改变；

(3)已识别单个项目风险的状态是否已改变；

(4)是否出现新的单个项目风险；

(5)风险管理方法是否依然适用；

(6)项目假设条件是否仍然成立；

(7)风险管理政策和程序是否已得到遵守；

(8)成本或进度应急储备是否需要修改；

(9)项目策略是否仍然有效。

1. 监督风险:输入

(1)项目管理计划

项目管理计划组件包括风险管理计划。风险管理计划规定了应如何及何时审查风险，应遵守哪些政策和程序,与本监督过程有关的角色和职责安排以及报告格式。

(2)项目文件

应作为本过程输入的项目文件包括：

①问题日志。问题日志用于检查未决问题是否已更新,并对风险登记册进行必要更新。

②经验教训登记册。在项目早期获得的与风险相关的经验教训可用于项目后期阶段。

③风险登记册。风险登记册的主要内容包括已识别单个项目风险、风险责任人、商定的风险应对策略以及具体的应对措施。它可能还会提供其他详细信息,包括用于评估应对计划有效性的控制措施、风险的症状和预警信号、残余及次生风险以及低优先级风险观察清单。

④风险报告。风险报告包括对当前整体项目风险敞口的评估,以及商定的风险应对策略,还会描述重要的单个项目风险及其应对计划和风险责任人。

(3)工作绩效数据

工作绩效数据包含关于项目状态的信息,例如已实施的风险应对措施、已发生的风险、仍活跃及已关闭的风险。

(4)工作绩效报告

工作绩效报告是通过分析绩效测量结果得到的,能够提供关于项目工作绩效的信息,包括偏差分析结果、净值数据和预测数据。在监督与绩效相关的风险时,需要使用这些信息。

2. 监督风险:工具与技术

(1)数据分析

适用于本过程的数据分析技术包括:

①技术绩效分析。开展技术绩效分析,把项目执行期间所取得的技术成果与取得相关技术成果的计划进行比较。它要求定义关于技术绩效的客观的、量化的测量指标,以便据此比较实际结果与计划要求。技术绩效测量指标可能包括质量、处理时间、缺陷数量、储存容量等。实际结果偏离计划的程度可以代表威胁或机会的潜在影响。

②储备分析。在整个项目执行期间,可能发生某些单个项目风险,对预算和进度应急储备产生正面或负面的影响。储备分析是指在项目的任一时点比较剩余应急储备与剩余风险量,从而确定剩余储备是否仍然合理。可以用各种图形(如燃尽图)来显示应急储备的消耗情况。

(2)审计

风险审计是一种审计类型,可用于评估风险管理过程的有效性。项目经理负责确保按项目风险管理计划所规定的频率开展风险审计。风险审计可以在日常项目审查会上开展,也可以在风险审查会上开展,团队还可以召开专门的风险审计会。在实施审计前,应明确定义风险审计的程序和目标。

(3)会议

适用于本过程的会议包括风险审查会。应该定期安排风险审查,来检查和记录风险应对在处理整体项目风险和已识别单个项目风险方面的有效性。在风险审查中,还可以识别出新的单个项目风险(包括已商定应对措施所引发的次生风险),重新评估当前风险,关闭已过时风险,讨论风险发生所引发的问题,以及总结可用于当前项目后续阶段或未来类似项目的经验教训。根据风险管理计划的规定,风险审查可以是定期项目状态会中的一项议程,也可以召开专门的风险审查会。

3. 监督风险:输出

(1)工作绩效信息

工作绩效信息是通过比较单个风险的实际发生情况和预计发生情况,所得到的关于项目风险管理执行绩效的信息。它可以说明风险应对规划和应对实施过程的有效性。

(2)变更请求

执行监督风险过程后,可能会就成本基准和进度基准,或项目管理计划的其他组件提出变更请求,应该通过实施整体变更控制过程对变更请求进行审查和处理。

变更请求可能包括建议的纠正与预防措施,以处理当前整体项目风险级别或单个项目风险。

(3)项目管理计划更新

项目管理计划的任何变更都以变更请求的形式提出,且通过组织的变更控制过程进行处理。项目管理计划的任何组件都可能受本过程的影响。

(4)项目文件更新

可在本过程更新的项目文件包括:

①假设日志。在监督风险过程中,可能做出新的假设,识别出新的制约因素,或者现有假设条件或制约因素可能被重新审查和修改。需要更新假设日志,记录这些新信息。

②问题日志。作为监督风险过程的一部分,已识别的问题会记录到问题日志中。

③经验教训登记册。更新经验教训登记册,记录风险审查期间得到的任何与风险相关的经验教训,以便用于项目的后期阶段或未来项目。

④风险登记册。更新风险登记册,记录在监督风险过程中产生的关于单个项目风险的信息,可能包括添加新风险,更新已过时风险或已发生风险,以及更新风险应对措施,等等。

⑤风险报告。应该随着监督风险过程生成新信息而更新风险报告,反映重要单个项目风险的当前状态,以及整体项目风险的当前级别。风险报告还可能包括有关的详细信息,诸如最高优先级单个项目风险,已商定的应对措施和责任人,以及结论与建议。风险报告也可以收录风险审计给出的关于风险管理过程有效性的结论。

(5)组织过程资产更新

可在本过程更新的组织过程资产包括:

①风险管理计划、风险登记册和风险报告的模板;

②风险分解结构。

21.11 经验反馈

1.项目管理典型经验反馈案例——团队建设

中国疫情防控项目的成功经验之一,就是充分发挥基层主体作用,加强群众自治,通过人力动员和团队建设,组建专兼结合的工作队伍,牢牢守住社区基础防线。

2.项目管理典型经验反馈案例——沟通协调

2021年1月,因未执行有效沟通,某核电厂大修工作人员受到非计划照射事件。

3.项目管理典型经验反馈案例——风险管控

2020年8月,国内某核电厂试验时在线错误使乏燃料水池冷却不满足技术规范要求和励磁系统故障,从而导致汽轮发电机跳机事件。经分析,事件的根本原因之一为大修运行重大高风险活动准备、管控不足。

第22章 核安全文化

22.1 核安全文化理念提出的背景

核安全文化是指各有关组织和个人以“安全第一”为根本方针,以维护公众健康和环境安全为最终目标,达成共识并付诸实践的价值观、行为准则和特性的总和。安全文化是存在于组织和个人中的种种特性和态度的总和,它建立一种超乎一切的观念,即安全第一——核电厂的安全问题必须得到高度重视。

对于商用的核电工业,核安全始终高于一切,始终排在核电站的第一位,这一点从未动摇过。

核电发展的历史上,发生了一些重大的里程碑式的事件。第一个此类事件发生在1979年三哩岛核电厂。很多安全和规定相关的基础问题,如硬件、规程、培训及态度,共同导致了事故的发生。1986年切尔诺贝利事故让我们对核技术的危害性有了深刻的记忆。导致这起事故的原因有很多与三哩岛事故类似。此外,这起事故还凸显出了恰当地保持设计配置、核电厂状态控制、生产一线经理权力和安全相关的文化因素的重要性。切尔诺贝利事故之后,核安全文化正式诞生。

核电行业和监管机构都对这些事件进行了响应。在安全相关的标准、硬件、应急规程、流程、培训(包括模拟机)、应急准备、设计和配置管理、试验、人员绩效和安全态度上都进行了改进。

2002年的美国Davis - Besse核电厂反应堆压力容器顶盖降质事件揭示出,如果对核电厂安全环境没有足够的重视,问题就会发生。

2011年的福岛核事故形象地说明了对可能威胁核安全的极端情况进行深入评价的重要性,也说明了应急响应指挥、控制、培训及资源可用性对于此类事件的重要性。

贯穿于这些事件中的一个共性主题是:问题随着时间流逝逐渐产生,或与核电厂文化有关,或直接由核电厂文化引起。如果这些问题被识别、质疑和解决,可能会防止这些事件发生或者减轻其严重程度。导致这些事件发生的一系列决策和行动通常能追溯到整个组织的假设、信念和价值观。

组织文化是该组织在学习和处理问题之中逐渐培育出来的共享的基本假设。如果这些基本假设实行得足够好,就能够传授给新员工感悟、思考、行动和感觉的正确方式。文化是群体学习的总和,是对群体而言的;而性格和个性是对个人而言的。

除了卓越的组织文化之外,核技术相关的特点和独有风险——辐射产物、堆芯反应性和衰变热——意味着每个核电厂都需要一种健康的安全文化。

核安全是集体责任。核安全文化理念适用于核电厂的每一个员工——从核电厂的董事会到各级人员。在承担核安全高于一切的责任上,组织里没有人可以豁免。个人和组织的业绩可以监测并进行趋势分析,因此业绩也可以作为表征组织安全文化健康与否的一项指标。然而,组织安全文化的健康程度可能处在某个阶段上,这与安全文化的特性以及被接受和落实的程度有关。尽管安全文化在某种意义上来说是一个抽象的概念,但是核电厂所处阶段的发展趋势还是可能确定的。

商用核电站设计、建造和运行的目的是发电。对于这样一个发核电厂来说,安全、生产和成本控制都是必要的目标。这些结果是相辅相成的,现在大多数的运行核电站已经实现了较高的安全水平、骄人的生产业绩和有竞争力的成本,基于长远观点而采取的决策和行动将会强化上述业绩。这样的视角得以让每一个核电厂和厂里每一名员工坚持将核安全置于高于一切的地位。

核安全文化是一种领导责任。经验表明:在拥有健康安全文化的组织中,领导们通过以下活动培育安全文化:

(1)领导抓住一切机会强化安全文化。对安全文化的健康状况不总抱着十分放心的态度。

(2)领导经常度量安全文化健康状况的发展趋势,而不是仅仅关注具体数值。

(3)领导传达健康安全文化的构成要素,并确保每一名员工在提升安全文化水平过程中理解自己的角色和作用。

(4)领导认识到安全文化既不是满分也不是零分,而是在一个范围内持续变化。因此,无论在组织的内部还是与外部机构,诸如监管当局等,都能够坦荡地讨论安全文化。

22.2 核安全文化的十大原则

对个人的要求:

(1)核安全人人有责;

(2)培育质疑的态度;

(3)沟通关注安全。

对领导的要求:

(4)领导作安全的表率;

(5)建立组织内部高度信任;

(6)决策体现安全第一。

对组织的要求:

(7)认识核技术的独特性;

(8)识别并解决问题;

(9)倡导学习型组织;

(10)构建和谐的公众关系。

22.3 核电厂防人因失误工具的使用方法

公司使用的防人因失误工具有以下11个:自检、他检、监护、独立验证、三向交流、遵守使用规程、工前会、工后会、质疑的态度、不确定时暂停、2分钟检查。

22.3.1 自检

1. 使用条件

所有活动中都必须进行自检。

2. 使用方法

自检工具的使用依据STAR(stop、think、action、review)原则。

第一步:停(stop)

(1)工作开始前,停止手头的其他一切工作;

(2)将注意力集中到当前的工作对象。

第二步:思(think)

(1)目前在执行什么工作,工作对象是什么,将要对其怎样处理;

(2)手中使用的规程、参考资料或者工具等是否适用于当前的工作;

(3)工作条件是否已经具备;

(4)如此执行后的预期响应是什么,我的工作目标是什么,可能会出现什么异常状况,工作错误的可能后果是什么,应该如何避免或者应对。

第三步:行(action)

(1)确认操作对象,手指口述,即:手指对象,大声地说出工作对象的名称(及编号)和操作内容;

(2)停顿约2秒钟,确认内容正确;

(3)执行操作。

第四步:审(review)

(1)确认系统、设备暂态结束,状态稳定;

(2)核实操作结果符合预期;

(3)如果出现异常,及时进行汇报,按照预想方案进行响应。

22.3.2 他检

1. 使用条件

(1)操作人认为需要进行他检;

(2)操作任务中的关键步骤;

(3)重要设备启、停或重要功能的投、切;

(4)第一次执行某项操作;

(5)不经常执行的操作;

(6)规程中明确要求执行他检的工作。

2. 使用方法

(1)操作人对操作对象进行自检;

(2)检查人对操作对象也进行一次自检;

(3)操作人和检查人共同确认要执行的行动和操作对象是正确的(如果检查人不同意操作人的意见,则终止操作);

(4)操作人执行操作,检查人观察,随时可以阻止;

(5)检查人确认操作后状态并确认说出"对,正确"。

3. 特殊规定

(1)他检的主要目的在于确保操作人的“行动”和“操作对象”的正确性;

(2)他检和操作监护的不同点在于:他检关注行动和操作对象,而操作监护不仅关注操作的执行过程,也包括对操作前的状态、配置和操作后的响应的确认;

(3)他检,执行的正确性由操作人负责。

22.3.3 监护

1. 使用条件

对涉及核安全、工业安全、辐射安全、环境安全以及核电厂的稳定运行,可能立即产生不可逆影响的工作任务。

2. 使用方法

(1)操作人、监护人同时到达操作现场;

(2)操作人(或监护人)手持执行文件,阅读操作步骤;

(3)操作人手指设备或者触摸要操作的设备,大声说出要操作哪项设备(编码)、对其进行何种操作;

(4)监护人核对操作人的口诵指令及指向的设备与程序的规定一致后,回答“对,请执行”;

(5)操作人执行操作,监护人确认操作和预期一致,否则及时制止;

(6)操作人手指向或轻触响应设备(如指示表、显示数值或状态等),读出响应状态或数值,确认响应正常;

(7)监护人手指向或轻触响应设备,读出响应状态或数值,确认响应正常后,回答“正确”。

3. 特殊规定

(1)监护和他检从执行形式上来说比较类似,但相对于他检对人员行为和设备的正确性的关注而言,监护更多关注对设备状态的控制和确认;

(2)要求监护人的操作授权不得低于操作人;

(3)监护,操作的正确性由监护人和执行人共同负责。

22.3.4 独立验证

1. 使用条件

适用于一些不会立即产生严重后果但是有潜在的不良影响的操作,独立验证关注的是状态和配置是否正确。比如在以下情况(不局限于这些情况)下可以使用独立验证的工具,来防止人因失误:

(1)设备维修后投役前;

(2)安全相关设备或重要设备及系统的配置;

(3)安装重要设备或系统的隔离牌/锁时;

(4)临时变更的安装及拆除时;

(5)反应堆保护系统的相关仪控设备维修后投用前;

(6)对堆芯损伤有影响的设备状态改变;

(7)在工作人员计算一些重要的数据时。

2. 使用方法

(1)操作人或组执行操作;

(2)操作人或组向下令人报告任务完成,要求独立验证;

(3)验证人(组)验证设备的状态(或配置)与程序要求的一致。

22.3.5 三向交流

1. 使用条件

在核电厂运行工作的口头信息传递过程中必须使用三向交流。

(1)下达操作指令,以及要求接收者采取下一步行动的沟通;

(2)对重要的系统、设备状态或参数进行的沟通或确认;

(3)涉及电站、人员安全状况的报告及交流(如汇报现场火情);

(4)职责转移、工作移交时(例如,操纵员临时离开岗位,须将工作移交另外一名授权的操纵员时);

(5)接受电网调度指令。

2. 使用方法

信息发送者:

(1)称呼对方名字,引起听者注意;

(2)自报姓名、单位;

(3)说出要传递的信息(关键信息减慢语速,口齿清晰,讲普通话)。

信息接收者:

(1)用自己的语言重复听到的信息(如有需要用笔纸记录下对方的要求,如没听清楚则要求对方重复);

(2)用提问方式澄清对方的重点要求或信息;

(3)等待(或要求)对方回答"是的"。

信息发送者:

(1)发送者核实信息正确后对接收者说"正确""对的"等表示肯定;

(2)如果信息错误,则重新开始以上沟通流程。

3. 特殊规定

(1)传递信息后代表所交代的任务的职责由信息发送者移交信息接收者;

(2)使用专业术语进行交流,禁止使用地方话或俗语;

(3)推荐使用字母法进行交流。

22.3.6 遵守使用规程

1. 使用条件

规程根据使用类型分为三类:记忆使用、参照使用和连续使用。

(1)参照使用:做几步参看一下规程,把规程放在手边或附近。

(2)记忆使用:凭对规程的记忆和理解就可以工作了,不必带在身边查阅。

(3)连续使用:每做一步标记一步,不能跳步。

(4)运行操作三步以上的工作均需要"连续使用规程"。

(5)属于"1 级"的技术规程必须连续。

(6)属于“2 级”的技术规程,执行中不必每执行一步就确认,但规程必须在执行者手中,以便分阶段核对执行的正确性。

(7)属于“3 级”的技术规程,可以凭记忆执行,规程可不在现场,仅在需要时带到现场以便确认被正确执行。

(8)凡是程序中有执行步骤确认框的均需按照画圈画杠的形式作为使用程序的标记方式。

2. 使用方法(以下所有规定均为对“连续使用”型规程的规定)

程序使用前:

(1)确认程序为最新版,且为受控版本。

(2)检查程序是否缺页(特别是最后一页)。

(3)确认规程的适用范围、先决条件和限制条件是否适合当前操作。

(4)阅读、熟悉程序,对于“关键步骤”标识出来,对不适用的步骤标注“N/A”,并由与原文件的审核或批准人同级别的人员或经过授权的人员批准;理解程序中的各种警示、限制条件和提示信息(这一步骤建议在工前会上完成)。

(5)如需连续执行多份程序,在程序的封面上写好使用顺序编号。

程序执行过程中:

(1)除非程序中有明确说明,否则应该严格按照程序规定的顺序执行,不能跳步、漏步。

(2)在步骤执行前,在该步骤相应位置画圆圈。

(3)阅读并理解该步骤之后,执行操作,操作完成后,在该步骤圆圈上画杠。

(4)如果在程序执行过程中,出现的响应和程序描写不一致,则经过讨论评估,如果该步骤不影响后续步骤的执行,则在该步骤圆圈上画杠,并在该步骤边上做好信息描述;如果影响后续步骤的执行,则暂停当前操作将系统、设备置于安全状态并及时汇报。

(5)如果在执行过程中发现程序错误或无法执行,或步骤不成功,或信息未能得到确认,应该暂停当前工作,将系统、设备置于安全状态并及时汇报。

(6)如果工作被中断,重新开始执行程序时,要重新确认前提条件是否仍然适用,并从程序的第一步开始执行。

(7)对于主控和现场配合执行的程序执行,现场和主控都拿一份完整的规程。一般在工前会上,将现场或主控(一般是指执行步骤少的那份规程)需要执行的步骤用彩笔做好标识,现场或主控只执行彩笔标识的步骤,而没有做标识的那份程序则完整执行。

程序执行完毕后:

(1)浏览已执行完毕的程序,确认已按要求完成程序的所有内容。

(2)对已执行完毕的程序进行签字或盖章。

(3)对于执行程序过程中发现的问题,填写状态报告。

(4)将规程使用中遇到的问题在工后会中讨论。

22.3.7 工前会

1. 使用条件

工前会可分为简单工前会、标准工前会。

• 对于简单的、经常重复的并且没有严重后果的操作,采取简单工前会;

• 对于复杂的(需要 3 个及以上工作组配合完成的)、不经常重复的(执行周期大于或等于3个月的)或者有严重后果的(例如,会造成停机、停堆,引起堆机功率波动,导致重水泄漏,导致重要设备损坏的),必须召开标准工前会。

2. 使用方法

简单工前会:

(1)陈述工作的内容、目的、分工;

(2)说明该项工作涉及的安全事项;

(3)提醒工作中需要用到的个人防护用品(如果需要)。

标准工前会:

(1)主持人介绍工作任务的总体情况,包括任务背景、目的、时间、内容、最终状态、涉及的规程、人员分工、机电仪配合要求。

(2)(工作人员应在工前会之前已经阅读过该规程,并了解了规程的主要内容。)主持人组织讨论:操作流程、操作范围,涉及哪些系统、设备和岗位;讨论识别规程的关键步骤、在关键步骤需要采用哪种防人因失误工具、注意事项、操作要点。如有需要学习图纸。

(3)明确TS的相关要求、停止工作或者采取特定行动的限值、对其他工作的影响、接口和限制要求以及管理层介入程度和监督部门的监督要求。

(4)预计最容易失误的环节;讨论安全风险、各类防护及预防措施;预见失误后果,讨论应对方案。

(5)回顾运行经验。

(6)明确专业和工作组之间的联络方法,宣布会议结束。

(7)如果工作任务有顺序要求,在工前会上进行明确。

(8)对程序中不适用的操作步骤做好N/A的标识。

(9)使用工前会确认单以及相关的表格。

(10)确认单中的各确认项旨在为主持人提供全面的提醒注意事项,以确保能召开高质量的工前会。与本次任务相关,并已经在会上讨论过的确认项,在确认框内打钩√;如项目不适用则保留空白。

22.3.8 工后会

1. 使用条件

(1)工作过程中出现了没有预料到的异常或意外情况;

(2)非常规的工作任务(3个月及以上才执行一次的工作);

(3)复杂的工作任务(需要3个及以上工作组紧密配合执行的工作);

(4)工作的参与者认为需要召开工后会的操作。

2. 使用方法

由工作负责人主持,主要参与者都参加,以讨论或提问的方式进行。可以是简单的几句话总结讨论,也可以是详细的正式的讨论。工后会的内容可以包含如下方面:

(1)任务过程中出现的主要问题及良好实践;

(2)规程和工器具是否需要优化;

(3)任务安排和实施过程是否需要改进和优化;

(4)是否需要对相关知识和技能进行培训。

3. 特殊规定

(1)工后会以总结经验、改进工作绩效为目的,不追究责任;

(2)使用工后会确认单以及相关的表格;

(3)讨论的各项改进意见和良好实践必须填写状态报告;

(4)工前会和工后会具体使用方法请参阅《工前会及工后会使用细则》(OE - QS - 3101)。

22.3.9 质疑的态度

1. 使用条件

任何时候从事任何工作前,都应该保持健康的质疑态度。

2. 使用方法

提出疑问:

(1)决策前和执行任务前,收集与任务相关的信息;

(2)识别出有矛盾的(比如信息前后不一致)、感到迷惑的(比如觉得看不懂的)、存在担心的信息;

(3)执行过程中,出现有警示信息时(比如有异常报警等),需要停下来。

澄清疑问:

(1)以有效的、受控的信息作为依据;

(2)用最直接的证据(参数、现场核实等),而不是假设作为判断条件;

(3)当疑问得不到澄清时,向专业人员寻求帮助。

22.3.10 不确定时暂停

1. 使用条件

(1)在执行规程时遇到不确定的情况或错误时;

(2)遇到参数或情况与工作任务要求不一致时;

(3)有任何疑惑和不理解时。

2. 使用方法

(1)遇到疑惑、不懂时,停止手头工作;

(2)把设备或者系统置于安全状态;

(3)独立思考或联系相关主管人员;

(4)消除疑惑后继续工作。

3. 特殊规定

任何情况下不得带有疑虑操作。

22.3.11 2分钟检查

1. 使用条件

(1)即将开始工作前;

(2)工前会前的现场勘查;

(3)即将实施关键步骤前。

2. 使用方法

在即将开始工作前查看工作现场及周边的情况,着重对以下状况加以识别和讨论:

(1)有无工业安全、辐射水平、环境风险;

(2)有无停机停堆敏感设备;

(3)是否是正确的机组、通道和设备;

(4)有哪些关键参数及指示,以及它们的预期反应;

(5)有哪些失误陷阱(特别是关键步骤);

(6)当前状况是否与规程和工前会上预期的一致;

(7)口述推演即将要实施的工作,明确关键步骤、风险、应急预案和沟通方式等重要信息;

(8)开始工作前排除危险,确认防范措施及应急措施到位。

3. 特殊规定

(1)在同一项任务实施过程中,可以根据需要多次使用2分钟检查工具;

(2)口述任务时充分讨论以上关键的安全信息;

(3)团队工作的口述推演应由参与工作的所有团队成员共同完成,单人操作前的口述推演可以由操作人员本人独自完成。

22.4 三大核事故

22.4.1 三大核事故介绍

1. 三哩岛核事故

三哩岛核事故发生于1979年3月,堆芯部分陷毁导致放射性气体释放。根据美国核协会使用的官方放射性释放数据,居住在核电站方圆10英里(16.1千米)内的居民受到的平均辐射剂量为0.08 mSv,没有人超过1 mSv。各种流行病学研究结论表明,三哩岛核事故没有造成明显的远期健康影响。三哩岛核电站为压水堆核电站,具有三道安全屏障,最后一道屏障——安全壳可以将大量放射性物质包容在内。

2. 切尔诺贝利核事故

切尔诺贝利核事故发生于1986年4月,堆芯熔毁导致放射性气体和物质释放到环境中。多名应急工作人员罹患急性放射性疾病,部分人员死于极大剂量的辐射,出现了白血病和白内障发病率升高的迹象。事故发生时,处于儿童和青年期的人群甲状腺癌的发生率显著增加。切尔诺贝利核电站是石墨慢化压力管型反应堆,设计上存在瞬发超临界的潜在风险,也没有诸如压水堆所采用的承压安全壳,加上操作人员违反操作规程等因素,共同导致了严重事故的发生。

3. 福岛核事故

福岛核事故发生于2011年3月11日,由地震引发的海啸所导致。事故过程中6个核电机组中的3个发生了堆芯熔毁,同样造成了大量放射性气体和物质的释放。事故发生后未发现辐射直接导致的急性病症(包括死亡)。在事故发生后的一年内,参与事故善后工作的人员和生活在周边的成年人接受的平均剂量别为12 mSv和10 mSv,婴儿接受的平均剂量约为成年人的两倍。联合国核辐射效应科学委员会(UNSCEAR)2013年报告和2015年、

2016年的白皮书均指出，在辐射照射剂量最高的儿童组中，理论上出现甲状腺癌危险增加的可能性是存在的，然而，甲状腺癌在儿童中是一种罕见疾病，从统计学角度看，预计在这一人群中不会发现可观察到的影响。福岛核电站是早期的沸水堆核电站，堆内产生的蒸汽直接进入汽轮机发电，一旦堆芯熔融，汽水混合物就将放射性物质带入常规岛系统，从而释放到环境中。

22.4.2 三次核事故带给我们的思考

与三哩岛核事故和切尔诺贝利核事故一样，福岛核事故所带来的社会影响远远超过事件本身的影响，加深了公众对核辐射的恐惧。从公众的角度看，在福岛核事故的影响下，公众开始对核电安全产生了疑虑：一方面，公众对核电的安全性不了解，核与辐射知识匮乏，不知道如何对辐射进行防护；另一方面，核电建设方与公众缺乏有效的沟通，信息不够公开，公众缺乏对我国核电建设、技术发展、安全保障、项目审批程序以及政府规划等方面的了解。

围绕这两方面，当前我们的主要工作就是完善核电相关法律法规和制度体系。首先，国家相关部门要加快推进相关的立法工作，在依法治国的大前提下树立核安全形象。此外，还需要建立健全公众参与制度，推进核电知识科普、核安全文化宣传等工作的机制化与常态化。核电企业应经常邀请各类社区公众参加核电科普活动、印发核电站及相关配套设施运行情况的文字和图片资料等。这些互动活动可以大大提高公众对核电的理解和支持，并产生长期的积极效果。

参 考 文 献

[1] 项目管理协会.项目管理知识体系指南:PMBOK® 指南[M].5 版.北京:电子工业出版社,2013.

[2] 邢继.世界三次严重核事故始末[M].北京:科学出版社,2019.